l'ère électrique

the electric age

l'ère électrique
the electric age

Dirigé par :

Olivier Asselin

Silvestra Mariniello

Andrea Oberhuber

Les Presses de l'Université d'Ottawa, 2011

uOttawa

Les Presses de l'Université d'Ottawa reconnaissent avec gratitude l'appui accordé à leur programme d'édition par le Département du Patrimoine canadien en vertu de son Programme d'aide au développement de l'industrie de l'édition, le Conseil des Arts du Canada, la Fédération canadienne des sciences humaines en vertu de son Programme d'aide à l'édition savante, le Conseil de recherches en sciences humaines du Canada et l'Université d'Ottawa. Les Presses reconnaissent aussi l'appui financier de Centre de recherche sur l'intermédialité au Université de Montréal.

The University of Ottawa Press acknowledges with gratitude the support extended to its publishing list by Heritage Canada through its Book Publishing Industry Development Program, by the Canada Council for the Arts, by the Canadian Federation for the Humanities and Social Sciences through its Aid to Scholarly Publications Program, by the Social Sciences and Humanities Research Council, and by the University of Ottawa.

We also gratefully acknowledge the Centre for Research into Intermediality at the University of Montreal whose financial support has contributed to the publication of this book.

LIBRARY AND ARCHIVES CANADA CATALOGUING IN PUBLICATION

L'ère électrique = The electric age / dirigé par Olivier Asselin,
Silvestra Mariniello, Andrea Oberhuber.

(Transferts culturels)
Includes bibliographical references and index.
Includes some text in English.
ISBN 978-2-7603-0704-9

1. Electricity--Social aspects. 2. Electricity in art. 3. Electricity in literature.
I. Asselin, Olivier II. Mariniello, Silvestra III. Oberhuber, Andrea
IV. Title: Electric age. V. Series: Collection Transferts culturels

QC527.5.E74 2011   333.793'2   C2011-905598-8E

CATALOGAGE AVANT PUBLICATION DE BIBLIOTHÈQUE
ET ARCHIVES CANADA

L'ère électrique = The electric age / dirigé par Olivier Asselin,
Silvestra Mariniello, Andrea Oberhuber.

(Transferts culturels)
Comprend des réf. bibliogr. et un index.
Comprend du texte en anglais.
ISBN 978-2-7603-0704-9

1. Électricité--Aspect social. 2. Électricité dans l'art.
3. Électricité dans la littérature. I. Asselin, Olivier II. Mariniello, Silvestra
III. Oberhuber, Andrea IV. Titre: Electric age.
V. Collection: Collection Transferts culturels

QC527.5.E74 2011   333.793'2   C2011-905598-8F

Table des matières

⟨◦∕∕◦⟩

Table of Contents

Introduction

Silvestra Mariniello et Anne Lardeux

L'électricité, paradigme et média de la société moderne

Depuis sa découverte scientifique au XVIIIe siècle jusqu'à sa reconfiguration récente par la physique atomique et son extension dans l'électronique et l'informatique, l'électricité a transformé nos façons de faire (de communiquer, de produire, de nous déplacer, d'échanger) ; notre rapport au monde (à la nature, à autrui, au milieu urbain, au savoir, au travail, au politique) et notre manière même de penser. L'électricité n'est donc pas seulement un fait scientifique qui a donné lieu à un ensemble d'inventions techniques, elle est un véritable paradigme et constitue autrement dit une dimension centrale de l'*épistémè* moderne. C'est ce lien complexe entre électricité et modernité qu'il s'agit ici d'explorer en profondeur. Les études recueillies dans ce volume proposent toutes, à l'aide de perspectives et d'approches différentes, de déchiffrer la modernité par l'intermédiaire de l'électricité qui la traverse, l'éclaire, l'anime, la projette, la diffracte. Mais qu'entendons-nous par modernité ? Confrontés à la complexité de ce terme, nous ne pouvons faire l'économie d'une clarification de l'usage que nous nous proposons d'en faire. La modernité n'est pas la même selon les disciplines et nous nous rangeons auprès de Thomas Misa pour affirmer que, si « for more than a century "modernity" has been a key theoretical construct in interpreting and evaluating social and cultural formations, what it means to be "modern" however, is by no means clear[1] ». Concept polysémique s'il en est, à peine un concept pour certains[2], la modernité sert aux uns de repère historique et aux autres de vecteur d'analyse de notre contemporanéité. Quant à la critique de la modernité, elle est surtout liée à des enjeux politiques et sociaux (nature du pouvoir ; liens sociaux ; devenir du sujet). Moderne est étymologiquement et historiquement ce qui s'oppose à ancien, ce qui est différent de la tradition (comme dans la querelle des Anciens et des Modernes) ; en principe non une époque, mais le rapport d'une époque à une autre. La modernité se présente, néanmoins, comme un invariable épistémologique paradoxal : ses formes et ses contenus changent continuellement, selon les disciplines et les aires géographiques, et cette mobilité s'efface derrière l'impression d'une réalité monolithique. Dans un travail interdisciplinaire tel que celui que nous avons entrepris à partir d'un objet, l'électricité, qui concerne de façon singulière des domaines différents, comme les arts et les lettres, les histoires des sciences et des techniques, et qui transcende les frontières nationales, le monolithe modernité s'effrite en une mosaïque de traits distinctifs souvent contradictoires.

Notre démarche est proche de celle du collectif qui a produit le texte *Modernity and Technology* (2003) et revendique le dialogue entre les théories de la modernité et les études technologiques, entre le niveau macro des premières – qui doivent apprendre à considérer le détail, à reconnaître l'ambiguïté et la diversité des technologies – et le niveau micro des deuxièmes qui doivent apprendre à penser la complexité. Pour réaliser leur objectif, les chercheurs, réunis autour du projet *Modernity and Technology*, sociologues pour la plupart, formalisent le *concept* de co-construction : technologie et modernité se coconstruisent, de telle sorte qu'il est impossible de faire abstraction de l'une pour définir l'autre. Concept intéressant que nous reprenons à notre compte en nous posant les questions suivantes : quelles modernités l'électricité construit-elle ? De quelles modernités est-elle le résultat ? Si l'électricité n'est pas réductible à une technologie, le défi consiste alors à saisir ce processus de co-construction entre électricité et modernité en partant de cet hybride, invisible et omniprésent, à la fois matière et énergie, technique et phénomène naturel qu'est l'électricité. Mais la complexité même de l'électricité, véritable terrain de confrontation des différentes théories de la modernité et des études des technologies, révèle les enjeux qui les sous-tendent et offre une perspective critique qui permet de saisir notre époque *sans en réduire les ambivalences ni les différences*. Il s'agit de considérer l'électricité non pas comme l'une des infrastructures de la société moderne ni seulement comme technologie de la communication ou donnée naturelle, *mais comme tout ça à la fois : le paradigme et le médium par et dans lesquels notre société prend forme*.

Dans la lignée de la théorie littéraire des vingt dernières années, le concept de prose, tel que le réfléchissent notamment Wlad Godzich et Jeffrey Kittay[3], nous offre un exemple très éclairant et constitue un cas exemplaire de co-construction d'un milieu naturel et social et d'une technologie. La prose moderne peut en effet nous servir de modèle pour appréhender la complexité singulière de notre objet d'étude. En se substituant peu à peu au latin – dans les textes religieux adressés aux femmes, dans les transactions économiques, dans la littérature – et au vers – dans le récit historique nouvellement préoccupé de vérité et d'objectivité que le vers avec ses artifices menace –, la prose s'impose comme la dimension « naturelle » du langage. Elle devient invisible, oubliée derrière le texte qu'elle structure. À la fois substance, on l'identifie avec une série de contenus (manuel scolaire, récit historique, récit de fiction, édit royal, etc.), et principe organisateur, la prose fournit l'exemple, peut-être le plus important avec l'électricité, de naturalisation de la technique. Elle est à la fois l'état « naturel » du langage ; une technique qu'on acquiert (écrire en prose implique des connaissances rhétoriques, syntaxiques, lexicales) ; la condition de possibilité des discours et donc une infrastructure au sens d'une fondation des institutions culturelles (« Par ma foi, fait dire Molière à M. Jourdain, il y a plus de quarante ans que je dis de la prose, sans que j'en susse rien ; et je vous suis le plus obligé du monde, de m'avoir appris cela. »). La comparaison entre l'électricité et la prose nous permet de questionner les implications de la naturalisation de l'électricité dans les sociétés et les cultures modernes, et de commencer à comprendre la puissance de l'électricité et ses multiples sphères d'action. C'est bel et bien à la prose que nous comparons l'électricité et non à l'imprimerie comme elle sera le plus souvent associée. L'imprimerie advient dans le système instauré par la prose, et la prolonge ; elle est l'agent d'une configuration du savoir que la prose a instaurée, configuration basée sur le texte, sur la distinction entre l'histoire (vraie) et la fiction, sur la lecture, sur la page blanche, ce « lieu désensorcelé des ambiguïtés du monde », cette « surface autonome placée sous l'œil du sujet qui se donne ainsi le champ d'un faire propre[4] ». L'invention de l'imprimerie s'inscrit dans le mouvement de naturalisation de la prose, rendant tout texte accessible, presque naturellement accessible, quel qu'en soit le contenu[5]. L'électricité, comme la prose en son temps, constitue l'élément premier d'une reconfiguration des sociétés modernes.

L'inconscient technologique

Dans l'article qui ouvre ce volume, Cornelius Borck remarque que, si au XIXe siècle les recherches autour de l'électricité ont surtout porté sur le rapport entre la vie et la mort, au XXe

> electricity permeated through almost every aspect of life, technology, and society as a transformative power[6]. More than simply causing or opposing death, electricity has been woven into the fabric of modernity from its most basic levels to e-commerce and artificial intelligence. Today, at the beginning of the twenty-first century, electricity is not so much residing over life and death but simply a prerequisite for living a life[7].

À cette dernière affirmation fait dramatiquement écho l'analyse de Samir Saul, dans ce volume, qui montre bien que les premières cibles des guerres contemporaines sont les centrales électriques. L'électricité est devenue un préalable pour vivre, et c'est justement la vie qu'on veut empêcher en bombardant les centrales :

> Viennent ensuite les « fonctions vitales », en particulier les centrales électriques. [...] Bagdad perd son éclairage et son approvisionnement en eau potable. Le système de traitement des égouts est dysfonctionnel. [...] La mortalité, notamment infantile, connaît un pic en 1991, au lendemain des bombardements. [...] À l'ère des guerres médiatisées [...] il est malvenu de tuer beaucoup de civils en présence de témoins ; les priver des conditions de la vie permet de reporter la mort à plus tard, loin des regards inquisiteurs et peut-être accusateurs[8].

Pour rendre compte de l'omniprésence et de l'importance majeure de l'électricité, Cornelius Borck reprend le concept benjaminien d'« inconscient visuel[9] » qui devient chez lui un « inconscient technologique » plus apte à signifier la nature complexe du phénomène électrique. Dans *L'œuvre d'art à l'époque de sa reproductibilité technique*, Benjamin écrit que la caméra pénètre un espace autre que celui qui nous est donné par la conscience :

> Nous connaissons en gros le geste que nous faisons pour saisir un briquet ou une cuiller mais nous ignorons à peu près tout du jeu qui se déroule entre la main et le métal, à plus forte raison des changements qu'introduit dans ce geste la fluctuation de nos diverses humeurs. C'est dans ce domaine que pénètre la caméra [...] Pour la première fois elle nous ouvre l'accès à l'inconscient visuel, comme la psychanalyse nous ouvre l'accès à l'inconscient pulsionnel[10].

En paraphrasant Benjamin, nous pourrions affirmer avoir l'expérience de l'organique et de l'artificiel, de la nature et de la culture, de l'imagination et de la réalité externe, de l'espace et du temps (et dans le temps, des différentes temporalités), de la position du sujet dans son milieu ; nous ignorons en revanche à peu près tout du réseau complexe qui va de l'un à l'autre. L'électricité ouvre sur ce réseau, nous révèle que les limites entre l'organique et le technique sont floues, que le temps et l'espace ne sont pas des catégories distinctes mais des hybrides, que la physiologie et la technologie sont interdépendantes, que le corps est un produit culturel, et que l'artifice est déjà dans la nature. L'électricité nous révèle l'omniprésence de la technique dont nous n'étions pas conscients, elle est notre inconscient technologique. Borck s'inspire de cette idée de Benjamin d'un inconscient matériel pour conceptualiser l'électricité. Si la psychanalyse ouvre un espace caché et profond auquel on n'avait pas accès avant, la caméra pénètre l'espace entre l'action et la matière ; elle révèle, nous dit Benjamin, le rythme physique des émotions qui informent les gestes quotidiens. Le parallèle avec la prose peut nous aider à mieux comprendre ce passage de l'inconscient visuel à l'inconscient technologique ainsi que la nature des deux. En comparaison avec le vers, la prose prend la position de la matière, elle vient occuper le rôle de substrat linguistique et les conséquences sont importantes. La matière est « the unavoidable, the indestructible, *l'incontournable*[11] » ce qui est là depuis le début et qui restera au-delà de la vie des différentes formes. Ainsi conçue, la prose est extension, elle est l'espace de l'agencement des différentes pratiques signifiantes qui deviennent visibles par elle, mais qui ne coïncident pas avec elle. L'inconscient technologique, dont l'inconscient visuel fait partie, est, comme la prose, extension : l'espace de l'agencement du naturel et de l'artificiel agencement que l'électricité révèle et en même temps médiatise.

Electricity and electric technologies are unrivaled in their pervasiveness with which they mediate life and reality. There can be little doubt that electric media mold the realms of daily life as well as the way to access it[12].

Le trait caractéristique de l'électricité est, selon Borck, qu'elle constitue une dynamique transgressive, et les changements qu'elle induit ne sont jamais seulement technologiques, mais pénètrent la nature et la culture[13]. Le phénomène électrique doit donc être étudié en tant qu'opérant sur trois plans : comme technologie, comme médium et comme modèle (paradigme).

Le spectre de McLuhan

Comment ne pas entendre dans le titre du volume la référence qu'il fait à la pensée de Marshall McLuhan[14], ce théoricien de la galaxie Gutenberg et de l'âge électrique ? Si ses grandes généralisations ne permettent pas forcément de comprendre la complexité historique de la co-construction, et c'est là peut-être la faiblesse de McLuhan qui tend à enfermer dans des images-slogans (efficaces et réductives comme celles de la publicité) l'agencement contradictoire des changements technologiques dans le milieu social, il nous semble important de revenir sur ses analyses dans une perspective critique et constructive. Dès la fin des années cinquante et au début des années soixante, McLuhan, dans une série de conférences et d'entrevues, qui ont été récemment publiées sous la direction de Stéphanie McLuhan et de David Staines, théorise le changement de paradigme qu'implique l'électricité ; il en explore et en expérimente la complexité jusque dans le style de son écriture ; il a notamment recours

« à la construction discontinue [...] comme au collage, aux aphorismes, aux nombreuses citations hors contexte, aux anachronismes, aux slogans de type publicitaire, aux redondances, aux jeux de mots et aux blagues, ainsi qu'à de nombreux énoncés paradoxaux[15] », bref à tout ce qui rompt la continuité et la linéarité du texte et du discours. Ses idées se rassembleront et s'organiseront dans son œuvre majeure, *Understanding Media*, publiée pour la première fois en 1964. Le texte de Jean-François Vallée, pertinence de la pensée du chercheur canadien qu'il définit comme « le premier véritable intellectuel électrique[16]. » L'auteur propose d'interpréter les critiques acharnées dont McLuhan a fait l'objet, comme le signe d'une résistance au défi que sa pensée constitue encore aujourd'hui. Il fallait la réduire, la ridiculiser même (on a inventé le mot *mcluhanacy* pour en signaler la folie intrinsèque), l'interpréter de façon biaisée, pour en désamorcer le potentiel déstabilisant.

Vallée nous présente un McLuhan qui, tel le marin de Poe[17], observe le tourbillon qui le menace (en tant que littéraire, humaniste, croyant) et le confronte en s'y plongeant. Le tourbillon est ici provoqué par le passage révolutionnaire de l'âge mécanique à l'âge électrique. Philippe Despoix et Vincent Bouchard, lors du colloque international « L'électricité : déploiement d'un paradigme » organisé par le Centre de recherche sur l'intermédialité à Montréal en 2005, ont parlé de la « révolution non seulement médiatique, mais culturelle » liée à la transformation industrielle quotidienne du mécanique vers l'électrique et ont établi un parallèle entre la synchronisation spatio-temporelle réalisée par l'écriture alphabétique et celle réalisée par l'image audiovisuelle qui pose « en des termes tout à fait nouveaux le rapport entre maîtrise de l'espace et contrôle du temps. » Des catégories transcendantales et distinctes de l'espace et du temps de l'époque mécanique, on passe à l'hybridation de l'espace et du temps de l'ère de la relativité. L'accusation de déterminisme, qui rassemble les détracteurs de McLuhan, semble être l'un de ces cas d'aveuglement qui ont leur raison profonde dans la défense d'une configuration du savoir existante, menacée par un changement majeur. « La théorie mcluhanienne des médias est en fait plus complexe qu'on a pu parfois le laisser entendre[18]. » L'électricité, par exemple, médium ultime parce que sans contenu n'est pas pour McLuhan la cause, au sens logique et séquentiel du terme, de tous les phénomènes caractérisant l'univers « postgutenbergien » – de la dissolution de l'individualisme et de l'État-nation, à l'avènement d'un monde plus acoustique et tactile que visuel, à l'abolition des notions de temps et d'espace continus au profit de la simultanéité et de l'ubiquité, etc. : « elle correspond plutôt à la forme et à la structure de tous ces phénomènes, et ce, selon la logique globale et simultanée de la causalité formelle[19]. » Dans *Understanding Media*, McLuhan écrit que « the message of any medium or technology is the change of scale or pace or pattern that it introduces into human affairs[20] », et ce, « quite independent[ly] of the content of the medium[21] ». Ce qui signifie, par exemple, que le message de la télévision est à prendre dans les changements de l'expérience spatio-temporelle, dans la redéfinition des rapports entre espace public et privé, dans la redéfinition de la spectature et de la présence ainsi que du régime de vérité, et ce, indifféremment des contenus de la télévision : journaux télévisés, téléromans, téléréalité, etc.[22] « Indeed », précise McLuhan, « it is only too typical that the "content" of any medium blinds us to the character of the medium[23]. »

> The electric light escapes attention as a communication medium just because it has no « content ». And this makes it an invaluable instance of how people fail to study media at all. [...] The message of electric light is like the message of electric power in industry, totally radical, pervasive, and decentralized. For electric light and power are separate from their uses, yet they eleminate time and space factors in human association exactly as do radio, telegraph, telephone, and TV, creating involvement in depth[24].

La prose aussi est, pourrait-on dire, un médium sans contenu. Son message, caché par ses différents contenus – roman, récit historique, récit de fiction, lettre, autobiographie, discours, contrat, testament, traité – est l'ensemble des changements qui caractérisent la transition de la société féodale à l'État moderne. Dans *The Emergence of Prose*, Godzich et Kittay établissent un parallèle éclairant entre, d'une part, le passage d'une configuration culturelle structurée autour du vers et de l'oralité à une configuration gouvernée par la prose et le texte écrit et, de l'autre, le passage d'une configuration politique structurée autour de l'Église à une autre structurée autour de l'État. L'État parvient à contenir le pouvoir de l'Église. La nature de cette dernière n'est pas altérée, mais sa sphère d'action est maintenant délimitée. Dans la plus large économie de l'État, l'Église devient l'un des pouvoirs à contrôler. Elle est privilégiée par l'État, mais c'est un privilège qui peut être révoqué : c'est l'État qui octroie le pouvoir de l'Église, il n'a plus d'origine surnaturelle. Le privilège que l'État accorde à l'Église dérive de la position que l'État lui-même assigne à l'Église relativement à d'autres formes de pouvoir dans la configuration qu'il réalise. La même dynamique, affirment les deux auteurs, se produit entre la prose et le vers. La première parvient à contenir le pouvoir du vers dont la sphère d'action est de plus en plus limitée. Une nouvelle configuration des pratiques signifiantes se met en place structurée par la prose vernaculaire écrite, le vers y réclamant une forme de pouvoir, tout comme le latin (en vers et en prose). Dans la plus large économie de la prose vernaculaire, le vers devient l'une des pratiques signifiantes avec un pouvoir qui lui est attribué par la prose émergente et n'est plus fondé sur la tradition. Le processus qui se produit sur deux plans, culturel (avec la prose, plus tard associée à l'imprimerie) et sociopolitique (avec l'État), donne lieu à un nouvel espace que Godzich et Kittay appellent « the culture of the state ».

> We have found the functioning of the state very suggestive with respect to processes occurring within prose, just as prose's handling of discourses has turned out to be very illuminating with respect to the state's handling of agency. We are not suggesting that prose and the state are isomorphic; rather we see in the thirteenth century France a culture delimited and empowered by operations characteristic of both prose and the state[25].

L'électricité : nouvelle prose du monde

La prose et l'État ne sont pas isomorphiques, ils se coconstruisent. Il est possible de bien comprendre ce phénomène à la condition de ne pas se laisser aveugler par les contenus du médium (la prose dans le cas qui nous intéresse ici), comme le souligne à juste titre McLuhan. Le cas de figure de la culture moderne (« the culture of the state »), où la prose assigne aux différentes pratiques signifiantes leurs places et fonctions relatives et où l'État contient et définit le pouvoir de l'Église parmi d'autres institutions, s'avère très utile pour comprendre l'âge électrique, ce nouveau chronotope qui reprend et redonne sens à la notion de postmodernité. Qu'est-ce que la co-construction de l'électricité et de l'État globalisé nous apprend sur les agencements structurant notre milieu ou, pour paraphraser Godzich et Kittay, sur la façon dont la globalisation, fondée sur l'électricité comme l'État sur la prose, gère les affaires humaines ? Quel espace se produit là où la culture de l'État s'effrite ? Quel sujet ? Quelle action ? Le travail de ce volume se développe autour de telles questions dans ses différentes sections et son approche interdisciplinaire.

Dans son œuvre fondamentale sur l'imprimerie[26], Elizabeth Eisenstein se demande pourquoi un phénomène d'une telle importance a pu susciter autant de négligence. L'oubli de l'imprimerie qui double l'oubli de la prose dont elle est, en un certain sens, la prolongation, sont deux cas exemplaires de naturalisation de la technique auxquels le cas de l'électricité, invisible et omniprésente, vient s'ajouter. La naturalisation est, nous le savons[27], nécessaire au fonctionnement de toute technique dans la culture occidentale moderne. Les technologies électriques, par exemple, contribuent à la consolidation des « lumières », du rationalisme et de la transparence, en même temps qu'elles mettent en question l'organisation rationaliste de la connaissance. Dans les cas ici évoqués, l'énormité de ce qui est caché conduit à se demander jusqu'à quel point ces technologies bouleversent-elles le système de valeurs qu'elles-mêmes viennent légitimer. Le travail d'Elizabeth Eisenstein nous semble contenir des indications importantes pour répondre à cette question en proposant d'observer précisément les effets contradictoires de l'introduction d'une technologie.

> Nombre d'effets différents, tous d'une grande portée, survinrent de façon relativement simultanée. Les déchiffrerait-on plus clairement que l'on considérerait avec plus de sérénité des évolutions apparemment contradictoires. L'on pénétrerait mieux l'intensification à la fois de la religiosité et du sécularisme[28].

Rien de plus vrai pour l'électricité qui s'associa à la fois au spiritualisme et au rationalisme les plus extrêmes. Les textes de Walter Moser et d'Anindita Banerjee dans ce volume en témoignent. Contre la tendance à ordonner des faits disparates dans un récit linéaire et progressif, Moser privilégie les « nœuds de complexités » et les anachronismes, et identifie dans le « galvanisme » une figure transversale capable de circuler dans une pluralité de discours tout en y assumant des contenus très divers. C'est la carte dans le jeu discursif qui, dans la configuration 1800, peut véhiculer des valeurs et des contenus très différents. C'est le joker discursif par excellence[29]. Cette figure transversale se révèle assez déstabilisante par la mise en relation des champs de savoir et des pratiques qui, selon le grand récit de la modernité, devraient rester distincts. Dans une perspective similaire, Anindita Banerjee montre que si l'électricité en Russie devient une icône de la révolution, du changement radical qu'incarne l'État socialiste, cette technologie s'inscrit aussi dans l'imaginaire de la fin du siècle et incarne la coexistence du passé et du présent.

Un autre point important soulevé par Elizabeth Eisenstein est la reconnaissance de l'interdépendance entre standardisation et diversité. Là où il y a une forte standardisation, il y a également une prolifération de pratiques de résistance et d'individuation. Cela vaut pour l'imprimerie, mais aussi pour les technologies électriques de communication. Plusieurs études récentes se penchent sur les usages singuliers des technologies mobiles qui peuvent devenir de véritables médias de résistance à la standardisation ainsi que le lieu d'invention d'autres formes de démocratie[30]. Le grand récit manichéen de la modernité est miné par la prise en compte des « tactiques » individuelles qui se développent avec les nouvelles technologies, soit celle de l'imprimerie puis celle de l'électricité.

L'insistance sur la matérialité du média et sur le système qu'il pénètre et contribue à créer est, pour l'historienne, une garantie contre les « querelles intellectuelles » plutôt basées sur des abstractions.

> En centrant l'intérêt sur la mutation des communications, nous sommes amenés à lier esprit et société [...] Des relations plausibles peuvent être repérées si l'on tient compte des liens tissés par le nouveau réseau de communications qui coordonnait diverses activités intellectuelles tout en produisant des biens de consommation commercialisables. Étant donné que cette production était patronnée et censurée par les autorités et consommée par les milieux alphabétisés, les activités des premiers imprimeurs fournissent un lien naturel entre le mouvement des idées, le développement économique et les affaires de l'Église et de l'État[31].

Elizabeth Eisenstein souligne avec insistance le fait que l'imprimerie représente « une mutation précise de la communication » à un moment historique donné. De la même façon, l'historien des sciences, Giuliano Pancaldi insiste sur le fait que seule l'application de l'électricité aux communications (avec le télégraphe) en a révélé l'immense portée :

> It was telegraphy, and communications, that slowly made room for electricity in society and culture at large. I have alluded to the huge investments made in telegraphy during the central decades of the century. But investments of course went hand in hand with other, important shifts. They went hand in hand with the expansion of the "public sphere" that, throughout the nineteenth century, accompanied the rise of the middle classes, first in Western societies, then in their colonies, and, sometime later, in their former colonies. Let me emphasize this: only once electricity had won a place in society and culture at large thanks to communication systems like the telegraph and the telephone, it was possible for electric power first to flank, and then slowly to erode the power of steam. If my reconstruction is right, the electric communication networks and the electric power grids we are familiar with are two sides of an intertwined story; a story which, unexpectedly and amidst many contingencies, began in the early age of electricity and is still with us today[32].

L'imprimerie, comme plus tard le télégraphe, change les communications : c'est l'attention à ce changement matériel qui permet de comprendre la nature du lien entre esprit et société. Étudier le nouveau système de communication qui se met en place au moyen de l'imprimerie révèle le lien nécessaire entre des activités intellectuelles et des intérêts économiques, ainsi que les structures de pouvoir qui se dessinent autour du nouveau système. Si « les activités des premiers imprimeurs fournissent un lien naturel entre le mouvement des idées, le développement économique et les affaires de l'Église et de l'État », les importantes expériences avec le télégraphe et le téléphone, moyens de communication instantanée, révèlent vers la moitié du xixᵉ siècle le lien inextricable entre l'économie (on y investissait de façon massive), l'expansion de la sphère publique et l'émergence de nouvelles classes sociales[33]. Le précédent énoncé d'Elizabeth Eisenstein, en écho duquel répond celui de Giuliano Pancaldi, met en évidence l'importance cruciale des communications pour le développement global de la société ; communications qui sont le point d'intersection de facteurs culturels, économiques et sociaux d'importance majeure : qu'elles mutent et cela entraîne un changement de la société dans son ensemble, notamment parce que leur mutation implique un changement dans la conceptualisation de la société[34].

Why did it take so long – eighty years, and in an age of major industrial developments – for the steady current of the battery to "transform our civilization"? And, what else was needed, beyond the current of the battery, for the age of electricity finally to take off[35]?

C'est ce que se demande Giuliano Pancaldi et sans doute faut-il chercher la réponse dans la co-construction de la société et de la technologie où le développement de la sphère publique, la montée de la classe moyenne et l'application du courant électrique aux communications viennent, dans le même mouvement, créer un nouveau milieu. Dans un article innovateur publié en 2006, « Electricity Made Visible », Geoffrey Batchen permet d'aller encore plus loin en montrant comment, dans les années 1830, la photographie, la numérisation et le télégraphe croisent déjà leur chemin dans une recherche commune : *communiquer des images et des sons à distance.* Le contexte est celui des changements du rapport entre nature et culture et de l'étroite collaboration entre art et science induits à la fois par la photographie et l'électricité. Batchen a le grand mérite de créer un pont entre les études sur la photographie et celles sur les technologies électriques erronément séparées, contribuant de façon importante à la pensée de l'âge électrique. La préoccupation de départ de Batchen dans « Electricity Made Visible » est de montrer, en réponse à Lev Manovich[36], que l'histoire des nouveaux médias est aussi ancienne que la modernité (« as old as modernity itself[37] »), le concept foucaldien d'archéologie qu'il emprunte lui révèle la dimension fondamentalement politique de cette histoire.

But now the word "archeology" must conjure, not so much a vertical excavation of developments in imaging technologies, but rather Michel Foucault's more troublesome effort to relate particular apparatuses to "the body of rules that enable them to form as objects of a discourse and thus constitute the conditions of their historical appearance". The identification of these "rules" of what Foucault calls a "positive unconscious of knowledge" turns such a history into a necessarily political enterprise[38].

C'est à Foucault que nous revenons nous aussi pour nouer les fils que nous avons tissés dans cette introduction. Du texte (et de l'État) comme lieu(x) de pouvoir, on passe, avec l'électricité, à un autre lieu de pouvoir, moins visible, celui du réseau remplaçant peut-être à la fois l'État et le texte. Comme ce volume entend le montrer, l'électricité bouleverse le régime établi par la prose et l'imprimerie en ouvrant grande la porte aux « ambiguïtés » du monde que la page blanche avait mises dehors. Si la prose moderne nous a fourni un modèle efficace pour penser la naturalisation de l'électricité et ses enjeux, ce parallèle nous a aussi permis de voir que notre milieu en est un où les choses et les mots, séparés par le travail d'abstraction de la prose, se rencontrent à nouveau. Littérature, photographie, médias électriques créent et expriment une « prose du monde[39] » qui exige désormais une nouvelle *littéracie*. Dans son beau livre *A Most Amazing Scene of Wonders*[40], James Delbourgo montre comment dès ses débuts au XVIIIᵉ siècle, l'électricité a lancé un défi à l'abstraction, à la séparation entre le rationnel et l'irrationnel, le matériel et l'immatériel, et a révélé des nouvelles dimensions que la *littéracie* moderne ne pouvait pas prendre en compte.

Si le message d'un média est « le changement d'échelle, de rythme et de modèles qu'il provoque dans les affaires humaines », pour le comprendre il faut se mettre à l'écoute des mouvements constitutifs de la toujours changeante configuration des médias et des pratiques signifiantes. Mais quand il s'agit d'un média sans contenu, comme l'électricité (ou la prose), omniprésent et invisible, ne sommes-nous pas aussi dans la nécessité de développer une *littéracie* qui nous permette justement de comprendre ce qui se passe ?

> Because of this founding role, prose requires a specific form of literacy [...] not one that is taught. Prose requires a literacy that would be attentive to this managerial function of the discourses and thus beyond them to the play of deixis within it. *Such a literacy (...) is a mode of living and acting in a world that is now prosaic.* In other words, if there is such a thing as a prosaic hermeneutics, it is not restricted to the world of linguistic artefacts, but *constitutes the dimension of understanding* in modernity[41].

Cet important passage du livre de Godzich et Kittay nous propose des pistes de réflexion. L'électricité exige une *littéracie* qui reconnaisse la configuration du savoir en réseau, le passage de la linéarité à la complexité. Une telle *littéracie* (*électracie* ? *médiacie* ?) doit se développer à partir de notre expérience d'un monde médiatisé par l'électricité et correspondre à notre mode de vie dans ce monde électrique. Si une herméneutique électrique est possible, nous continuons à paraphraser Godzich et Kittay, elle ne correspond pas seulement à l'acte de comprendre les différents artefacts électriques (et électroniques), mais elle est la *forma mentis* de la postmodernité.

L'électricité vingt ans après

Presque vingt ans se sont écoulés avant qu'on ne revienne sur les changements importants que l'électricité a provoqués dans la vie, la pensée, les valeurs du « village global[42] ». Entre 1983 et 1990 paraissent plusieurs études fondamentales pour comprendre la révolution électrique opérée aussi bien dans les communications que dans la configuration de l'expérience du milieu et dans la définition des socialités. Pour n'en citer que quelques-unes, *Disenchanted Night. The Industrialization of Light in the Nineteenth Century* de Wolfgang Shivelbusch (1983)[43] retrace le développement de la lumière artificielle électrique au xixᵉ siècle (du salon bourgeois à la rue, des magasins à la scène de spectacle), en analysant la structuration de la vie moderne par la distribution de cette lumière dont le contrôle vient marquer les hiérarchies sociales, distinguer le pouvoir, garantir les valeurs morales, délimiter la nuit et créer la scène moderne. *When Old Technologies Were New. Thinking about Electric Communication in the Late Nineteenth Century* de Carolyn Marvin (1988) revient sur l'histoire des médias électriques anglo-américains et conteste la perspective instrumentale qui fait classiquement commencer cette histoire à la mise en place « naturelle » d'équipements permettant le développement du réseau des médias de masse. Marvin propose plutôt de s'intéresser aux jeux de négociation, de pouvoir et de représentation entre les différents groupes sociaux et à leur reconfiguration par l'intrusion d'un nouveau média. *Electrifying America. Social Meanings of a New Technology* de David E. Nye (1990) analyse le processus social de l'électrification aux États-Unis en détaillant la façon dont l'électricité a été incorporée par les différentes communautés qui en fondent la société. Il s'attache aux perceptions et croyances de chacune de ces communautés, aux usages qui les distinguent ou les rapprochent, aux politiques et aux choix opérés selon les institutions (ville, maison, usine…) et qui marquèrent irrémédiablement le paysage de l'Amérique.

Par ailleurs, en 1983, l'Association pour l'histoire de l'électricité en France lance un vaste programme de recherche visant à construire une « histoire de l'électricité ». Un premier colloque, « L'électricité dans l'histoire », pose les jalons de cette entreprise. On pointe la nécessité de confronter les histoires – économiques, financières, locales, littéraires, etc. – à celle de l'électricité afin d'apercevoir de nouvelles interférences et chaînes de causalité. On y aborde différents domaines : les problèmes liés à l'utilisation de l'électricité, dans une perspective socioéconomique, sont traités, ainsi que ceux liés à son influence – notamment sur la médecine[44]. On y démontre l'intérêt thématique de l'électricité – en particulier dans l'histoire de la littérature –, ainsi que l'intérêt de sa fonction de cristallisateur des valeurs sociales pour l'histoire de la condition féminine. Trois tomes dévolus à l'histoire de l'électricité en France sont finalement publiés en 1991. Un *Bulletin d'histoire de l'électricité* paraît dans la suite, dont la mission est le déploiement à l'échelle sociale, d'une histoire trop souvent limitée au seul domaine des sciences et des techniques. L'Association se dissout en 2001 et laisse place à la Fondation Électricité de France qui poursuivra son mandat scientifique en publiant les *Annales historiques de l'électricité* dont le dernier numéro porte significativement le titre de « L'électricité en réseaux ».

Parallèlement à cela, un fort engouement apparaît pour l'électricité en tant qu'objet d'exposition. Outre les vertus pédagogiques des expériences électriques (reproduites à la Cité des sciences de la Villette, lors d'une exposition sur l'électricité en 1996), les expositions exploitent la variété des *matérialisations* de l'électricité (artefacts, ingénieries, phénomènes reconstitués) pour retracer les étapes d'une civilisation électrique (musée Électropolis à Mulhouse ; Centre d'interprétation Électrium à Sainte-Julie). Elles exploitent aussi la variété des matérialités nouvelles que l'électricité a générées, au premier rang desquelles celles investies et explorées par les arts de la lumière et de la composition sonore (« Light! », musée Van Gogh d'Amsterdam, 2001 ; « Sons et lumières : une histoire du son dans l'art du xxᵉ siècle », Centre Pompidou, 2004) et la relation entre lumière, électricité et modernité (« La Lumière au siècle des Lumières et aujourd'hui. Art et Science », Nancy 2005). Cet engouement se traduit également, côté publication, par des projets éditoriaux de revues d'arts et de lettres construits sur le thème de l'électricité (*Techné*, n° 12, automne 2000; *Cabinet*, n° 21, printemps 2006; *Revue des sciences humaines*, « L'imaginaire de l'électricité », n° 281, automne 2006). La démarche muséale semble ainsi accompagner le développement, depuis une quinzaine d'années, d'une nouvelle sociologie du quotidien qui redécouvre le rôle structurant de l'électricité, au détour d'une réflexion portant sur l'impact des objets et des techniques sur les socialités (*Technologies du quotidien*, 1992), ainsi que le rôle des environnements construits – par l'éclairage, les réseaux de transports, les milieux sonores, notamment en milieu urbain – sur les comportements sociaux.

Alors que l'histoire des sciences et des techniques peut s'enorgueillir d'un bagage érudit d'études sur les principaux acteurs de la conquête de l'électricité (Nollet, Galvani, Volta, Marconi, etc., ils seraient plus de cent si l'on en croit la fresque qu'a peinte Dufy en 1937, à l'occasion de l'Exposition internationale de Paris), la sociologie des sciences accuse un certain retard dû, en grande partie, à l'oubli de l'électricité au profit de l'électronique et de l'informationnel, dans l'établissement du paradigme moderne, et c'est ce retard que ce volume entend combler. On pourrait se demander pourquoi il est plus facile de reconnaître à la cybernétique et au paradigme informationnel cette visibilité que dans le domaine des sciences humaines on a du mal à reconnaître à l'électricité. Une hypothèse que nous pourrions avancer est que la cybernétique est associée aux « machines à penser », à des artefacts visibles, à des contenus, à la différence de l'électricité, média sans contenu, dont le message « est absolument radical, décentralisé et enveloppant. » « La lumière et l'énergie électrique sont distinctes des usages qu'on en fait » écrit McLuhan, et ce n'est pas le cas de l'information qui, par ailleurs, a, elle aussi, l'électricité comme média. Cependant, le développement des techniques informatiques a permis un retour non seulement sur la nature de l'« image électrique », mais aussi sur les conséquences de son apparition, dans les sciences comme dans les arts, sur notre rapport au réel.

De son côté, l'anthropologie fait le constat, sur le terrain, des conséquences des disparités de l'accès à l'électricité et décrit les enjeux de pouvoir et d'autonomisation, liés à sa production, à sa distribution et à sa consommation. Elle étudie l'impact sur les populations vivant aux marges des sociétés hyperindustrialisées et examine la transformation du quotidien dans les différentes communautés en relation à la présence multiforme de l'électricité[45]. On peut souhaiter qu'une anthropologie des techniques étudie plus à fond encore les conséquences des changements techniques sur les pratiques culturelles dans des contextes historiques, géographiques et politiques précis, à la suite des premiers travaux de Leroi-Gourhan, Innis ou Goody.

Les études ici présentées s'appuient donc sur des travaux déterminants et sur un regain d'intérêt pour la problématique de l'électricité. Un des objectifs du volume est de poser les jalons d'une synthèse en faisant dialoguer différentes perspectives sans reconduire le partage disciplinaire, politique ou géographique des études sur l'électricité. L'intermédialité, « par nature interdisciplinaire », constitue le terrain de la recherche ici développée ; « au lieu de partir de définitions institutionnellement assurées d'objets de savoir disciplinairement bien classés, (elle) considère d'abord les relations elles-mêmes dans lesquelles des objets sont pris » et « ne s'occupe pas simplement des médias, mais de toutes les formes de médiation, de la plus matérielle à la plus intellectuelle[46] » ainsi que de leur histoire. Mieux que n'importe quelle autre approche, l'intermédialité permet de rendre compte du « changement d'échelle, de rythme et de modèles » provoqués par le média électrique dans les affaires humaines et de saisir la complexité de l'âge électrique en reconnaissant une place aux ambiguïtés du monde que le système scripturaire, instauré par la prose et l'imprimerie, avait écartées.

Au moyen de quatre parties thématiques, nous nous proposons d'aborder la « révolution électrique » à la lumière de ses diverses conceptions, de ses applications, de ses effets – esthétiques, sociaux, culturels et politiques –, ainsi qu'à l'aulne de ses enjeux historiques et contemporains. En parlant de révolution, c'est l'utopie que nous convoquons, et l'imagination qui la nourrit traverse tous les articles ici rassemblés qu'il soit question d'épistémologie, de représentation, de technique, de politique.

La première partie de cet ouvrage, « Electrical Thought/La pensée électrique », dégage les fondements d'une pensée qui envisage le phénomène électrique comme un milieu épistémique : l'électricité permet de figurer et de connaître ce qu'elle éclaire, ce qu'elle traverse, jusque dans ces formes inabouties ou abandonnées. Les textes que nous avons rassemblés dans cette section permettent de poser le cadre théorique de ce phénomène électrique.

Les deux premiers textes, de Cornelius Borck et de Walter Moser, ont ceci de commun d'insister sur la dynamique transgressive de l'électricité qui, déployée comme média, finit par constituer un milieu dans lequel se formulent et se pratiquent des recherches sur la matière et sur l'esprit. Cornelius Borck explore quelques-unes des trajectoires qui relient les développements hétérogènes que l'électricité a permis : des rayons X qui traversent le corps aux ondes électromagnétiques des réseaux de télécommunication ; des traitements électriques drastiques de la psychiatrie « moderne » aux modèles élaborés à partir de l'électricité pour comprendre le fonctionnement du cerveau, émergent des réalités virtuelles qui ouvrent des accès à la nature de l'esprit et permettent d'élaborer des nouvelles formes de conscience. Walter Moser se concentre plus spécifiquement sur le prédéveloppement électrique, un des repentirs de l'électricité avant qu'elle ne se théorise selon les principes qu'on lui connaît. Sous le tracé d'une technologie victorieuse, Walter Moser exhume une piste particulière des balbutiements de la théorie électrique, le galvanisme, qui voit s'associer à l'empirisme le plus rigoureux les spéculations les plus débridées. Dans cette même section, Jean-François Vallée revient, comme nous l'avons vu, sur le virage épistémologique qu'opère McLuhan au milieu des années cinquante, à partir duquel il formulera sa théorie de l'âge électrique. Ici encore, épistémè et média sont indissociables, fondus l'un dans l'autre dans cette translation immédiate de tout code en un autre qu'opère l'électricité. Aux expériences galvaniques de Walter Moser, viennent répondre d'autres projets non aboutis d'application électrique, présentés sous forme de croquis techniques qu'Edison réalisa et dont David Tomas analyse ici la portée. Ces projections graphiques constituent une histoire alternative de technologies hybrides, la matrice idéelle visuelle d'où purent émerger les objets techniques et les machines électriques qui peuplent et animent notre monde. Le tourbillon du marin de Poe dans lequel McLuhan s'immerge produit un ensemble de possibles non actualisés, fondement aujourd'hui sédimenté de la pensée électrique.

La deuxième partie du recueil, « The Electric Body/Le corps électrique », rassemble des textes qui analysent l'utopie électrique à même les corps qu'elle traverse et anime, galvanise, enveloppe et parfois, en rupture du tableau, tue. Jean-Pierre Sirois-Trahan propose une étude du roman symboliste *L'ève future* de Mathias Villiers de l'Isle-Adam, où l'électricité figure comme un principe de vie au même titre que le mouvement et comme un fluide magique que les scientifiques de la « belle époque » tentent de maîtriser. Laurent Guido s'attarde sur l'inscription spécifique du corps, quelque vingt années plus tard, au sein du contexte technologique émergeant de la fin du xixe siècle. On y voit alors se populariser, et c'est exemplaire dans les spectacles de Loïe Fuller, une nouvelle image mobile de la corporéité, toujours féminine mais bien vivante et non plus automate cette fois, traversée par le flux énergétique de l'électricité, agent d'harmonie entre la musique et le mouvement. Résonnent très loin les cris des *girls* du music-hall devant l'image du corps absent qu'évoque la chaise électrique d'Andy Warhol et sur laquelle s'attarde Pamela Lee. Cette sérigraphie, populairement déclinée en plusieurs tons, s'inscrit dans la série *Death and Disaster* que Warhol amorce au début des années soixante. Lee y voit le corps humain doublement et radicalement administré, à la fois par les nouveaux modes de communication de masse et par une technologie létale électrique. L'article d'Elizabeth Plourde vient clore cette section avec la présentation du corps appareillé de la performeuse Isabelle Choinière qui, enveloppé de capteurs électriques, devient le creuset de nouvelles formes de corporéités scéniques.

Dans la partie « The Electric Picture/L'image électrique », les auteurs s'intéressent aux technologies de représentation et à l'impact de l'électrification de ces technologies, parfois augmenté des attentes qui la précédèrent. La soif de clarté qui se généralise au xixe siècle harasse à son tour la scène de théâtre et, si le passage à la lumière électrique semble se faire sans heurt, on ne cesse de vouloir en maximiser la puissance : plus de clarté réclame-t-on quand c'est de l'ombre que l'on cherche. Jean-Marc Larrue démonte les paradoxes de cette révolution électrique qui change beaucoup sans changer grand-chose : si, au bout du compte, on n'y voit pas plus clair bien que la scène soit très éclairée, se coconstruit tout au long de cette quête une modernité théâtrale qui réinterroge, en même temps qu'elle le réorganise, l'ensemble du dispositif scénique à l'aulne de ces nouvelles potentialités. André Gaudreault et Philippe Marion comparent deux modèles énergétiques impliqués dans la captation cinématographique, celui mécanique des frères Lumière, souple et léger mais soumis à l'aléatoire de la force humaine appliquée à la manivelle, et l'autre électrique offrant une énergie motrice régulière et fiable au prix d'une lourdeur machinique. Cette alternative, du matériel léger qui se déplace vers le sujet et de son contraire, une technique lourde obligeant à une « studioïté », met également en œuvre une dialectique esthétique entre deux rapports spécifiques au temps et à l'espace : au temps humanisé mais aléatoire de la manivelle, qui imprime un mouvement à des images arrêtées, s'oppose le temps uniforme et ininterrompu de l'électricité qui assure la mise en boucle spatiale et temporelle du monde. Enfin, c'est l'électricité elle-même qui fait image dans le genre cinématographique de la comédie musicale qu'examine Viva Paci. À la fois condition de possibilité des effets spécifiques au genre et du genre lui-même, l'électricité en constitue un des motifs favoris déployés dans un esprit qui « célèbre les fastes technologiques du siècle naissant ». Ce n'est pas ici l'ombre que l'on cherche mais plutôt, dans l'usage paroxystique et plein soleil du génie électrique, l'accord parfait entre ses ondes lumineuses et la matière du spectacle.

La partie « Electrifications/Électrifications » clôt notre ouvrage et envisage les enjeux de l'électrique à l'échelle d'une nation. Là encore l'utopie vient croiser l'empirisme et se sédimenter aux fondements des systèmes de production et de distribution de l'électricité. Anindita Banerjee replace la déclaration de Lénine faite en 1920 – « Le communisme, c'est le pouvoir des soviets et l'électrification du pays », généralement historicisée en point de départ de l'utopie technologique bolchevique – dans un courant de pensée *fin de siècle* d'une imagination moderniste. C'est paradoxalement l'absence persistante de l'électricité du monde quotidien russe de cette époque, puis les résistances au projet d'électrification qui vont renforcer sa force mythique. S'élabore en creux autour de cette absente et à partir de données « récupérées » une cosmogonie au cœur de laquelle l'électricité fait figure de force salvatrice : des fantaisies futuristes les plus improbables au projet politique communiste, il s'agit de sauver la Russie en la transformant. Karl Froschauer s'interroge sur l'échec du Canada à mettre en place une politique électrique nationale et décrit le modèle de politiques provinciales peu intégrées qui prévaut à la place. Un jeu de souverainetés se déploie qui n'opère pas au plan national mais directement des provinces au reste du continent. Au jeu des intégrations, c'est celle de l'électricité au fonctionnement de l'ensemble d'une société et les implications de sa coupure que Samir Saul aborde dans le contexte spécifique des guerres contemporaines. Ce ne sont plus les vies humaines que l'on cible directement, mais bien l'électricité et la paralysie rapide d'une société que l'on obtient en coupant le courant. Pour finir, Martha Khoury et Silvestra Mariniello, à l'aide du roman *Cités de sel* d'Abdul Rahman Mounif, analysent les ruptures, disjonctions et transgressions que crée et permet l'intrusion de l'électricité dans une société traditionnelle « périphérique ». Des médiations fondamentales et communes de cette société (du rapport à dieu, à l'espace au rapport à l'air, à la climatisation, au son, à la radio) subissent des effets d'accélération, de ralentissement, de blocages que le sujet doit non seulement moduler dans ses usages mais aussi conceptualiser.

Notes

1. Misa Thomas J., Philip Brey and Andrew Feenberg (eds.), *Modernity and Technology*, Cambridge, MIT Press, 2003, p. 5.

2. Jean Baudrillard, « Modernité », dans *Encyclopédie Universalis*, www.universalis.fr/corpus2-encyclopedie/117/0/M120991/encyclopedie/MODERNITE.htm.

3. Wlad Godzich and Jeffrey Kittay, *The Emergence of Prose*, Minneapolis, University of Minnesota Press, 1987. Dans cet ouvrage, les auteurs abordent l'émergence de la prose vernaculaire en France à la fin du Moyen Âge, émergence associée à celle de l'État moderne. L'une des hypothèses de Godzich et Kittay est que la prose moderne participe à une configuration du savoir profondément différente que la prose ancienne, latine ou grecque. « To move from the prose of classic Greece to the prose of the Middle Ages involves an earthshaking shift in the *locus of power from that of the public arena to that of writing*, and the growing legitimacy of vernacular. » (p. 194, c'est nous qui soulignons) Au début du Moyen Âge, la France se retrouve partagée entre deux cultures, une culture haute en latin qui monopolise l'écriture et une culture vernaculaire orale et en vers. Le vernaculaire est la langue du peuple, mais ce n'est pas comme dans les démocraties anciennes, précisent les deux auteurs, où le peuple a accès au pouvoir au moyen du langage qu'il partage avec l'aristocratie :

il faut écrire et parler en latin (langue du clergé) pour avoir accès au pouvoir. « Any power available through the exercise of language involves becoming learned, through the church, a process that purposefully strips away the indigenous language. » (p. 195) La question est de savoir si on peut écrire en vernaculaire et si cette écriture peut avoir la même autorité que l'écriture en latin. Quand le vernaculaire commence à être écrit, une reconfiguration des pratiques signifiantes se produit qui admet une distinction entre l'oral et l'écrit dans la culture vernaculaire, où l'oral se divise entre le vers et le langage commun, mais n'a plus son prestige. C'est l'écrit qui l'emporte, plus la prose écrite *qui est vierge de la tradition* que le vers porte. « Newly emerged prose, however, *untainted by any previous oral life*, stands to reap the fruits of this shift, as the very embodiment of writing and eventually of language prior the imposition of any form » (p. 194-195, c'est nous qui soulignons). Le vers se trouve affaibli par la tradition dans laquelle il s'inscrit, la prose vernaculaire n'a pas de tradition et s'établit en dehors de la sphère d'influence de la prose latine. « The vernacular was given the opportunity to emancipate itself from the dominance of Latin by establishing a form of writing unachiavable by a language weighed down by its own history and social regulations and imprisoned by a clerical class jealously guarding its prerogatives. » (p. 195) Quand on lit « prose », il faut donc être conscient du fait qu'il s'agit de la prose moderne s'institutionnalisant, telle qu'on la connaît encore, à la fin du Moyen Âge, au moment où le lieu du pouvoir change : de la place publique à la page écrite.

4. Michel de Certeau, *L'invention du quotidien*, 1. *Arts de faire*, Paris, Gallimard, 1990, p. 199.

5. Pour l'histoire de l'imprimé voir Elizabeth Eisenstein, *The Printing Press as an Agent of Change*, Cambridge, Cambridge University Press, 1979, 2 vol.; Elizabeth Eisenstein, *The Printing Revolution in Early Modern Europe*, Cambridge, Cambrige University Press, 1983 (traduit par Maud Sissung et Marc Duchamp, *La révolution de l'imprimé*, Paris, Éditions de la Découverte, 1991) et Marshall McLuhan, *The Gutenberg Galaxy. The Making of Typographic Man*, Toronto, University of Toronto Press, 1962.

6. Marshall McLuhan, and Bruce R. Powers, *The global village: transformations in world life and media in the 21st century*, New York, Oxford University Press, 1989.

7. Cornelius Borck, "Media, Technology, and the Electric Unconsciousness in the Twentieth Century", dans Olivier Asselin, Silvestra Mariniello

et Andrea Oberhuber, *L'âge électrique*, Ottawa, Presses de l'Université d'Ottawa, 2010, p. 30.

8. Samir Saul, « L'électricité, enjeu de guerre », dans Olivier Asselin, Silvestra Mariniello et Andrea Oberhuber, *L'âge électrique*, *op. cit.*, p. 278-279.

9. Walter Benjamin, « L'œuvre d'art à l'époque de sa reproductibilité technique », dans Walter Benjamin, *Œuvres*, t. III, Paris, Gallimard, coll. « Folio/essais », 2000, p. 306.

10. *Idem.*

11. Wlad Godzich and Jeffrey Kittay, *The Emergence of prose*, *op. cit.*, p. 197.

12. Cornelius Borck, "Media, Technology, and the Electric Unconsciousness in the Twentieth Century", *op. cit.*, p. 31.

13. « [electricity's] hallmark is a transgressive dynamic by which the changes electric technology has been mediating were never limited to a technological domain but permeated nature and culture. » Cornelius Borck, "Media, Technology, and the Electric Unconsciousness in the Twentieth Century", *op. cit.*, p. 31.

14. *Understanding Media* publiée pour la première fois en 1964 constitue l'œuvre majeure de ce penseur.

15. Jean-François Vallée, « L'image globale : la pensée électrique de Marshall McLuhan », dans Olivier Asselin, Silvestra Mariniello et Aandre Oberhuber, *L'âge électrique*, *op. cit.*, p. 89.

16. *Ibid.*, p. 72.

17. Edgard Allan Poe, *The Descent into the Mailstrom*, publié pour la première fois dans *Graham's Magazine*, vol. XVIII, n° 5, mai 1841, p. 235-241.

18. Jean-François Vallée, « L'image globale : la pensée électrique de Marshall McLuhan », *op. cit.*, p. 82.

19. *Idem.*

20. Marshall McLuhan, *Understanding Media: The Extensionss of Man*, New York, McGraw-Hill Book Company, 1964, p. 8. « En effet, le message d'un médium ou d'une technologie, c'est le changement d'échelle, de rythme ou de modèles qu'il provoque dans les affaires humaines », Marshall McLuhan, *Pour comprendre les médias*, Montréal, Bibliothèque Québécoise, 1993, p. 38.

21. *Idem.*

22. L'exemple que McLuhan donne est celui du chemin de fer : « The railway did not introduce movement or transportation or wheel or road into human society, but it accelerated and enlarged the scale of previous human functions, creating totally new kinds of cities and new kinds of work and

leisure. » Marshall McLuhan, *Understanding Media: The Extensionss of Man*, *op. cit.*, p. 8.

23. Marshall McLuhan, *Understanding Media: The Extensionss of Man*, *op. cit.*, p. 9 « c'est une des principales caractéristiques des médias que leur contenu nous en cache la nature. » Marshall McLuhan, *Pour comprendre les médias*, *op. cit.*, p. 39.

24. Marshall McLuhan, *Understanding Media: The Extensionss of Man*, *op. cit.*, p. 9 « Si la lumière électrique échappe à l'attention comme médium de communication c'est précisément qu'elle n'a pas de contenu, et c'est ce qui en fait un exemple précieux de l'erreur que l'on commet couramment dans l'étude des médias. [...] Le message de la lumière électrique, comme celui de l'énergie électrique pour l'industrie, est absolument radical, décentralisé et enveloppant. La lumière et l'énergie électrique en fait sont distinctes des usages qu'on en fait. Elles abolissent le temps et l'espace dans la société, exactement comme la radio, le télégraphe, le téléphone et la télévision et imposent une participation en profondeur. » Marshall McLuhan, *Pour comprendre les médias*, *op. cit.*, p. 39-40.

25. Wlad Godzich and Jeffrey Kittay, *The Emergence of Prose*, *op. cit.*, p. 202.

26. Elizabeth Eisenstein, *The Printing Revolution in Early Modern Europe*, Cambridge, Cambridge University Press, 1983.

27. Nous nous référons en particulier à Xavier Guchet, *Le Sens de l'évolution technique*, Clamency, Éditions Léo Scheer, 2005 et à Bruno Latour, *Nous n'avons jamais été modernes. Essai d'anthropologie symétrique*. Paris, La Découverte, 1991.

28. Elizabeth Eisenstein, *La révolution de l'imprimé dans l'Europe des premiers temps modernes*, Paris, Éditions de la Découverte, 1991[1983], p. 68.

29. Walter Moser, « Le Galvanisme : Joker au carrefour des discours et des savoirs autour de 1800 », *op. cit.*, p. 54.

30. Pensons, entre autres, à l'étude d'André Caron et Letizia Caronia, *Culture mobile. Les nouvelles pratiques de communication*, Montréal, Presses de l'Université de Montréal, 2005 ; et au livre de Darin Barney, *The Network Society*, Cambridge, Polity Press, 2004.

31. Elizabeth Eisenstein, *La révolution de l'imprimé dans l'Europe des premiers temps modernes*, *op. cit.*, p. 311.

32. Giuliano Pancaldi, "Interpreting the early age of electricity", conférence présentée à la *IEEE Conference on the History of Electric Power*, New Jersey Institute of Technology (NJIT), Newark (New Jersey), August 3-5, 2007, p. 220-221.

33. Voir Giuliano Pancaldi, "Interpreting the early age of electricity", *op. cit.*

34.　Il est important de noter que la question des communications revient quand il s'agit de la « révolution cybernétique » comme Céline Lafontaine le souligne : « C'est [...] en voulant lutter contre le chaos et la désinformation engendrés par la guerre que Wiener prend la communication comme cheval de bataille. Opposée au secret, à la désinformation et au chaos, elle constitue l'ultime moyen de combattre l'entropie et le désordre. Comprise en termes d'échanges informationnels, la communication est la source de toute organisation. » *L'empire cybernétique. Des machines à penser à la pensée machine*, Paris, Seuil, 2004, p. 43.

35.　Giuliano Pancaldi, "Interpreting the early age of electricity", *op. cit*, p. 213.

36.　Lev Manovich, *The Language of New Media*, Cambridge, MIT Press, 2001.

37.　Geoffrey Batchen, « Electricity made visible », in Chun, Kyong, Wendy Hui Kyong Chun and Thomas W. Keenan (eds.), *New Media, Old Media. A history and Theory Reader*, New York, London, Routledge, 2006, p. 39.

38.　*Idem.*

39.　Michel Foucault, *Les mots et les choses*, Paris, Gallimard, 1966. « La prose du monde » est le titre du deuxième chapitre. En le reprenant, nous suggérons que l'électricité opère la rencontre entre ce « langage réel » prémoderne, « chose opaque, mystérieuse, refermée sur elle-même, masse fragmentée et de point en point énigmatique, qui se mêle ici ou là aux figures du monde, et s'enchevêtre à elles » (p. 49) et la langue aberrante de la technique audiovisuelle, aberrante parce qu'en elle le signe n'est pas arbitraire et abstrait, mais contigu à la réalité matérielle des choses.

40.　James Delbourgo, *The Most Amazing Scene of Wonders. Electricity and Enlightenment in Early America*, Cambridge, Harvard University Press, 2006.

41.　Wlad Godzich and Jeffrey Kittay, *The Emergence of prose, op. cit.*, p. 199.

42.　Pour cette partie sur l'état de la question, nous sommes fortement redevables à Marion Froger que nous remercions chaleureusement ici.

43.　1983 est la date de la parution de la version originale allemande.

44.　Le rapport privilégié entre l'électricité et la médecine fait l'objet, entre autres, du livre de Linda Simon, *Dark Light. Electricity and Anxiety. From the Telegraph to the X-Ray*, Orlando, Harcourt, 2004.

45.　Voir Martin Thibault, *De la banquise au congélateur. Mondialisation et culture au Nunavik*, Ste-Foy, Presses de l'Université Laval, 2003.

46.　Éric Méchoulan, « Éclaircies à travers les brumes de l'intermédialité ? », entrevue avec Sylvano Santini, *Spirales* 230 janvier 2010.

Bibliographie

Appadurai, Arjun, *Modernity At Large: Cultural Dimensions of Globalization*, Minneapolis, University of Minnesota Press, 1996.

Appadurai, Arjun (ed.), *Globalization*, Durham, Duke University Press, 2002.

Ascher, François, *Ces événements nous dépassent, feignons d'en être les organisateurs. Essai sur la société contemporaine*, La Tour d'Aigues, L'Aube, 2005.

Asselin, Olivier, Silvestra Mariniello et Andrea Oberhuber, *L'âge électrique*, Ottawa, Presses de l'Université d'Ottawa, 2010.

Augé, Marc, *Non-Lieux. Introduction à une anthropologie de la surmodernité*, Paris, Seuil, coll. « La librairie du xxᵉ siècle », 1992.

Barney, Darin, *The Network Society*, Cambridge, Polity Press, 2004.

Baudrillard, Jean, « Modernité », dans *Encyclopédie Universalis*, www.universalis.fr/corpus2-encyclopedie/117/0/M120991/encyclopedie/MODERNITE.htm.

Baudrillard, Jean et Edgar Morin, *La Violence du monde*, Paris, Éditions du Félin, 2003.

Bauman, Zygmunt, *La vie liquide*, Paris, Le Rouergue/Chambon, 2006.

Beck, Ulrich, *La société du risque. Sur la voie d'une autre modernité*, Paris, Aubier, 2001.

Beltran, Alain, *La Fée et la Servante. La société française face à l'électricité (XIXᵉ-XXᵉ siècle)*, Paris, Belin, 1991.

Benjamin, Walter, *Œuvres*, t. III, Paris, Gallimard, coll. « Folio/essais », 2000.

Berthonnet, Arnaud (dir.), *Guide du chercheur en Histoire de l'électricité*, EDF Électricité de France, Éditions La Mandragore et Fondation Électricité de France, 2002.

Bolter, Jay David and Richard Grusin, *Remediation. Understanding New Media*, Cambridge, MIT Press, 2000.

Borck, Cornelius, "Electrifying the Brain in the 1920s: electrical technology as a mediator in brain research", in Giuliano Pancaldi and Paola Bertucci (eds.), *Electric Bodies. Episodes in the History of Medical Electricity*, Bologne, Università di Bologna, 2001, p. 239-264.

Cabinet, « Electricity », n° 21, printemps 2006.

Caron, André et Letizia Caronia, *Culture mobile. Les nouvelles pratiques de communication*, Montréal, Presses de l'Université de Montréal, 2005.

Castells, Manuel, *L'ère de l'information*, vol. 1 : *La société en réseaux*, Paris, Fayard, 1988.

Certeau, Michel de, *L'invention du quotidien*, 1. *Arts de faire*, Paris, Gallimard, 1990.

Chun, Kyong, Wendy Hui Kyong Chun and Thomas W. Keenan (eds.), *New Media, Old Media. A history and Theory Reader*, New York/London, Routledge, 2005.

Delbourgo, James, *A Most Amazing Scene of Wonders: Electricity and Enlightenment in Early America*, Cambridge, Harvard University Press, 2006.

Delon, Michel, *L'idée d'énergie au tournant des lumières 1770-1820*, Paris, Presses universitaires de France, 1988.

Déotte, Jean-Louis, *L'époque de l'appareil perspectif. Brunelleschi, Machiavel, Descartes*, Paris, L'Harmattan, 2001.

Déotte, Jean-Louis, *L'époque des appareils*, Paris, Lignes/Manifeste Léo Scheer, 2004.

Déotte, Jean-Louis, Marion Froger et Silvestra Mariniello (dir.), *Appareil et intermédialité*, Paris, L'Harmattan, 2007.

Eisenstein, Elizabeth, *The Printing Revolution in Early Modern Europe*, Cambridge, Cambridge University Press, 1983.

Eisenstein, Elizabeth, *La révolution de l'imprimé dans l'Europe des premiers temps modernes*, Paris, Éditions de la Découverte, 1991[1983].

Foucault, Michel, *Les mots et les choses. Une archéologie des sciences humaines*, Paris, Gallimard, coll. « Bibliothèque des sciences humaines », 1966.

Godzich, Wlad and Jeffrey Kittay, *The Emergence of Prose: An Essay in Prosaics*, Minneapolis, University of Minnesota Press, 1987.

Guchet, Xavier, *Le Sens de l'évolution technique*, Clamency, Éditions Léo Scheer, 2005.

Harvey, David, *The Condition of Postmodernity: An Enquiry into the Origins of Cultural change*, Cambridge, Blackwell, 1990.

Heilbron, John, *Electricity in the 17th and 18th Centuries: A Study in Early Modern Science*, Berkeley, University of California Press, 1979.

Kerckhove, Derrick de, *The Skin of Culture. Investigating the New Electronic Reality*, Toronto, Somerville House Publishing, 1995.

Lafontaine, Céline, *L'Empire Cybernétique. Des machines à penser à la pensée machine*, Paris, Seuil, 2004.

Landes, David S., *The Unbound Prometheus*, Cambridge, Cambridge University Press, 1969.

La revue d'Histoire des sciences, « L'électricité dans ses premières grandeurs, 1760-1820 », t. 54, Paris, Presses universitaire de France, janvier-mars 2001.

Latour, Bruno, *Nous n'avons jamais été modernes. Essai d'anthropologie symétrique*, Paris, La découverte, 1997.

Latour, Bruno, *Un monde pluriel mais commun*, Paris, L'Aube, coll. « Poche essai », 2003.

Lyotard, Jean-François, *La Condition postmoderne*, Paris, Éditions de Minuit, 1979.

Manovich, Lev, *The Language of New Media*, Cambridge, MIT Press, 2001.

Marvin, Carolyn, *When Old Technologies Were New: Thinking about Electric Communication in the Late Nineteenth Century*, Oxford, Oxford University Press, 1988.

McLuhan, Marshall, *Understanding Media: The Extensionss of Man*, New York, McGraw-Hill Book Company, 1964.

McLuhan, Marshall and Bruce R. Powers, *The global village: transformations in world life and media in the 21ˢᵗ century*, New York, Oxford University Press, 1989.

McLuhan, Marshall, *Pour comprendre les médias*, Montréal, Bibliothèque Québécoise, 1993.

McLuhan, Marshall, in Stephanie McLuhan and David Staines (eds.), *Understanding Me. Lectures and Interviews*, Toronto, McClelland & Stewart, 2003.

Méchoulan, Éric, « Éclaircies à travers les brumes de l'intermédialité ? » entrevue avec Sylvano Santini, première partie, *Spirales*, n° 229 décembre 2009, deuxième partie, n° 230, janvier 2010.

Misa, Thomas J., Philip Brey and Andrew Feenberg (eds.), *Modernity and Technology*, Cambridge, MIT Press, 2003.

Morus, Iwan Rhys, *Frankenstein's Children. Electricity, Exhibition, and Experiment in Early-Nineteenth-Century London*, Princeton, Princeton University Press, 1998.

Nye, David E., *Electrifying America: Social Meanings of a New Technology*, Cambridge, MIT Press, 1990.

Nye, David E., *Consuming Power. A Social History of American Energies*, Cambridge, MIT Press, 1999.

Pancaldi, Giuliano and Paola Bertucci (eds.), *Electric Bodies. Episodes in the History of Medical Electricity*, Bologne, Università di Bologna, 2001.

Pancaldi, Giuliano, *Volta: Science and Culture in the Age of Enlightenment*, Princeton, Princeton University Press, 2003.

Pancaldi, Giuliano, Interpreting the early age of electricity, Electric Power, 2007, *IEEE Conference on the History of electricity*, pp. 212-221.

Poe, Edgard Allan, *The Descent into the Mailstrom*, publié pour la première fois dans *Graham's Magazine*, vol. XVIII, n° 5, mai 1841, p. 235-241.

Revue des sciences humaines, « L'imaginaire de l'électricité », n° 281, automne 2006.

Schiffer, Michael B., *Draw the Lightning Down: Benjamin Franklin and Electrical Technology in the Age of Enlightenment,* Berkeley, University of California Press, 2003.

Shivelbusch, Wolfgang, *Disenchanted Night. The Industrialization of Light in the Nineteenth Century,* Berkeley, University of California Press, 1983.

Simon, Herbert A., *The Sciences of the Artificial* [1970], Cambridge, MIT Press, 1996.

Simon, Linda, *Dark Light: Electricity and Anxiety from the Telegraph to the X-Ray,* Orlando, Harcourt, 2004.

Stiegler, Bernard, *La Technique et le temps,* t. 1 : *La faute d'Epiméthée,* Paris, Galilée, 1994.

Stiegler, Bernard, *La Technique et le temps,* t. 2 : *La désorientation,* Paris, Galilée, 1996.

Stiegler, Bernard, *La technique et le temps,* t. 3 : *Le temps du cinéma et la question du mal-être,* Paris, Galilée, 2001.

Techné, La revue du Centre de recherche et de restauration des musées de France, « L'art et l'électricité », n° 12, automne 2000.

Thibault, Martin, *De la banquise au congélateur. Mondialisation et culture au Nunavik,* Ste-Foy, Presses de l'Université Laval, 2003.

Tomlinson, John, *Globalization and Culture,* Chicago, The University of Chicago Press, 1999.

Verschuur, Gerrit L., *Hidden Attraction: The History and Mystery of Magnetism,* Oxford, Oxford Press, 1996.

Weightman, Gavin, *Signor Marconi's Magic box: the most Remarkable Invention of the 19th Century and the Amateur Inventor Whose genius Sparked a Revolution,* Cambridge, DaCapo Press, 2003.

La pensée électrique

—∾—

Electrical Thought

Media, Technology, and the Electric Unconsciousness in the 20th Century

Cornelius Borck

Just years before the arrival of the 20th century, time travel materialized in form of H. G. Wells' famous novel *The Time Machine*. This device allowed one to travel to and from the future, not the past.[1] A few decades into the new century, time travel in the opposite direction turned into a lived-through experience for some of neurosurgeon Wilder Penfield's patients, when their brains were explored by means of electrical stimulation to prevent damage during epilepsy surgery. The electric current forced recollections derived from the patient's past when the stimulating electrode explored the cortex across its lateral surface (appropriately named the temporal cortex):

> Perhaps one can best [start] by imagining that [Wilder] Penfield is stimulating one's temporal cortex and producing states of *déjà vu*. Then one dreams back into the great days of the late nineteenth century when Fritsch and Hitzig began the epoch of physiological experiments by cerebral stimulation. ... Exciting times indeed.[2]

With this fantasy, Stanley Cobb, professor emeritus and long-time head of Psychiatry at the Massachusetts General Hospital, opened a scholarly volume titled *Electrical Stimulation of the Brain* in 1961. When a psychiatrist dreams of a time machine that allows him to live through great moments from the past, what he yearns for are, apparently, moments from the prehistory of the very method he supposes as time vehicle. One may at first respond by thinking how poor these scientists' fantasies are, but laughter turns into shock as soon as one realizes that the person dreaming of submitting himself to invasive electric therapy may have prescribed many electric shocks to others, sending his psychiatric patients not into dream lands but into the horrors of an erased past. Electroshock therapy boomed throughout the years while Penfield was exploring human brains with electric stimulation during epilepsy surgery.[3] McGill was the world's center of brain stimulation in the hands of Wilder Penfield while Donald Ewen Cameron experimented next door, in psychiatry, with brain washing.[4] The difference between the most subtle and brutal approaches seems merely to be a question of voltage.

Electrifying Histories

This seems to be a first hint to be pursued; the grandiose and the grotesque, the banal and the brutal exist right next to each other in the history of electricity. A comparison of Cobb's time-machine fantasy with Penfield's report on how his electrical explorations resulted in the patient undergoing a *déjà vu* illustrates this point almost inadvertently:

> One [type] of response is what patients have often described as a "flashback." ... When the electrode is applied, the patient may exclaim in surprise, as the young secretary, M.M. did: "Oh, I had a very, very familiar memory, in an office somewhere. I could see the desks. I was there and someone was calling to me, a man leaning on a desk with a pencil in his hand." Or, he may call out in astonishment, as J.T. did (when the current was switched on without his knowledge): "Yes, Doctor, yes, Doctor! Now I hear people laughing—my friends in South Africa. ... Yes, they are my two cousins."[5]

Again and again, the stimulating electrode acted reliably as a memory recollector, bringing back single, distinct, original experiences and not a mixture of memories or a generalization. According to Penfield's account, the recollections evoked from the temporal cortex retained the detailed character of the original experiences that were lost in active recall, and the memories forced into the patient's consciousness were experienced not only as present but as "more real" than a memory.[6] However, it was left entirely to the accidental position of the electrode whether the stimulation resulted in the permanent boredom of an office life or a happy family reunion across the ocean.

Following the idea of electric stimulation as time machine a little beyond family reunions and beyond the great episodes from laboratory research, more ambiguous states of *déjà vu* come to mind from the history of electric stimulation.[7] Galvani's *spark of life* fascinated Europe as much as its colonies; it inspired Shelley's Frankenstein to revive his creature in a moment of fictional resurrection and it provoked serious attempts in electrical resurrection at the beginning of the 19th century. A few decades later, the electric telegraph reduced incredibly large distances to fractions of a second and fuelled dreams of instantaneous communication. Nervous signals, by contrast, traveled shockingly slowly, as German physiologist Hermann von Helmholtz determined to the surprise of his contemporaries when he measured the velocity of the nerve impulse; the human mind lived a measurable distance behind the present time of its sensory apparatus, as it turned out.[8] Towards the end of the century, high voltage demonstrated its mighty powers not only in deadly experiments with electrocution but, perhaps more fascinatingly, in new forms of electricity that traveled through human bodies like air.[9] X-rays portrayed living humans as ghost-like skeletons, while wireless technology made ghostly voices speak from out of nowhere. Broadcasting provided the means for communication séances with the immaterial world, stimulating forays of the avant-garde into occultism and speculative psychical research.[10]

With the arrival of the 20th century, electricity took on new roles as general power supply but continued to evoke far ranging fantasies, from telepathic communication and electromagnetic mind control to therapeutic applications of currents in all possible forms (*see fig. 1*). Towards the century's end, knowledge circulated predominantly along electronic networks and was being stored increasingly in digital formats. Fictional and not-so-fictional worlds of sensory stimulation and prosthetic technology formed immersive data spheres out of electricity and to virtual

Figure 1. The ambivalences of electrotherapy in a *Herald* cartoon. From the Collections of the National Library of Medicine.

realities.[11] In a provisional generalization across this coarse outline of electro-intellectual interferences, electricity appears to have addressed primarily the death/life divide in the 19ᵗʰ century, whereas in the 20ᵗʰ century, electricity permeated almost every aspect of life, technology, and society as a transformative power.[12] More than simply causing or opposing death, electricity has been woven into the fabric of modernity, from its most basic levels to e-commerce and artificial intelligence. Today, at the beginning of the 21ˢᵗ century, electricity does not so much reside over life and death as it is a prerequisite for living a life. In this perspective, electricity's pervasiveness must be understood as operating on at least three different levels—as technology, medium, and model. Electricity furbished the everyday life with all sorts of new commodities; it acted and continues to act as intermedium in the strictest sense (i.e., as the standard of universal interchangeability), and formats circulating knowledge along the electronic domains of machine intelligence, virtual reality, and artificial life.

In tandem with the modern avant-garde of the interwar period, Walter Benjamin famously spoke of the optical unconscious and declared film to be the medium providing access to it "just as psychoanalysis did to the psychical."[13] With the close-up and slow motion, the film camera accessed an optical unconscious just as psychoanalysis had once opened a deep space hidden in an individual's psyche. In psychoanalysis, this access had allowed the practitioner to uncover the suppressed from the past and to break the circle of repetition in a dynamic process, creating a revolution of self and society. Benjamin's idea of a material unconscious invites us to conceptualize electricity in a similar way and to read its multiple modes of operation as a technological unconscious. Electricity and electric technologies are unrivalled in the pervasiveness with which they mediate life and reality. There can be little doubt that electric media mould the realms of daily life as well as the ways to access it. By exploring the technological unconscious along the three levels just introduced, this sketch of an argument may indicate how electricity could be situated as something like the technological unconscious of the 20ᵗʰ century.

Walter Benjamin's notion of the optical unconscious, however, once reflected the totality of the period's visual imagery *and* it provided the key to the imaginative in doing so.[14] Electricity's alleged promises were hailed with no less fanfare, and there has hardly been a single more sweeping technology during the 20th century, but it seems much more difficult to localize a similarly messianic dimension in electricity, perhaps because its forces were, and still are, too pervasive. Rather, Benjamin's critical analysis questions (a) whether there can be a true utopian potential in electricity that goes beyond the wonderland promises of the electronics industry, and (b) where to localize it. Even without a clear answer to this general question, however, electricity appears to have always already appropriated its age. This is the reason why I want to speak of electricity as the techno-logical unconscious in the 20th century. Its hallmark is a transgressive dynamic by which the changes electric technology has been mediating were never limited to a technological domain but permeated nature and culture. That is, at least, the conclusion from a series of examples I am presenting for investigating the ways in which the social, the personal, and the cognitive intertwine.

Techno-cultural Wonderworlds of the Human Body

The amazement about electricity's world of wonders provides a good starting point. With the arrival of general electric power supply, a fingertip sufficed to light a room or to turn off the biggest machine; networks of power connected a nation's cities and radiant electricity permeated its spaces.[15] Literally, as well as metaphorically, the electrifi-cation process galvanized technology, the human body, and psychic life to new forms of symbiosis, as best illustrated by Fritz Kahn's popular anatomy *Das Leben des Menschen*.[16] Imaginative and compelling drawings depict the functional organization of the human body as "modern" technological system. Conceptualizing organs and body functions by means of advanced technologies was not a new strategy but a continuing strand in the tradition of neurophysiological research and its popular-ization. Kahn, however, did more than simply apply this explanatory strategy as a rhetorical figure; he depicted the physiology of the human body as a cultural product.[17] His visualizations demonstrated the interde-pendence of physiology and technology. The drawings styled psycho-physiology as an electrically mediated form of modern life in the 1920s.

A particularly striking example is Kahn's visualization of the sensory nervous system as a radio setup, in which the sensory cells equal the antenna; the wire, the neuron; the machine transforming the electro-magnetic into acoustic waves, the nervous center in the brainstem; and the headphones, the conscious act in the cortical cells (*see fig. 2*). So far, the image follows the typical script of machine metaphors that dominated the philosophy of technology from Ernst Kapp to McLuhan.[18] But the picture did more. It elaborated on this script in a particular way. First of all, the technology shown here was the most advanced then available. A regular radio service existed for no more than six years in Germany, but precisely because of its newness the radio served so well as explanatory framework. Only the newest electric technology would throw fresh light on so complicated a structure as the human brain, the implicit argument was. This was true of brain research in the 1920s as it is today. Looked back upon from the distance of some eighty years, however, it obviously adds a certain datedness to Kahn's images. When brain theories indulge in avant-garde technology their inescapable fate appears to be that they will become outdated all the sooner. With the increased temporal distance and because of the historical situat-edness, the image thus becomes transparent to the process of techno-logical mediation itself, its electro-technical mechanizations. In this way, Kahn's images illuminate in their historically problematic dimensions how electricity functions as model and medium in the technological unconscious.

Beyond that, this image offers itself for introducing Bruno Latour's concept of nature/culture hybrids.[19] In Kahn's image, everything was artificial, not only the houses, the vehicles, and the emphasis on infrastructure and traffic. There were no trees or decorative plants depicted, and even the light was shown as artificial and coming from the electric street lamps—another recent invention. In strict consequence of this visualization strategy, even the physiology of the human nervous system had been transformed into a product of mass-culture, becoming an oversize advertisement spanning several floors of a large building. Meanwhile, this may no longer be a plausible or valid explanation of the function of a sensory nerve, but it still is a valuable visualization of how brain research results in a hybridization of its objects of investi-gation with the electrical technologies mobilized for their investi-gation.[20] The media of brain research leave their traces on the knowledge produced.

Figure 2. Popular human physiology in the mid-1920s: the body's sensing of heat visualized as an analogue to the reception of electromagnetic waves by means of a radio receiver with antenna, transformer, and ear phones. From Fritz Kahn, *Das Leben des Menschen* vol. 4 (Stuttgart: Kosmos Franckh'sche Verlagshandlung 1924) table vii.

More than furbishing physiology with explanatory models, electricity also provided a framework for intervening into the human body and the brain, right from Luigi Galvani's observations of twitching muscles.[21] Towards the end of the 19th century, electrotherapy emerged as one of the first branches of techno-medicine. Soon after, the growing electrical industry produced gadgets and appliances of heterogeneous kinds, creating a huge market of home-treatment tools that complemented the professional therapeutic sector.[22] Plug-in devices revolutionized the old practice of electrotherapy, both in hospitals and at home, recommended as a "re-vitalization" of the human body or for a recharging the "batteries of life."[23] The list of conditions and diseases it purported to benefit was long and non-specific. "Blue-light therapy," for example, was one of the most popular home-based treatments using electricity during the period. When connected to power, the glass tubes emanated weak electromagnetic radiation visible by a bluish light. In fact, the tool became so popular that radio enthusiasts complained about frequent interferences from the therapeutic gadgets.

Such interferences inspired others to conceive of the radio as a kind of mental electrotherapy:

Sooner or later, precise data about the physiological ether waves accompanying the activity of mind and brain will become available. This evidence, then, opens up fantastic opportunities. In fact, due to the dramatic improvements of radio technology, the realization of the following idea now appears quite possible: i.e. to generate and transmit ether waves of particular frequency and specific character which enter into human brains and into centers of consciousness to such a degree that they impose upon the activities of an average human brain and paralyze any intentions.[24]

The previous is an excerpt from *Der Deutsche Rundfunk*, the magazine of the German broadcasting service in the year 1924 (*see fig. 3*). And this was but one example of how the radio inspired brain theories and revived speculations about new possibilities for telepathy, for which Upton Sinclair coined the perfect title: *Mental Radio*.[25] Before the brain's electric activity eventually connected with the recordings of the electroencephalograph, brainwaves already existed in the public realm.

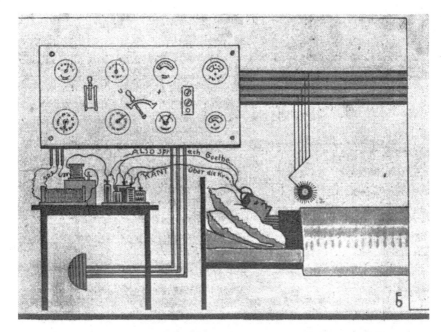

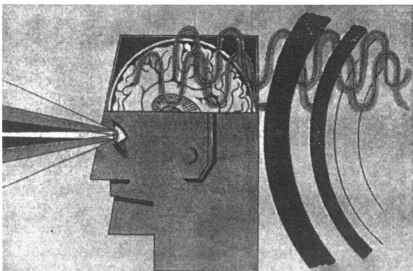

Figure 3. Fantasies capturing electricity's mindful superpowers in the interwar period: radio stimulation employed for super-learning during sleep and for remote controlling fellow human beings. From A. F. Fiala, "Elektrophysiologische Zukunftsprobleme," *Der Deutsche Rundfunk* 3 (1925): 73 and 206.

Taping the Brain

This was the context of debates, associations, and fantasies into which brainwaves materialized. During the summer of 1930, many newspapers reported on the "zig-zag line of the human soul," a spectacular discovery by the German psychiatrist Hans Berger:

> The scientists working with this apparatus are mind readers, they literally read the thoughts of the human guinea-pig with the silver electrodes in his head. ... One imagine the wonder: There's a man doing some mental calculation, cables go from his head to a recorder in the room nearby in which there is nothing but the zigzag of the pen of the recording machine going over the paper. But nonetheless, the scientists read the moment the man starts his calculation, and when he finishes.[26]

More than being observable and recordable, brainwaves turned out to be perfectly legible and readable without any further distillation or analysis, so it seemed. The brain was literally writing its own activities onto paper. Electroencephalography, the recording of brainwaves, not only revealed well-formed and structured electrical potentials in human brains, but electroencephalography supposed this writing to be a kind of language, a messaging system waiting to be deciphered. Or, as the commentator of the German newspaper concluded his report, "Today brainscript consists of secret signs, tomorrow we will be able to recognize mental disorders in them, and the following day, we will start writing authentic letters in brainscript."

In the idea of *brainscript*, electroencephalography revived Etienne Marey's famous promise of having, in the graphic method, the means to let nature write her phenomena "in their own language."[27] And it pushed this notion forward into a new dimension. The concept of brainscript captured the description of brainwaves as the discovery of the language of the neurons in the brain, but beyond that, brainscript was also "our" language, the code of human thinking and feeling. Brainscript shared being one kind of natural language with the various curves and recordings that dominated physiology since the second half of the 19th century. But at the same time, brainscript operated on this side of the nature/culture divide. One may argue that this hybrid character is typical of the graphic method in general and that the graphic method was so powerful a machine for generating knowledge precisely because of its implicit cultural connotations.[28] Even in this context, electroencephalography presents as a different case, as brainwaves were conceived of not only as hybrids but as mediators in the notion of brainscript. They were hybrids not because of a particular mode of scientific investigation but in their essence; they were supposed to be the stuff that anchored our cultural fabric in the world of the biological. Brainwaves came into being because they always already made sense.

But was it really so easy? As scientific object, brainwaves were stabilized only some years later, when the neurophysiologist and Nobel laureate Edgar Douglas Adrian repeated Berger's experiments and demonstrated the existence of brainwaves to the astonished Physiological Society in Cambridge in 1934.[29] The British journal *Spectator* reported on this public demonstration, which was so simple an experiment and anything but a simple experiment:

Adrian and Matthews recently gave an elegant demonstration of these cortical potentials. ... When the subject's eyes were open the line was irregular, but when his eyes were shut it showed a regular series of large waves occurring at about ten a second. ... Then came the surprise. When the subject shut his eyes and was given a simple problem in mental arithmetic, as long as he was working it out the waves were absent and the line was irregular, as when his eyes were open. When he had solved the problem, the waves reappeared. ... So, with this technique, thought would seem to be a negative sort of thing.[30]

At this public demonstration, the machine revealed several layers of regularity in brainwaves, including a perfect documentation of mental activity. It seemed as if the world of physical structures and innate forces, of electricity and nerve fibres, would bend over into the world of meaning, life, and sense. However, at this moment of writing sense, brainscript changed from a legible curve into meaningless scribbles. "So, with this technique, thought would seem to be a negative sort of thing."

This withdrawal of a directly readable meaning of brainwaves was to be demonstrated most famously in another remarkable experiment some fifteen years later. In fact, the result of the experiment was not at all spectacular, but the event was—it was a kind of brainwave contest between three scientific geniuses: Albert Einstein, John von Neumann, and Norbert Wiener. Unfortunately, only one result has been published. We do not know how the EEG of the theory of computation looked, nor that of cybernetics. All we have is the EEG of the theory of relativity, or to be more precise, the electrical activity of Einstein's brain while being asked to think about the theory of relativity. The *New York Times* reported on it and soon after *Life International* brought the news to Europe, where Roland Barthes famously remarked about it: "One seems to suggest that the brainwaves must be intense because the theory of relativity is so difficult."[31] Two decades of progress in EEG technology and brainwave recording made surprisingly little difference. On all its eight channels the brainwave recorder broadcasted—nothing, a strange withdrawal or self-withdrawal of the event to be observed. "So, with this technique, thought would seem to be a negative sort of thing."

Brain Machines

This may have been different in the case of the famous cybernetician, since he had come up with his own theory about brainwaves and the function of brain rhythms. So, recording the thinking of Norbert Wiener would have resulted in a new form of technologically mediated self-referentiality (*see fig. 4*). Something of that sort seems to be captured in this photo showing Wiener eagerly waiting for the computer to print the analysis of his EEG, as if the autocorrelation machine would reconnect Wiener to his brainwaves. Here is Wiener's theory of the EEG:

[Brainwaves] speak a language of their own, but this language is not something that one can observe precisely with the naked eye, by merely looking at the ink records of the electroencephalograph. There is much information contained in these ink records, but it is like the information concerning the Egyptian language which we had in the days before the Rosetta Stone. ... When the crude original records of brain waves are transformed by the autocorrelator, we obtain a picture of remarkable clarity and significance, quite unlike the illegible confusion of the crude records which have gone into the machine.[32]

Obviously, Wiener did not think modestly of his contributions to the field when he recommended his conceptualization simply as the "Rosetta stone." Once again, the EEG wrote in a perfect language, and Wiener's comparison of brainwaves with hieroglyphs was hardly a coincidence; like hieroglyphs, brainwaves were conceived by him to be meaningful symbols *and* mimetic signs. The abstract meaning of the symbolic structure was supposed to be anchored in the reality of the phenomenon. For Wiener, the Rosetta stone of electroencephalography was a sharp peak in the band of alpha frequencies (at exactly 9.05 Hz). An autocorrelation analysis of the raw data converted the original recording of a brain activity into a graph of the distribution of the recorded frequencies:

> Note that a sharp frequency line is equivalent to an accurate clock. As the brain is in some sense a control and computation apparatus, it is natural to ask whether other forms of control and computation apparatus use clocks. In fact most of them do. Clocks are employed in such apparatus for the purpose of gating.[33]

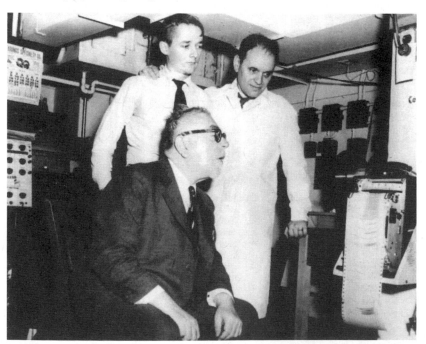

Figure 4. Norbert Wiener eagerly awaiting the computer analysis of his brainwaves. Photograph courtesy of the Research Laboratory on Electronics of MIT.

According to Wiener, brains not only resembled computers in respect to their calculation capabilities but even used a similar mechanism of data processing.

Wiener's intuition, however, turned out not to be the EEG's Rosetta stone. The frequency peak did not provide the key to deciphering brainwaves as a language but conceived of them as the operating mode of a machine. Rewriting the EEG as an autocorrelogram extinguished any possible messages for the purpose of accessing the hardware involved in the coding mechanism. Mistaking brains for computers occurred more than once during the 20th century. Maybe someday people will look back on computers as one of the most convenient and common forms of misunderstanding brains.

More than being misleading, the misidentification of brains with computers is another manifestation of the technological unconscious. While it is true that computers do not work well as explanatory models, their role is not limited to providing ill-shaped metaphors. They simply work in more than just this way; for example, computers can be used to evaluate brains and to make them work "better." That, at least, was Alan Gevins' prognosis of the imminent future of EEG research in the 21st century:

> An EEG device is just a computer with some wires touching the head and a little amplifier. It's only a matter of a few years before you won't even notice that there's an EEG machine there at all since the electrodes and amps may be built into a baseball cap. No wires will connect the EEG machine to a computer. You and your brain will be like a wireless modem, beaming data about your state of alertness and level of attention and mental effort directly into the computer.[34]

For Gevins, a neuroscientist and not a science fiction writer, the future of functional brain examination lies in the old EEG, not in fancy MRI imaging. In "a few years, not so many," a small and useful device, christened "Your Own Personal Brain Scanner," will offer its services for improving daily human performance. The miniaturized EEG machine would continuously monitor the regularity of the brainwaves and thus prevent its owner from falling asleep while driving along monotonous and endless motorways, for example, or it would suggest scheduling important events in concordance with peaks in mental activity. The Personal Brain Scanner would not undermine the subject's autonomy with prosthetic intelligence; quite the contrary, autonomy itself would be enhanced. The machine would replace an allegedly natural ego with the technologically mediated self, and p: "Where Id was, there Ego shall be,"[35] perfect control of the psychic apparatus by new digital knowledge of the self.

Gevins' Personal Brain Scanner not only opens a path into a digital utopia of brave neuroworlds, but it revives the project to turn human beings into remote-controlled autopilots. There is a surprising historical parallel to the Personal Brain Scanner, a very similar project proposed during World War Two by German physiologists working on war-related problems in high-altitude studies. In high-altitude sickness, brains switched off silently before the inhabitant self could take any notice of it. Faced with the situation that fighter planes routinely operated in altitudes where human brains frequently faded away without giving any warning signs, these neurophysiologists started to work on a project to

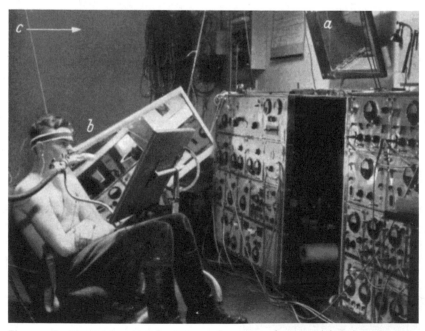

Figure 5. Monitoring the brain's performance for aerial battles: German soldier volunteering in EEG study of effects of simulated high altitude. From: *Luftfahrtmedizin* 5 (1943) 175.

complement pilots with a form of electric consciousness. In experiments simulating high-altitude, by having subjects breathe air-mixtures with reduced oxygen content, it had been established that the EEG was a sensitive detector of an impending loss of consciousness. Before the pilot's performance diminished, as monitored here with a number-writing task (*see fig. 5*), the EEG signalled an incipient disturbance of mental activity as a result of the reduced oxygen supply, and the EEG would indicate an imminent loss of consciousness a few seconds before the subject fainted by the occurrence of unusually slow brainwaves.

These findings prompted the proposal to build an EEG machine that would continuously monitor the pilot's brainwaves, filtering them for the occurrence of particularly slow rhythms. With the help of the machine, the pilots were furbished with access to the future of their brains, as the monitor would indicate an imminent loss of consciousness while the pilots were still in control and could dive down into a "secure altitude," thereby rescuing themselves and their teams. By anticipating a brain state, the pilot would intervene into the life of his brain and intersect into this very logic of anticipation. In realizing the virtual life of his brain, the pilot would prevent its actualization. That was at least the theory. In actuality, the brainwave monitor was not yet a baseball cap but a room-size ensemble of machines. Their miniaturization was the hard part. The monitor never got off the ground in Germany, but the neurophysiologists catapulted themselves into the American space program immediately after the war. And sure enough, astronauts got their brainwaves recorded as part of the Apollo program, though this warning device was never realized, to my knowledge.

Electric Consciousness

I started with Penfield's brain research as a time machine into the past, with the states of *déjà vu* that electrical brain stimulations triggered in patients during neurosurgery. There, electric consciousness was the enforced reactivation of vaguely remembered past experiences. The recording of brainwaves, in contrast, initially kindled the fantasy of opening a bright future of perfect self-elucidation under the paradigm of an electric language. While this turned out to be a far more complicated task than envisioned, the brainwave monitor that the German neurophysiologists planned during the war certainly was a kind of time machine, accessing the nearer future. The purpose of this construction was to train a brain to outwit itself by anticipating the brain's future and actively intervening into it. Who is the actor in such an arrangement: the brain causing trouble, the computer recognizing it, or the self-intervening into the course of events? Where is the centre of control? And what exactly happens in such a feedback circuit? Apparently, electric consciousness consists of a contradictory distribution of agency. Self, brain, and computer form a triangle oscillating between schizophrenic dissipation and happy trinity.

If the goal of brain research and EEG recording was simply to increase power and knowledge, a project such as Gevins' Personal Brain Scanner was problematic if not absurd. But such an absurdity may not necessarily be the sign of a failed project. And this could happen in at least two respects. Even though the project "fails," it may yield significant insight; this is a fairly common sequence of events in the history of science, where significant results happen along pursuits into completely different directions.[36] But there may be an even more significant form of failure, a failure revealing an intrinsic dynamic of brain research. Maybe some forms of brain research do not generate knowledge that enable control and power, but a kind of knowledge that incorporates a surrendering to technology in order to get closer to the brain—to use a rather cryptic wording here that, hopefully, will become clear with the final set of examples.

Adrian's reflections on his success with the public demonstration of brainwaves in Cambridge offer an exceptional starting point for exploring this alternative. But in order to evaluate them appropriately, it is important to note that the existence of brainwaves had taken Adrian by surprise. The experiments demonstrating the existence of brainwaves had been very easy, almost too easy. All the necessary instruments had already been there, in the physiological laboratory that was part of his international network of neuroscientific investigations. Nothing special was now required to employ them for the new task. The instruments and machines had been employed, in far more sophisticated arrangements, to record every possible electric signal from all sorts of nervous fibres across all kinds of experimental organisms. The experiments had been successful, very successful indeed, and in recognition of his achievements a Nobel Prize had been awarded to the forty-three-year-old professor of physiology. But now it looked as if the machines had been waiting, during all these busy years, for something else, for a different type of recording. For something that had been of concern in the general public for quite a while and that, more recently, had been the object of a paper by a German psychiatrist.[37] And yet, no physiologist had yet bothered to look into this.

In fact, the experiment turned out to be so simple that its success came as an embarrassment. Adrian and his engineer found the rhythmic electrical activity of the human head "almost at once," as they later explained. Simply by wiring up his head to an electricity detector, the machine recorded Adrian's brain activity as a line of ink on paper—and this kindled new doubts in Adrian:

> As I was the subject, I was unable to see the alpha waves from my head being written out on the screen when I closed my eyes, and ceasing when I was required to solve problems in mental arithmetic, but I could tell from the general hush in the audience and the scratching noise of the pen that the demonstration was going well. ... In fact it had gone so well that I began to wonder whether I had not unconsciously trained myself to produce the result by some kind of trick movement.[38]

The history of science provides many examples of such trick movements and unconscious training effects; one could write the history of experimental psychology as a continuous effort to control and counter lab-induced artificial phenomena.[39] Again, the Cambridge experiment differs and reveals more. Even as artificial phenomena, even as the product of "some kind of trick movement," brainwaves would still correlate with and represent mental processes. All the way down along Adrian's scepticism, brainwaves would continue to write across the divide of the biological and the mental, but the position of the I generating them has become more complicated. Adrian's reflections mirror and complement the *Spectator's* conclusion: "So, with this technique, thought would seem to be a negative sort of thing."

Adrian drew his own conclusions from his scepticism about the significance of brainwaves. He certainly aimed at integrating the cerebral potential changes into a general theory of electric activity. But his integration of brainwaves into neurophysiology was not a reduction of mind to matter; quite the contrary, his efforts were part of a larger strategy to shield the mind from the destructive consequences of physiological explanation. A famous figure from his publications illustrates this point. In a somewhat ironic move, Adrian published the EEG of "E.D.A." in comparison to that of a water beetle. "E.D.A." certainly stands for Edgar Douglas Adrian, so it does not cost more brain than a water beetle's ganglion to get a Nobel Prize. What may be seen, at first glance, as an insult to human dignity can also be read as a message to his colleagues to mind the limits of the method. Seen in this light, Adrian's comparison of himself with the water beetle urged investigators not to rush to a hasty conceptualization of the mind on the basis of the narrow scope of EEG data. For Adrian, electricity was still a powerful paradigm for investigating the brain's operations, but the technology of brainwave recording was no longer the medium of the mental life.

The Electric Unconscious

Adrian's scepticism does not exclude the possibility of creating insightful experiments with brainwaves. During the 1960s, artists and composers became interested in brainwaves and started to experiment with EEG technologies. One of the pioneers was Alvin Lucier. His *Music for Solo Performer*, in 1964, turned the waste and the unresolved problems of EEG research into an artistic exploration of subjectivity.[40] The setup was fairly simple. An EEG machine picked up the brainwaves of the performer and magnified the alpha waves several thousand times. These enlarged oscillations then drove mechanical instruments generating some sounds. But here is where the confusion started. Alpha waves were generated by the performer as long as he relaxed and disengaged from any specific task. Since this was a public performance on stage, the task was to generate sound; however, by listening to the sound—if the relaxation was successful so far—the performer would inevitably concentrate and thus extinguish the neuronal source of the sound and hence the music. At the core of the piece was a contradictory interface between the self, the brain, and the machine. The performance revolved precisely around the idea of turning the incompatible interferences between the self, the brain, and the machine into soundscapes.

In this way, the performance accesses a zone of time and space of an uncertain structure beyond the margins of a Cartesian ontology. The sound generated in this arrangement reflected the psychic activity of the artist and was the product of his brain, as it was the product of the technology that itself was a form of materialized knowledge about the brain. But here, the intended confusion started since the sound patterns did not mirror any ideas or conceptions; quite the contrary, they resulted from refraining from such idealizations. "Self or brain?" was and still is an obviously misplaced question in such an arrangement that yields its aesthetic and epistemic insights from exploring the dead ends of neurophysiology. Such performances demonstrate the contradictory inconsistencies of attempts to outwit the brain and/or the self by means of advanced scientific knowledge. Neither the brain nor the self nor the machine controls the future of brain research. Autonomy has replaced a situation of mutual vacillating. Or in the words of Deleuze and Guattari,

> If the mental objects of philosophy, art, and science have a place, it will be in the deepest of the synaptic fissures, in the hiatuses, intervals, and meantimes of a nonobjectifiable brain, in a place where to go in search of them will be to create.[41]

A recent experiment with brain–computer interfaces seems to point in this direction. The project was to use individual EEG signals for controlling a cursor, a typewriter, or simply electrical appliances in paralyzed patients. By developing specific filtering algorithms, the researchers from the Berlin Brain–Computer Interface finally succeeded in identifying and localizing a so-called readiness potential, a slow building up of negativity that precedes an active and conscious command. The reasons for filtering this signal had been entirely technical; the readiness potential was well known, and the neurophysiologically was well defined and large enough to stand out in real-world situations. However, the readiness potential is a peculiar thing, since it precedes the action by several hundred milliseconds. That may not appear as such a big time lag, but it is enough time for a computer to calculate thousands of algorithms.

By using this signal the group ended up constructing an interface with which the subjects could observe how intentions formed in their minds, so to speak. The experimental paradigm was very simple: the intention to move a right-hand finger caused a readiness potential over the left hemispheric motor cortex, and this signal moved a computer cursor upwards to the right. However, the subjective experience was quite different because of the time lag between readiness potential and the conscious awareness of the decision-making process. The subject sitting in front of the computer would decide to move a finger, but before realizing this, the cursor was already moving appropriately. The interface for the paralyzed patient had been turned into an arrangement in which the brain communicated with the machine while the subject observed this communication. The subject literally watched her own acting.

A journalist participating at the experiments expressed his surprise in the following words: "My God, I am a cursor!"

Knowledge, technology, and life appear to be insolubly intertwined here; they relate to each other in terms of simulation and stimulation. At instances such as this one, brain research operates in a gap that Paul Valéry characterized in the following way: "In the interior of thinking and behind it, there is no thinking."[42]

Notes

1.   Herbert George Wells, *The Time Machine* (London: Heinemann, 1895).

2.   Stanley Cobb, "Foreword," in Daniel E. Sheer, ed., *Electrical Stimulation of the Brain. An Interdisciplinary Survey of Neurobehavioral Integrative Systems* (Austin: University of Texas Press, 1961) vii.

3.   Timothy W. Kneeland and Carol A. B. Warren, *Pushbutton Psychiatry: A History of Electroshock in America* (Westport: Praeger, 2002).

4.   Anne Collins, *In the Sleep Room: The Story of the CIA Brainwashing Experiments in Canada* (Toronto: Lester & Orpen Dennys, 1988); Robert Cleghorn, "The McGill Experience of Robert A. Cleghorn, MD: Recollections of D. Ewen Cameron," *Canadian Bulletin of Medical History* 7.1: 53–76, 1990; Theodore L. Sourkes and Gilbert Pinard, eds.: *Building on a Proud Past: 50 Years of Psychiatry at McGill* (Montreal: Department of Psychiatry of McGill University, 1995).

5. Wilder Penfield, "Memory and Perception," *Research Publications, Association for Research in Nervous and Mental Disease* 48 (1970): 108–122, 112.

6. Wilder Penfield, "Memory Mechanisms," *Archives of Neurology and Psychiatry* 67 (1952): 178–191.

7. Paola Bertucci and Giuliano Pancaldi, eds., *Electric Bodies: Episodes in the History of Medical Electricity* (Bologna: Centro Internazionale per la Storia delle Università e della Scienza, 2001).

8. Hermann Helmholtz, "Über die Zeit, welche nöthig ist, damit ein Gesichtseindruck zum Bewußtsein kommt," *Monatsbericht der Könglich preussischen Akademie der Wissenschaften zu Berlin*, Sitzung 8 (Juni 1871) 333–337.

9. Brigitte Felderer, ed., *Wunschmaschine Welterfindung: eine Geschichte der Technikvisionen seit dem 18. Jahrhundert* (Wien: Springer, 1996).

10. Ingrid Ehrhardt, ed., *Okkultismus und Avantgarde: von Munch bis Mondrian 1900–1915* (Ostfildern: Tertium, 1995).

11. Chris Hables Gray, ed., *The Cyborg Handbook* (London: Routledge, 1995).

12. Marshall McLuhan and Bruce R. Powers, *The Global Village: Transformations in World Life and Media in the Twenty-first Century* (New York: Oxford University Press, 1989).

13. Walter Benjamin, "The Work of Art in the Age of Mechanical Reproduction" [Das Kunstwerk im Zeitalter seiner technischen Reproduzierbarkeit, 1936], *Illuminations*, edited and with an introduction by Hannah Arendt (New York: Schocken, 1969), 217–251.

14. Rosalind E. Krauss, *The Optical Unconscious* (Cambridge: MIT Press, 1993).

15. Thomas P. Hughes, *Networks of Power: Electrification in Western Society, 1880–1930* (Baltimore: Johns Hopkins University Press, 1983).

16. Fritz Kahn, *Das Leben des Menschen: Eine volkstümliche Anatomie, Biologie, Physiologie und Entwicklungsgeschichte des Menschen*, 5 vols. (Stuttgart, Germany: Kosmos Franckh'sche Verlagshandlung, 1922–1931).

17. For a more detailed analysis of Kahn's visualization strategy, see Cornelius Borck, "Communicating the Modern Body: Fritz Kahn's Popular Images of Human Physiology as an Industrialized World," *Canadian Journal of Communication* [in press].

18. Ernst Kapp, *Grundlinien einer Philosophie der Technik: zur Entstehungsgeschichte der Cultur aus neuen Gesichtspunkten* (Braunschweig: Westermann, 1877); Marshall McLuhan, *Understanding Media: the Extensions of Man* (Cambridge: MIT Press, 1994 [1964]).

19. Bruno Latour, *Nous n'avons jamais été modernes: essai d'anthropologie symétrique* (Paris: Editions La Découverte, 1991).

20. Cornelius Borck, "Electricity as a Medium of Psychic Life: Electrotechnical Adventures into Psychodiagnosis in Weimar Germany," *Science in Context* 14 (2001): 565–590.

21. Iwan Rhys Morus, *Frankenstein's Children: Electricity, Exhibition, and Experiment in Early-nineteenth-century London* (Princeton: Princeton University Press, 1998).

22. Andreas Killen, *Berlin Electropolis: Shock, Nerves, and German Modernity* (Berkeley: University of California Press, 2006).

23. Christoph Asendorf, *Batteries of Life: On the History of Things and Their Perception in Modernity* (Berkeley, 1993).

24. A. K. Fiala, "Elektrophysiologische Zukunftsprobleme," *Der Deutsche Rundfunk* 2 (1924): 1036.

25. Upton Sinclair, *Mental Radio*, introduction by William McDougall (Monrouia: Kessinger Publishing, 1930).

26. Walter Finkler, "Die elektrische Schrift des Gehirns," *Neues Wiener Journal* 38 (July 4, 1930) 7.

27. Etienne-Jules Marey, *La méthode graphique dans le sciences expérimentales et principalement en physiologie et médécine* (Paris: Masson, 1878) viii.

28. Robert M. Brain, "Representation on the Line: Graphic Recording Instruments and Scientific Modernism," Bruce Clarke and Linda D. Henderson, eds., *From Energy to Information: Representation in Science, Technology, and Literature* (Stanford: Stanford University Press, 2002) 155–177.

29. Edgar D. Adrian and Bryan H. C. Matthews, "The Berger Rhythm: Potential Changes from the Occipital Lobes in Man," *Brain* 57 (1934): 355–385.

30. W. Grey Walter, "Thought and Brain: A Cambridge Experiment," *Spectator* 153 (1934): 478–479.

31. Roland Barthes, *Mythologies: Selected and Translated from the French by Annette Lavers* (New York: Hill and Wang, 1972) 68.

32. Norbert Wiener, *I Am a Mathematician* (Cambridge: MIT Press, 1956) 289.

33. Norbert Wiener, *Cybernetics or Control and Communication in the Animal and the Machine* (Cambridge: MIT Press, 1961) 197.

34. Alan Gevin, "What to Do with Your Own Personal Brain Scanner," Robert L. Solso, ed., *Mind and Brain in the Twenty-first Century* (Cambridge: MIT Press, 1997) 111–125.

35. Sigmund Freud, "Lecture XXXI, The Dissection of the Psychical Personality," *New Introductory Lectures on Psychoanalysis*, vol. 23 of the Standard Edition of *The Complete Psychological Works of Sigmund Freud* (London: Hogarth Press and the Institute of Psycho-Analysis, 1964) 80.

36. Hans-Jörg Rheinberger, *Toward a History of Epistemic Things: Synthesizing Proteins in the Test Tube* (Stanford: Stanford University Press, 1997).

37. For a more detailed account of the emergence of electroencephalography, see Cornelius Borck, *Hirnströme: eine Kulturgeschichte der Elektroenzephalographie* (Göttingen: Wallstein, 2005).

38. Edgar Douglas Adrian, "The Discovery of Berger," Antoine Rémond, ed., *Handbook of Electroencephalography and Clinical Neurophysiology*, vol. 1, *Appraisal and Perspective of the Functional Exploration of the Nervous System* (Amsterdam: Elsevier, 1971) 1A-5–1A-10.

39. Scott Meier, *The Chronic Crisis in Psychological Measurement and Assessment: A Historical Survey* (San Diego: Academic Press, 1994).

40. Barbara Büscher, "Brain Operas. Gehirnwellen, Biofeedback und neue Technologien in künstlerischen Anordnungen," *Kaleidoskopien* 3 (2000): 23–47.

41. Gilles Deleuze and Félix Guattari, *What Is Philosophy?* translated by Hugh Tomlinson and Graham Burchell (New York: Columbia University Press, 1994) 209.

42. Paul Valéry, [Cahiers V, IX, 124], in *Cahiers*, établie, présentée et annotée par Judith Robinson (Paris: Gallimard, 1973).

Bibliography

Adrian, Edgar D., and Bryan H. C. Matthews. (1934). "The Berger Rhythm: Potential Changes from the Occipital Lobes in Man," *Brain* 57: 355–385.

Adrian, Edgar Douglas. (1971). "The Discovery of Berger," in Antoine Rémond, ed., *Handbook of Electroencephalography and Clinical Neurophysiology, vol. 1: Appraisal and Perspective of the Functional Exploration of the Nervous System*. Amsterdam: Elsevier, 1A-5–1A-10.

Asendorf, Christoph. (1993). *Batteries of Life: On the History of Things and Their Perception in Modernity*. Berkeley: Name of publisher.

Barthes, Roland. (1972). *Mythologies. Selected and Translated from the French by Annette Lavers*. New York: Hill and Wang, 68.

Benjamin, Walter. (1969). "The Work of Art in the Age of Mechanical Reproduction" [Das Kunstwerk im Zeitalter seiner technischen

Reproduzierbarkeit, 1936]. In Hannah Arendt, ed., *Illuminations*. New York: Schocken, 217–251.

Bertucci, Paola, and Giuliano Pancaldi, eds. (2001). *Electric Bodies: Episodes in the History of Medical Electricity*. Bologna: Centro Internazionale per la Storia delle Università e della Scienza.

Borck, Cornelius. (2001). "Electricity as a Medium of Psychic Life: Electrotechnical Adventures into Psychodiagnosis in Weimar Germany," *Science in Context* 14: 565–590.

Borck, Cornelius. (2005). *Hirnströme: eine Kulturgeschichte der Elektroenzephalographie*. Göttingen: Wallstein.

Borck, Cornelius. (in press). "Communicating the Modern Body: Fritz Kahn's Popular Images of Human Physiology as an Industrialized World," *Canadian Journal of Communication*.

Brain, Robert M. (2002). "Representation on the Line: Graphic Recording Instruments and Scientific Modernism," in Bruce Clarke and Linda D. Henderson, eds., *From Energy to Information: Representation in Science, Technology, and Literature*. Stanford: Stanford University Press, 155–177.

Büscher, Barbara. (2000). "Brain Operas. Gehirnwellen, Biofeedback und neue Technologien in künstlerischen Anordnungen," *Kaleidoskopien* 3: 23–47.

Cleghorn, Robert. (1990). "The McGill Experience of Robert A. Cleghorn, MD: Recollections of D. Ewen Cameron," *Canadian Bulletin of Medical History* 7 (1): 53–76.

Cobb, Stanley. (1961). "Foreword," in Daniel E. Sheer, ed., *Electrical Stimulation of the Brain: An Interdisciplinary Survey of Neurobehavioral Integrative Systems*. Austin: University of Texas Press.

Collins, Anne. (1988). *In the Sleep Room: The Story of the CIA Brainwashing Experiments in Canada*. Toronto: Lester and Orpen Dennys.

Deleuze, Gilles, and Félix Guattari. (1994). *What Is Philosophy?* Hugh Tomlinson and Graham Burchell, trans. New York: Columbia University Press, 209.

Ehrhardt, Ingrid, ed. (1995). *Okkultismus und Avantgarde: von Munch bis Mondrian 1900–1915*, Ostfildern: Tertium.

Felderer, Brigitte, ed. (1996). *Wunschmaschine Welterfindung: eine Geschichte der Technikvisionen seit dem 18. Jahrhundert*. Wien: Springer.

Fiala, A. K. (1924). "Elektrophysiologische Zukunftsprobleme," *Der Deutsche Rundfunk* 2, 1036.

Finkler, Walter. (1930). "Die elektrische Schrift des Gehirns," *Neues Wiener Journal* 38 (July 4), 7.

Freud, Sigmund. (1964). "Lecture XXXI, The Dissection of the Psychical Personality," in *New Introductory Lectures on Psychoanalysis*, volume 22 of the Standard Edition of *The Complete Psychological Works of Sigmund Freud*. London: Hogarth Press and the Institute of Psycho-Analysis.

Gevin, Alan. (1997). "What to Do with Your Own Personal Brain Scanner," in Robert L. Solso, ed., *Mind and Brain in the 21st Century*. Cambridge: MIT Press, 111–125.

Gray, Chris Hables, ed. *The Cyborg Handbook*. London: Routledge.

Helmholtz, Hermann. (1871). "Über die Zeit, welche nöthig ist, damit ein Gesichtseindruck zum Bewußtsein kommt," *Monatsbericht der Könglich preussischen Akademie der Wissenschaften zu Berlin*, Sitzung vom 8. Juni, 333–337.

Hughes, Thomas P. (1983). *Networks of Power: Electrification in Western Society, 1880–1930*. Baltimore: Johns Hopkins University Press.

Kahn, Fritz. (1922–1931). *Das Leben des Menschen: Eine volkstümliche Anatomie, Biologie, Physiologie und Entwicklungsgeschichte des Menschen*, 5 vols. Stuttgart, Germany: Kosmos Franckh'sche Verlagshandlung.

Kapp, Ernst Kapp. (1877). *Grundlinien einer Philosophie der Technik: zur Entstehungsgeschichte der Cultur aus neuen Gesichtspunkten*, Braunschweig: Westermann.

Killen, Andreas. (2006). *Berlin Electropolis: Shock, Nerves, and German Modernity*, Berkeley: University of California Press.

Kneeland, Timothy W., and Carol A. B. Warren. (2002). *Pushbutton Psychiatry: A History of Electroshock in America*. Westport: Praeger.

Krauss, Rosalind E. (1993). *The Optical Unconscious*. Cambridge: MIT Press.

Latour, Bruno. (1991). *Nous n'avons jamais été modernes: essai d'anthropologie symétrique*, Paris: Editions La Découverte.

Marey, Etienne-Jules. (1879). *La méthode graphique dans le sciences expérimentales et principalement en physiologie et médécine*. Paris: Masson, viii.

McLuhan, Marshall, and Bruce R. Powers. (1989). *The Global Village: Transformations in World Life and Media in the 21st Century*. New York: Oxford University Press.

McLuhan, Marshall. (1994). *Understanding Media: The Extensions of Man*. Cambridge: MIT Press.

Meier, Scott. (1994). *The Chronic Crisis in Psychological Measurement and Assessment: A Historical Survey*. San Diego: Academic Press.

Morus, Iwan Rhys. (1998). *Frankenstein's Children: Electricity, Exhibition, and Experiment in Early-nineteenth-century London*. Princeton: Princeton University Press.

Penfield, Wilder. (1952). "Memory Mechanisms," *Archives of Neurology and Psychiatry* 67: 178–191.

Penfield, Wilder. (1970). "Memory and Perception," *Research Publications, Assoc. for Research in Nervous and Mental Disease* 48: 108–122.

Rheinberger, Hans-Jörg. (1997). *Toward a History of Epistemic Things: Synthesizing Proteins in the Test Tube.* Stanford: Stanford University Press.

Sinclair, Upton. (1930). *Mental Radio.* Monrouia.

Sourkes, Theodore L., and Gilbert Pinard, eds. (1995). *Building on a Proud Past: 50 Years of Psychiatry at McGill.* Montreal: Department of Psychiatry of McGill University.

Valéry Paul. (1973). [Cahiers V, IX, 124] in Judith Robinson, *Cahiers, établie, présentée et annotée.* Paris: Gallimard.

Walter, W. Grey. (1979). "Thought and Brain: A Cambridge Experiment," *Spectator* 153: 478–479.

Wells, Herbert George. (1895). *The Time Machine.* London: Heinemann.Wiener, Norbert. (1961). *Cybernetics or Control and Communication in the Animal and the Machine.* Cambridge: MIT Press, 197.

Le galvanisme : Joker au carrefour des discours et des savoirs autour de 1800

Walter Moser

D ans cet essai, je propose un retour aux balbutiements des théories sur l'électricité autour de 1800, bien en deçà de 1830 où David Bodanis fait commencer sa récente histoire de l'électricité[1]. Je recule jusqu'à un chapitre particulier de cette histoire, qu'on désigne couramment par le terme *galvanisme*.

Galvaniser est devenu un verbe du langage courant et renvoie à une technique qui désigne, d'une part, une opération permettant, par électrolyse, de couvrir un corps métallique d'une couche protectrice contre l'oxydation, d'autre part, plus couramment, le fait d'animer quelqu'un d'une énergie soudaine, et souvent passagère. L'exemple que donne le *Petit Robert* pour la seconde acception est celui d'un orateur qui galvanise une foule.

Ces expressions prennent leur origine à la fin du XVIIIe siècle et sont dérivées du nom de Luigi Galvani, médecin et professeur à Bologne, qui aurait découvert par hasard, vers 1790, l'action galvanique en faisant des expériences avec des grenouilles. Il a par la suite rendu ses expériences plus systématiques et publié un livre pour en rendre compte : *Commentarius de viribus electricitatis in motu musculari* (commentaire sur les forces électriques dans le mouvement musculaire), 1791. L'écho de ce livre fit vite le tour de la communauté européenne des chercheurs et eut un impact majeur.

Quelle est l'expérience galvanique ? Elle vient dans une infinité de variantes mais, ramenée à son schéma de base, elle comporte les éléments et procédés suivants :

1. L'expérimentateur a besoin d'une cuisse de grenouille et de deux métaux différents (la plupart du temps du zinc et du cuivre).
2. Il connecte les trois éléments entre eux de manière à créer une séquence : cuisse – métal I – métal II. On appelle cette séquence une chaîne galvanique.
3. Il met le dernier élément de la chaîne en contact avec le premier.
4. En fermant de la sorte le cercle et circuit galvanique (composé, donc, d'un arc excitatoire métallique et d'un arc animal), il observera une contraction du muscle de la cuisse. La grenouille morte se réanime !

Une expérimentation apparemment très simple, mais chargée d'un potentiel presque illimité pour susciter de nouvelles expérimentations, pour alimenter des débats scientifiques et pour provoquer des conflits, voire des polémiques entre diverses écoles scientifiques, et finalement pour (ré)activer des imaginaires aux racines profondes tels que la ressuscitation des morts[2] et jusqu'à la fabrication d'un androïde à partir de restes humains, comme ce fut fictionnellement fait, en 1818, par Mary Wollstonecraft Shelley dans son roman *Frankenstein or: The Modern Prometheus*.

Avant de reprendre le récit qui me permettra d'évoquer quelques ramifications possibles à partir de cette figure de « l'électricité galvanique » ou animale, j'aimerais préciser mon intérêt pour cette figure.

Histoire des sciences, histoire de l'imaginaire scientifique

Les années autour de 1800 représentent, en fait, un moment particulièrement intéressant dans l'histoire de la science électrique. Ce moment s'inscrit dans une époque charnière[3] pour l'histoire des sciences. Il y va de rien de moins que de l'émergence des « sciences modernes », avec leur épistémologie, leurs méthodes, leurs disciplines, leur organisation sociale et institutionnelle. Les historiens des sciences en ont rendu compte en termes d'un passage de l'esprit préscientifique à l'esprit scientifique

(Bachelard), en termes de la fin de « l'histoire naturelle » (Lepenies) ou encore en termes de changement de paradigme scientifique (Thomas S. Kuhn).

Relativement à mon intérêt de chercheur, toutes ces narrations sont trop unilatéralement coulées dans le moule du grand récit moderne qui arrange la foule des faits et phénomènes observés selon un ordre dominé par l'évolution ou le progrès, d'une part, et par la linéarité temporelle de l'autre. La périodisation de l'histoire des sciences s'obtient par une mise en récit qui recourt à des césures nettes entre un « avant » et un « après ».

Ces histoires des sciences me paraissent trop téléologiques aussi : on regarde le passé à partir de son point d'aboutissement qu'est le triomphe de la science moderne. On écrit l'histoire dans la perspective du paradigme vainqueur, ce qui ne permet que difficilement de rendre compte des potentialités historiques qui ne se sont pas réalisées, ou encore des rémanences et résurgences d'éléments résiduels.

Je m'intéresse davantage à des nœuds de complexité, à des zones de densité où ces potentialités sont encore à l'œuvre, semblent encore avoir les mêmes chances historiques que leur futur vainqueur. Je m'intéresse à reconstruire la perception subjective d'une situation historique, aux sensibilités multiples et souvent contradictoires qui l'habitent et qui la constituent. J'estime que 1800 est une de ces zones, du moins c'est dans ce sens que je privilégie dans cette présentation le *boom* galvaniste qui caractérise ce moment historique.

Le regard de 2007 sur 1800 a aussi ceci de particulier que, d'une manière assez benjaminienne, affectés par les envers du développement moderne de nos sociétés, et peut-être plus particulièrement par les envers d'un certain développement scientifique[4], nous pouvons découvrir dans ce moment passé les promesses utopiques d'une alternative[5] que les réalisations du programme de la modernité ont justement eu pour effet d'invalider et de laisser inaccomplie.

Ces possibilités non réalisées habitaient l'imaginaire et continuent à l'habiter. Elles habitent même l'imaginaire des scientifiques qui pourtant, selon la différenciation fonctionnelle et formelle de l'ordre du discours moderne, devraient laisser leur imaginaire et leur imagination dans l'antichambre quand ils vont au laboratoire ou prennent la plume/l'ordinateur pour rédiger un texte scientifique. Or, l'imaginaire de chacun entre au laboratoire et pénètre dans les textes qui se veulent scientifiques. Sa circulation à travers les cloisons de l'ordre du discours m'intéresse[6].

Mille huit cents nous offre un matériau de documents historiques extrêmement riche pour retracer les transversalités sur la mappemonde des savoirs et dans l'ordre des discours. L'électricité galvanique, comme je vais essayer de le montrer, a certainement produit de ces circulations transversales de concepts, de termes, de figures, d'énoncés, etc.

Finalement, m'intéresse aussi, dans ce moment de densités complexes, la circulation de matériaux non contemporains. Les textes sur le galvanisme sont pleins d'hétérogénéités temporelles. Y cohabitent des termes anciens, désuets, des affirmations scientifiquement dépassées, d'autres à la fine pointe du développement scientifique et des méthodes les plus avancées. L'historien moderne, avec son souci épistémique de séparer le résiduel du dominant et le dominant de l'émergent, serait tenté de qualifier cette non-contemporanéité d'anachronique, et de la condamner en conséquence. Mon travail me porte, au contraire, à trouver intéressantes ces résonances d'un moment historique dans un autre, à interroger ces phénomènes de résurgence du résiduel dans l'émergent comme des densités de signification historique.

Le « carrefour 1800 »

Pourquoi 1800 ? Parce que ce tournant de siècle représente le moment fort du premier romantisme et qu'il n'est pas exagéré de qualifier le romantisme de « révolution culturelle ». Comme l'espace qui m'est imparti ici ne permet pas de tracer le portrait de cette époque charnière, je me permets de renvoyer à mon ouvrage *Poésie et encyclopédie dans le « Brouillon » de Novalis. Romantisme et crises de la modernité*, où je me suis attelé à cette tâche. Par ailleurs, deux écrivains d'époques différentes ont proposé de capter cette « révolution des esprits » dans une métaphore éloquente : Novalis parle d'une « puissante fermentation[7] » alors que Julien Gracq, en parlant du premier romantisme allemand, constate que la « sève circule » et que « entre 1796 et 1801, autour d'Iéna […] la température monte comme rarement[8] ».

Si je retiens pour ma part la métaphore du carrefour, c'est pour mettre de l'avant ce qui sera pertinent pour mon propos sur le galvanisme : ce moment historique est traversé d'un grand nombre d'initiatives et de développements dont la coexistence, avant que les chemins de l'histoire ne se déterminent, offre d'importantes potentialités de contacts et de rencontres. Je me focalise ici sur l'Allemagne qui, « nation retardée », vivant sous l'impact à la fois de la Révolution française et des guerres napoléoniennes, subit une accélération et une condensation historique qui intensifient encore ce climat de gestation. Le premier mouvement romantique, loin d'être hostile aux idéaux modernes, comme on l'a souvent fait croire, cherche cependant à faire contrepoids aux tendances lourdes de la modernité qui vont vers une différenciation fonctionnelle et institutionnelle de plus en plus poussée de la société et de ses pratiques. L'interrogation et la critique romantiques de la modernisation galopante et surtout de ses effets négatifs, qui commencent à se faire sentir, se concrétise dans une configuration des plus intéressantes. Sa caractéristique réside, entre autres choses, dans une volonté de convergence entre les domaines de la philosophie, de la science, de l'art et de la religion. La transversalité entre les discours et les savoirs devient la règle. Dans une nouvelle quête des principes unifiants et fondateurs sur le plan social et naturel, pour remédier à la fragmentation de la société moderne en des sous-systèmes autonomes, on observe des regroupements personnels et institutionnels qui donnent consistance à cette quête. Et c'est dans ces regroupements que se produisent alors les chevauchements et les contacts les plus inédits.

Le galvanisme entre dans ce « climat » et dans cette « fermentation » comme un terme connecteur et comme une figure transversale capable de circuler dans une pluralité de discours tout en y assumant des contenus très divers. C'est la carte dans le jeu discursif qui, dans la configuration 1800, peut véhiculer des valeurs et des contenus très différents. C'est le joker discursif par excellence.

Enjeux et débats du galvanisme

Avec ces précisions sur la situation historique et sur mon intérêt d'historien, revenons donc à 1791 et à l'expérience galvaniste. Parmi les premières réactions à Galvani, on enregistre celle de Giovanni Volta. Il trouve erronée l'importance que Galvani attribue à « l'électricité animale » et ramène l'essentiel du galvanisme à l'électricité qu'on connaît déjà, et qui apparaît de ce fait comme un phénomène « normal » même s'il est loin d'être scientifiquement expliqué. Et cette électricité est inorganique. Elle réside dans la mise en contact – d'où sa théorie du contact – de deux métaux différents. L'arc animal, malgré l'effet spectaculaire dont il est affecté, ne serait que le révélateur ou l'indicateur[9] passif d'un principe actif qui se situe du côté de l'arc excitateur qui, lui, est métallique. Aussi parle-t-on, en allemand, de *Metallreiz* et, en latin, d'*irritamentum metallicum*.

Sur la base de sa « théorie du contact » Volta sera par la suite en mesure de développer la colonne ou pile voltaïque qui est composée d'une séquence de plaques métalliques alternantes (p. ex., zinc/cuivre), séparée d'un mince carton. Le tout est plongé dans un liquide acide, a un pôle positif et un pôle négatif, et produit, pendant une durée limitée, un courant électrique qui varie en intensité selon la hauteur de la colonne. C'est cette pile – la « colonne » est en général montée dans un récipient en verre – qui permet d'observer le phénomène de l'électrolyse (l'énergie électrique) est capable de transformer l'eau en deux gaz : l'hydrogène et l'oxygène, et de « galvaniser[10] » des métaux. C'est ici que s'ouvre la porte sur la future discipline scientifique appelée *électrochimie*.

Un des grands débats de la théorie électrique est lancé : l'électricité appartient-elle aux physiciens ou aux physiologistes, est-elle de nature inorganique ou organique ? Ou encore : y aurait-il deux types d'électricité[11] ?

Le galvanisme trouve un écho très fort dans les communautés scientifiques en Allemagne qui s'emparent très vite de ce nouveau phénomène encore qualifié de merveilleux (*wunderbar*) parce que peu expliqué et explicable. Il vient à point nommé pour donner de la résonance à des débats qui ont cours et dont il devient un révélateur et un amplificateur. Ces débats, entre autres choses, opposent deux grandes « familles » théoriques. D'un côté, il y a la théorie mécaniste de type newtonien qui tend à penser les phénomènes de la nature, y compris l'électricité, en termes de particules de matière discrètes dispersées dans un espace vide ; leurs masse et vitesse sont connues, ce qui permet de calculer les forces d'attraction (la gravité) et de répulsion qui agissent entre elles, et par conséquent, de calculer le comportement futur de tout le système[12]. De ce côté, la métaphore épistémique est celle de l'horloge, de la machine mécanique, souvent projetée à l'échelle cosmique, et la figure concomitante, celle d'un Créateur horloger ou Ingénieur. De l'autre côté, nous trouvons en émergence un paradigme des continuités et des transformations ; le concept d'énergie[13], encore balbutiant, en fait partie. La thermodynamique sera l'une de ses articulations fortes. La métaphore épistémique ici est organique : c'est l'être vivant, l'animal, l'organisme animé d'un principe unifiant qu'est la vie, un être autotélique et autopoïétique ; on voit poindre à l'horizon les visions romantiques de l'Animal universel avec la « Weltseele » de Schelling[14].

À première vue, le galvanisme semble avoir partie liée avec ce second paradigme. Il semble s'articuler et se sémantiser en affinité avec lui et être susceptible de le corroborer. Il est, en fait, convenu de parler de la force électrique en termes de flux et de fluide. Couramment, on utilise le terme de *fluide galvanique* (*Fluidum galvanicum*) ; même ceux qui essaient d'en expliquer le fonctionnement et les effets en termes mécanistes l'utilisent.

La découverte d'une « électricité galvanique » ou « animale » pourra non seulement renforcer ce second paradigme, mais surtout apporter des explications profondes sur le fonctionnement du monde naturel pensé comme un tout organique et unifié. En fait, le débat, en Allemagne, semble aller dans cette direction. On n'a qu'à prendre la séquence des titres de quelques ouvrages qui ont fait date dans les années qui nous intéressent.

CHRISTIAN HEINRICH PFAFF (1773-1852)

Über thierische Elektricität und Reizbarkeit. Ein Beitrag zu den neuesten Entdeckungen über diese Gegenstände
Leipzig, Siefgried Lebrecht Crusius, 1795

Pfaff se dit proche de Volta mais, en tant que physiologue, il s'intéresse en premier lieu au monde organique. Il prendra donc quelques libertés à l'égard de Volta, libertés qui vont toutes dans le sens d'accorder à l'électricité animale plus d'importance que lui en accorde Volta. En fait, les phénomènes galvaniques l'incitent à s'engager dans la quête de la force fondamentale (*Grundkraft*) qui permettrait d'expliquer tous les phénomènes naturels, tant dans le règne inanimé (inorganique) que dans le règne animé (organique). Contrairement à Volta, il a tendance à inverser la priorité entre les deux règnes, et ce, justement sur la base des découvertes et expérimentations dans le domaine de l'électricité animale :

> Belebt nur eine Kraft den thierischen Körper, und sind die verschiedenen Kräfte, die wir durch besondere Nahmen karakterisieren, blosse Modificationen, blosse verschiedene Äusserungen dieser einen Grundkraft, oder sind wenigsten nicht Nervenkraft und Reizbarkeit identitsch, oder sind sie verschieden, welches ist endlich das Princip der Reizbarkeit und Empfindlichkeit, welche die Gesetze seiner Wirkungen und lassen sich diese Gesetze auf jene bekannter mechanischer Kräfte reduciren, und ist vielleicht dieses Princip einerley mit einem Principem das wir bey andern ausser der organischen Natur vorkommenden Erscheinungen annehmen ? (p. 2)
>
> Est-ce une seule force qui anime le corps animal ? Les diverses forces que nous identifions par des noms spécifiques ne sont-elles alors que des modifications, des manifestations différentes de cette unique force fondamentale ? Ou ne sont-ce pas au moins la force des nerfs et l'irritabilité qui sont identiques ? Ou sont-elles différentes ? Quel est, finalement, le principe de l'irritabilité et de la sensibilité ? Quelles sont les lois de ses effets ? Ces lois se laissent-elles ramener à celles de lois mécaniques bien connues ? Ou encore : ce principe serait-il identique à un principe dont nous supposons l'existence dans d'autres manifestations qui se présentent en dehors de la nature organique ? (p. 2)

La manière dont il pose ses questions semble tout à fait « innocente », c'est-à-dire qu'il semble laisser toutes les réponses ouvertes, mais en réalité tout son ouvrage laisse clairement entendre qu'il est à la recherche du principe organisateur et producteur profond de la Nature. Et que le galvanisme lui donne espoir de le trouver du côté du monde vivant, c'est-à-dire dans sa propre discipline qu'est la physiologie[15]. Quelque biaisée que soit donc sa quête pour des raisons à la fois institutionnelles et philosophiques, on n'est pas moins, ici, sur la voie qui débouchera dans un avenir proche sur le vaste domaine scientifique que constituent aujourd'hui les explorations des phénomènes bioélectriques, et tout particulièrement les neurosciences contemporaines[16].

Mais la modernité scientifique habite déjà tous les chercheurs qui s'adonnent aux travaux sur le galvanisme. Et cela sous la forme d'une méthodologie empirique qui ne leur permet pas de court-circuiter les processus de la recherche proprement dite pour sauter aux conclusions théoriques qu'ils privilégieraient. Je parlerais même d'un *ethos* empiriste qui se manifeste dans tous ces travaux et qui se compose des éléments suivants :

- les données et les faits recueillis dans des procédés expérimentaux sont la base même de toute vérité scientifique ;
- les expériences scientifiques doivent être répétables par différents chercheurs, à des endroits différents ;
- il faut rendre compte en détail des dispositifs et procédés expérimentaux pour que d'autres chercheurs puissent les reproduire et en évaluer les résultats ;
- il faut multiplier les expériences scientifiques en en variant les paramètres ;
- il faut donner le dernier mot aux « faits » expérimentaux et en faire dépendre les hypothèses et les théories[17].

Il est intéressant d'observer avec quelle conviction les chercheurs du galvanisme adhèrent à cet ethos empiriste et avec quelle acribie ils rendent compte de leurs travaux[18]. On touche ici peut-être à une forme embryonnaire de professionnalisme scientifique. Là où cet habitus du chercheur devient intéressant, c'est quand le chercheur produit des résultats et affirme des convictions théoriques qui entrent en conflit ou en contradiction avec ses propres procédés empiristes. En explorant l'histoire du galvanisme, on observe en fait une cohabitation de l'empirisme scientifique le plus rigoureux avec les spéculations les plus effrénées (comme nous allons le voir avec Ritter) qui tendent, à cette époque, vers un holisme philosophico-scientifique de la Nature.

Le prochain ouvrage important, publié également en 1795, est d'Alexander von Humboldt qui a, à cette époque déjà, acquis une réputation internationale et intervient avec l'autorité d'un grand chercheur de la nature et d'un universitaire reconnu (il enseigne à l'université d'Iéna). Grâce à cette réputation qui précède sa prise de parole, avec lui, le galvanisme gagne en respectabilité dans l'environnement scientifique de l'époque.

ALEXANDER VON HUMBOLDT (1769-1859)

Versuche über die gereizte Muskel- und Nervenfaser nebst
Vermuthungen über den chemischen Prozess des Lebens
Posen/Berlin, Decher und Compagnie/A. Rottmann, 1795, 2 Vol.

L'*ethos* empiriste est particulièrement solide chez Humboldt qui pose également « faits » (*Thatsachen*), résultats et « expériences » (*Erfahrungen*[19]) comme primant sur les « conjectures hypothétiques » (*hypothetische Vermuthungen*) :

> Aber es kommt hier auf Thatsachen, nicht auf hypothetische Vermuthungen an, und ich wünsche nicht, dass man diese mit den Resultaten sicherer Erfahrungen verwechsele. (p. 40)
>
> Mais il y va de faits, non pas de conjectures hypothétiques, et je n'aimerais pas qu'on confonde celles-ci avec les résultats d'expériences sûres. (p. 40)

En faisant référence à Pfaff, dont Humboldt résume la position comme suit :

> Pfaffsche Theorie, nach welcher der Stimulus zwar in den Metallen liegt, aber diesen erst durch die belebte reagierende thierische Materie entlockt werden kann. (p. 380)
>
> La théorie de Pfaff selon laquelle le stimulus réside bien dans les métaux dont, cependant, il ne saurait être tiré que moyennant la matière animale qui est animée et active. (p. 380)

Humboldt fait un pas de plus vers le monde organique. Plus exactement, il cherche à prouver que le stimulus responsable des phénomènes galvaniques réside dans les parties organiques (l'arc animal) de la chaîne galvanique, non pas dans le contact des métaux hétérogènes, comme Volta l'avait affirmé. Il rejette le terme *Metallreiz* (*irritamentum metallorum* = l'irritation des métaux) qu'avait utilisé Volta, centre sa recherche sur le terme *irritation galvanique* (*galvanischer Reiz*), mais reste prudent quant au terme *électricité animale* qu'il juge osé. Ses expérimentations systématiques, répétées et variées selon les règles de l'art, l'amènent à la certitude que les organes animaux (les nerfs et les muscles) comportent un fluide qui est à l'origine de l'action galvanique. Mais il hésite à déclarer les deux types de fluides électriques comme identiques. Chez Humboldt, on observe donc, en résumé, un conflit entre empirisme et holisme, entre l'obligation empirique de documenter et de décrire l'écrasante hétérogénéité des phénomènes naturels et la volonté de les subsumer sous une totalité qualitative. Cette totalité est, certes, l'objet d'un désir théorique, mais elle doit être esthésiquement perceptible dans la nature, structure mentale et − comme le formule Hartmut Böhme dans une étude sur Humboldt, intitulée « Science esthétique. Apories de la recherche dans l'œuvre d'Alexander von Humboldt[20] » − totalité accessible et évidente aux sens humains. Böhme articule ce conflit comme suit :

Es sind mithin zwei gegenläufige Züge im Werk Humboldts zu beobachten : als Naturwissenschaftler ist er ein leidenschaftlicher Empiriker, dem keine Anmerkung zu irgendeinem Detail lang genug sein kann, um endlose Datenmengen auszubreiten − in einer oft genug verwirrenden und unleserlichen Form. Und als Kosmos-Denker ist er ebenso leidenschaftlich und durch Jahrzehnte unerschüttert dabei, einen panoramatischen, ja panoptischen Blick vom höchsten Gipfel der Erde und des Wissens zu erlangen. (p. 4).

On observe donc deux traits opposés dans l'œuvre de Humboldt : en tant que représentant des sciences naturelles, il est un empiriste passionné pour qui aucune note sur le moindre détail ne saurait être assez longue pour étaler des masses de données, souvent dans une forme assez confuse et illisible. En tant que penseur du cosmos, il s'applique tout aussi passionnément et imperturbablement depuis des décennies à obtenir un regard panoramique, voire panoptique à partir du sommet le plus élevé de la terre et du savoir. (p. 4)

L'électricité semble pouvoir répondre comme force et principe naturel à ce désir théorique, mais elle serait une force profonde et cachée plutôt qu'une évidence dans les phénomènes disparates à la surface du monde. Dans le texte sur le galvanisme de 1795, l'empiriste Humboldt ne cède pas aux fantasmes du théoricien holiste, mais dans une ode à l'électricité qu'on trouve dans ses *Ansichten der Natur*, il parle de la « ewige, allverbreitete

Kraft[21] » de l'électricité qui serait « eine Quelle, von der die Körper von Mensch und Tier, vornehmlich die Nerven und Muskeln, chemische Prozesse, Blitze, das kosmische Licht, der Magnet, der Kompass, etc. gesteuert und vereinheitlicht werden[22] ». Et Böhme de conclure :

> Elektrizität als Naturkraft rückt in die strukturelle Leerstelle ein, welche die mythische *vis vitalis* hinterliess, jene imponderabile Lebenskraft. (p. 15)
> En tant que force de la nature, l'électricité vient à occuper le vide structural qu'a laissé la mythique *vis vitalis*, cette force vitale impondérable. (p. 15)

L'analyse de Böhme, dont j'adopte la validité, montre comment les structures d'une pensée mythique centrée sur le concept de « force vitale » (perçue comme résiduelle, et partant inopérante, par la science moderne) se reproduisent dans la pensée scientifique moderne, à condition que ses matériaux, concepts et contenus soient acceptables dans le nouvel environnement scientifique.

Avant de passer à Johann Wilhelm Ritter, je profite de la figure de Humboldt pour évoquer la dynamique des communications scientifiques autour de 1800. Le cas du galvanisme est un bon exemple, car il existe à cette époque une véritable internationale galvaniste. Humboldt lui-même a eu connaissance des théories de Volta à Vienne, il est ensuite allé lui rendre visite en personne à Como, dans le nord de l'Italie, pour expérimenter et discuter avec lui, et il fut invité à répéter certaines de ses expériences, à Paris en l'an VI, par la commission que l'Institut national de France avait nommé pour qu'elle fasse rapport sur la question du galvanisme. Il est certain que ce nouveau problème scientifique a son lieu d'origine en Italie, avec Galvani et ses débats avec Volta, puis aussi avec Aldini (patient, neveu et disciple de Galvani) qui fit, en 1802, des expériences galvaniques, à Londres, sur les cadavres et sur les têtes tranchées de criminels exécutés[23], et qui publia en 1804 un livre synthétique sur la question. Nous avons déjà vu que l'Allemagne a été très réceptive aux phénomènes et aux idées galvanistes qui se diffusent vers le Nord à une vitesse vertigineuse[24]. Pfaff n'est qu'un seul parmi beaucoup de médiateurs qui facilitent ce transfert de savoir. Finalement, la France républicaine s'intéresse dès l'an V au galvanisme en créant la commission déjà mentionnée et dont le rapport fut traduit en allemand par Ritter dans un journal savant fondé par lui et consacré spécifiquement au galvanisme : *Beyträge zur näheren Kenntnis des Galvanismus.*

Par ailleurs, tous les auteurs qui publient sur le galvanisme commencent, dans leurs textes, par évoquer nommément l'espèce de collège invisible dont ils font partie et par se référer aux travaux qui circulent dans ce réseau qui comporte, parmi les noms les plus connus :

- en Italie : Galvani, Volta et Aldini ;
- en France : Coulomb, Sabathier, Pelletan, Charles, Fourcroy, Vauquelin, Guyton, Hallé ;
- en Allemagne : Pfaff, Humboldt, Ritter, Lichtenberg, Gren, Reil, Creve, Kielmeye ;
- en Angleterre : Fowler.

Les communications dans ce réseau international et plurilingue confirment tout à fait ce que Wolf Lepenies dit, dans son *Das Ende der Naturgeschichte*, au sujet de l'accélération de la circulation d'informations scientifiques – entre autres choses grâce à la création des revues périodiques – et la temporalisation de l'expérience.

Venons-en donc aux ouvrages de Johann Wilhelm Ritter qui est, à bien des égards, la figure emblématique des sciences romantiques de la nature. Il est le physicien romantique par excellence, figure fulgurante, fascinante, à certains égards prophétique. Et tragique, puisqu'il n'est pas faux d'affirmer qu'il est mort à 33 ans de la suite de ses propres expérimentations, surtout dans la mesure où il en a fait des autoexpérimentations en appliquant l'action galvanique à son propre corps[25]. Fils de pasteur, comme bien des romantiques, il suit une formation de pharmacien, mais abandonne très vite son métier et s'inscrit à 20 ans, en 1796, à l'université d'Iéna où il est vite repéré par Alexander von Humboldt, son professeur, qui vient de publier ses *Versuche*. Humboldt lui demande de commenter son ouvrage. En réponse, Ritter écrit un ouvrage qui sera publié en 1798.

JOHANN WILHELM RITTER (1776-1810)

Beweis, dass ein beständiger Galvanismus den Lebensprozess in dem Tierreich begleite,
Weimar, Industrie-Comptoir, 1798

Ici, comme le titre l'annonce de manière programmatique, Ritter apporte des démonstrations empiriques en faveur de l'électricité galvanique. Cette preuve contredit les théories de Volta et, en Allemagne, de Gren en tirant le phénomène de l'électricité davantage du côté du monde organique. Comme Ritter étend le champ d'expérimentation à toutes sortes de matériaux organiques, bien au-delà des éternelles cuisses de grenouilles, il croit pouvoir conclure que l'électricité galvanique est présente, en permanence, dans tout processus organique animal. C'est dire que action galvanique et processus biologique animal deviennent coextensifs. Ou encore que l'électricité galvanique vient à occuper une place aussi générale dans le monde animal que le principe de vie.

JOHANN WILHELM RITTER

Beweis, dass die Galvanische Action oder Der Galvanismus auch in der Anorgischen Natur möglich und wirklich sey.
Publié en 1799 dans *Beyträge zur näheren Kenntnis des Galvanismus*

Dans cette publication, Ritter fait un pas de plus dans sa marche incessante vers une théorie unifiée de la nature. Et le galvanisme se placera au cœur même de cette théorie. Cette progression était en quelque sorte prévisible : une fois qu'il avait contesté la théorie de Volta qui situe le principe électrique actif dans la chaîne galvanique du côté de l'arc excitatoire des métaux, donc dans le règne inorganique, et qu'il avait démontré l'existence d'une action galvanique généralisée et permanente dans le monde organique animal, il ne lui restait plus qu'à étendre cette action au monde inorganique. Et la nouvelle force vitale est toute trouvée, elle est électrique et s'appelle *galvanique*. Nous constatons donc, entre Humboldt et Ritter, un résultat analogue, malgré des tempéraments scientifiques très différents : Humboldt déchiré entre la double exigence empirique et holistique, Ritter instrumentalisant les procédés empiriques pour justifier sa profonde pulsion holistique.

On peut résumer sa démarche empirique pour arriver à ce résultat comme suit : il continue à faire des expérimentations selon la logique de la chaîne galvanique (mise en contact en circuit fermé de matériaux hétérogènes), et il réduit la chaîne à des matériaux de plus en plus exclusivement inorganiques. Comme son critère pour la présence d'action galvanique est la transformation observable (quelque minime qu'elle soit) de la qualité intérieure des matériaux, il conclura donc, en observant la décomposition de l'eau (électrolyse) dans la pile voltaïque, à l'existence d'une action galvanique. Voici son raisonnement expérimental :

Für die directe Widerlegung dieser Meinung [c.-à-d. celle de Volta et de Gren] blieb also, wenn sie überhaupt möglich war, kein anderer Weg übrig als in der anorganischen Natur Körper aufzufinden, an denen eine geringe Veränderung ihrer inneren Qualität, – denn hierauf reduciert sich das Resultat alles Wirkens und Bewirkens raumerfüllender Individuen, – ihre äussere Beschaffenheit beträchtlich genug modificiren könne, um von uns sinnlich bemerkt werden zu können, diese Körper ferner als Glieder in Ketten zu bringen, die bis auf den Mangel des thierischen Organs alle Bedingungen vereinigen, mit denen beym Vorhandenseyn jener, Galvanische Wirksamkeit gegeben ist, und aufmerksam das zu beobachten, was sich an ihnen, über kurz oder lang, zutragen möchte. Man wird in der Folge finden, dass wir diesen Weg wirklich eingeschlagen sind, und dass er uns ganz mit dem Erfolg belohnt hat, der einer wirklichen Unrichtigkeit jener Hypothese entsprechen musste. (p. 119)

Il ne restait donc, afin de réfuter directement cette opinion [c.-à-d. celle de Volta et de Gren] – si toutefois une telle réfutation était possible – aucune autre voie que de trouver, dans la nature inorganique, des corps dont les caractéristiques extérieures seraient suffisamment modifiées par une transformation minime de la qualité intérieure (puisque c'est à cela que se réduit le résultat de toute action et incitation des corps occupant l'espace) pour que nos sens puissent percevoir ces modifications. Ensuite, il s'agissait d'insérer ces corps en tant que membres dans des chaînes réunissant toutes les conditions (à l'exception de l'organe animal) sous lesquelles ces corps présentent de l'efficacité galvanique, et d'observer attentivement comment ils seraient affectés dans la courte ou longue durée. On découvrira dans ce qui suit que nous avons choisi cette voie et qu'elle nous a récompensé du succès qui devait correspondre à la réelle fausseté de ces hypothèses. (p. 119)

C'est donc dans l'action galvanique que Ritter croit avoir trouvé ce qu'il n'hésitera pas à appeler le *Centralphänomen*, le phénomène central ou le principe d'action de la nature tout court. Il est arrivé au lieu de convergence de toutes les évidences phénoménales, au point central profond où toutes les polarités et tous les conflits se résorbent dans une unité supérieure, à commencer par la dispute entre l'organique et l'inorganique.

Il est d'ailleurs plus explicite, ou a moins de scrupules empirico-scientifiques que son maître et professeur Alexander von Humboldt à affirmer et à assumer ce qu'il appelle « la pulsion » de postuler de l'harmonie et de l'unité profonde dans une nature qui, à la surface, n'est que dispute et conflit, Ritter va jusqu'à parler de paradoxie :

Wenn die Natur unser Wissen mit neuen Wahrheiten bereichern will, dann pflegt sie uns dieselben gewöhnlich unter der Gestalt von Paradoxien anzukündigen. Und gingen wir mit dem ausführlichen Vorsatz an die Erfahrung, uns aller Theorie, oder was meist gleich viel ist, aller Hypothese dabey zu enthalten, so können wir doch einen tief in unserm Wesen begründeten Trieb nicht ganz unterdrücken, selbst für das Heterogenste in der Erfahrung Vereinigungspunkte zu suchen, und überall Harmonie von der Natur zu fordern. Ungeduldig darüber, wenn wir diese Harmonie nicht sogleich finden, oder was wohl öfterer der Fall ist, wenn sie uns nicht gleich findet, sind wir bemüht, der Natur zuvorzukommen; wir dichten ein Band, was jede Erscheinung in wenigstens einer Fläche berührt, um, was uns bekannt ist zusammen in Eins verknüpfen zu können. (p. 122)

Si la nature veut enrichir nos connaissances de nouvelles vérités, alors elle a l'habitude de nous les annoncer sous la forme de paradoxes. Et, même si nous abordions l'expérience munis d'une intention explicite de nous abstenir de toute théorie ou, ce qui revient souvent au même, de toute hypothèse, nous ne saurions réprimer sans reste une pulsion logée au plus profond de notre être de chercher des points de convergence même dans ce que l'expérience nous présente de plus hétérogène, et de partout exiger de l'harmonie de la nature. Rendus impatients par le fait que nous ne trouvons pas immédiatement cette harmonie ou que, ce qui est plus souvent le cas, qu'elle ne nous trouve pas, nous cherchons à devancer la nature ; nous inventons un lien qui touche chaque phénomène au moins dans un de ses plans, afin de pouvoir nouer dans l'Un tout ce qui nous est connu. (p. 122)

Cette pulsion – oui, Ritter utilise le terme que nous connaissons de Freud : *Trieb* –, serait-ce la manifestation de l'inconscient scientifique romantique qui désire le principe unificateur et la théorie unifiée ? Toujours est-il que, avec Ritter, nous avons rejoint vers 1800 la conception dynamique de la nature et la *Naturphilosophie* dont Schelling se fera le principal promoteur. Et, dans ce contexte, le galvanisme ou l'électricité galvanique ou l'électricité tout court sera le phénomène naturel dans lequel s'investit la pulsion totalisante et unifiante tant des scientifiques que des philosophes. Schelling élèvera l'électricité au rang de « *Medium kosmischer Allvermittlung* », littéralement : le médium de la médiation cosmique universelle[26].

Cette centralité et universalité de l'électricité ouvre désormais tous les parcours imaginables de recherche. Et Ritter va en pratiquer quelques-uns avec une logique et une persévérance imperturbables qui le mèneront, cependant, à l'extérieur des zones balisées par la scientificité reconnue de l'époque.

Mais rappelons d'abord qu'il continue aussi à faire du travail dans les paramètres de ce qui est reconnu comme scientifiquement sérieux. Ainsi, construit-il en 1800, presque en même temps que Volta lui-même, différents types de colonnes ou de piles voltaïques. Il procède à des expérimentations d'électrolyse et réussit à récupérer séparément l'oxygène et l'hydrogène qui en sont les produits. Il devient ainsi un pionnier de l'électrochimie. En 1802, il découvrira les rayons ultraviolets. On lui attribue aussi l'invention – par hasard ou non – d'une des premières piles voltaïques sèches.

En 1804, à 28 ans, il est nommé professeur à l'université de Munich et trouve ainsi un lieu institutionnel stable pour ses activités. Une brillante carrière scientifique s'ouvre devant lui. Mais ce qu'un critique[27] appelle sa « fureur expérimentale » (*Experimentierwut*) et son style de vie chaotique (*chaotische Lebensweise*) le mèneront vers la ruine, dans tous les sens du terme : il ruine sa carrière, son ménage, ses finances, sa santé et sa vie.

La santé : à l'instar de Humboldt, il a déjà commencé à appliquer ses expériences à son propre corps, en l'insérant comme arc organique dans une chaîne galvanique. Il fait des autoexpérimentations, par exemple en connectant chacune de ses mains à un pôle d'une puissante pile voltaïque et en décrivant avec minutie les sensations[28] que lui procure cette expérimentation[29].

La carrière : en 1806, Ritter se lie avec Franz Xaver von Baader, un théosophe mystique. Sous son influence, il se met à explorer le galvanisme souterrain. Il met la même précision empirique à faire des expériences avec le pendule et la baguette du sourcier (aussi appelée *baguette radiesthésique*) qu'il avait auparavant mise à varier les chaînes galvaniques. Il s'adonne de plus en plus à ces quêtes ésotériques qu'il croit découler aussi logiquement et aussi scientifiquement de son *Centralprinzip*, l'électricité, que toutes les expériences avec la cuisse de grenouille. D'ailleurs, à quel titre exclure ces phénomènes et ces zones de réalité de la « médiation universelle » ? Il perd sa crédibilité scientifique, son poste universitaire et se retire dans la solitude de ses expérimentations. Les biographes affirment qu'il est mort des ravages que ses autoexpérimentations avaient infligés à son corps.

L'électricité galvanique, joker au carrefour des discours et des savoirs

Pfaff, Humboldt, Ritter – d'autres figures auraient pu s'ajouter à cette série, mais ces trois figures suffisent pour documenter l'intérêt que suscite le galvanisme autour de 1800 et la grande mobilité dont il fait preuve dans son traitement discursif et scientifique. Dans le domaine scientifique, le galvanisme a accès à une zone très vaste de transversalités, qui s'articulera plus tard en diverses disciplines telles que physique, biologie, chimie, électricité. En même temps, il sert de terme connecteur avec des champs scientifiquement moins respectables tels que le magnétisme, l'ésotérisme et le mysticisme.

Pourquoi est-ce justement l'électricité galvanique, et pas autre chose, qui a pu occuper cette position centrale et universelle ? En vue d'articuler une réponse à cette question, contrastons les phénomènes et théories galvaniques avec la découverte de l'élément chimique « oxygène » vers la fin du xviiie siècle[30]. Après avoir longtemps donné accès à beaucoup de champs de savoirs et de discours prémodernes – en tant que « phlogiston », principe oxygyne, substance calorique, entre autres – l'oxygène est devenu un élément chimique parmi d'autres, avec la caractéristique décisive d'être matériellement pondérable, c'est-à-dire quantitativement déterminable. Cette identité scientifique moderne lui a enlevé, cependant, son irradiation sémantique multiple et par là son instabilité discursive.

Le galvanisme, au contraire, maintient cette irradiation, et ce, en grande partie à cause de son double statut. D'une part, il est en train de devenir un objet scientifique sérieux, donnant lieu à d'innombrables expérimentations empiriques qui ouvrent la voie à des applications pratiques et utiles (la pile voltaïque, l'électrolyse, la galvanisation des métaux) et qui pointent vers de futurs développements scientifiques sérieux tels que l'électrochimie et la bioélectricité. Mais on n'en est qu'aux balbutiements théoriques et scientifiques de la théorie de l'électricité. D'autre part, le galvanisme garde encore son halo de « mystère » qui, spectacularisé, peut provoquer l'émerveillement. Cela lui permet de faire le pont avec l'espace discursif du « merveilleux » esthétique et d'accéder à des discours n'obéissant pas à la rationalité scientifique naissante. De ce fait, il peut capter les imaginaires les plus divers, donner accès à des champs de savoir que nous considérons aujourd'hui comme hétérogènes et se prêter à toutes sortes d'usages discursifs.

En tant qu'élément discursif, le galvanisme garde ainsi une importante indétermination sémantique et peut s'offrir, dans la situation spécifique du « carrefour 1800 », comme doué d'une remarquable mobilité transversale. Cela lui permet de faire la médiation entre divers discours, mais aussi de boucher des trous du système des savoirs préscientifiques[31] et de répondre à des pulsions presque inavouées des chercheurs scientifiques. C'est en vertu de cette part d'indétermination que l'électricité galvanique peut, dans la conjoncture de 1800, se déplacer avec une agilité surprenante sur un arc de discours et de champs de savoir qui va des sciences empiriques jusqu'à la religion et à l'occultisme, en passant par la philosophie et l'art. Il devient une espèce de signifiant flottant, un élément discursif qui peut assumer toutes sortes de valeurs axiologiques et de contenus sémantiques : un véritable Joker des discours et des savoirs.

En tant que « Joker », le galvanisme, dérivé d'un nom propre et désignant au départ un phénomène observable et reproduisible dans des expérimentations scientifiques, assume un rôle important de médiateur entre discours et savoirs. Dans ce contexte de fermentation, fait d'hétérogénéités, de complexités et de non-contemporanéités, il sert de connecteur entre des positions qui s'articulent en se différenciant et qui seront bientôt appropriées par des disciplines, des épistémologies, des croyances et des écoles différentes. Et en particulier, le galvanisme réussit à franchir les cloisons invisibles qui commencent à s'articuler comme des oppositions dures entre le scientifique et le non-scientifique, entre l'empirisme du pondérable et le spéculatif de l'impondérable, entre l'organique et l'inorganique, entre le mécanisme analytique et l'holisme intégrateur.

Notes

1. David Bodanis, *Electric Universe. The Shocking True Story of Electricity*, New York, Crown Publisher, 2005.

2. En 1802, Giovanni Aldini, le neveu de Giovanni Galvani, aurait fait des expériences, à Londres, à l'aide de cadavres et de têtes tranchées de criminels suppliciés. En 1804, il publia à Paris son *Essai théorique et expérimental sur le galvanisme, avec une série d'expériences en présence des commissaires de l'Institut National de France, et en divers théâtres anatomiques de Londres*, Paris, Fournier fils. Aldini lie ainsi le galvanisme à la tradition d'une spectacularisation du corps humain dans les « théâtres anatomiques ».

3. Reinhart Koselleck parle de « Sattelzeit ».

4. Voir à ce sujet les critiques qui vont de l'École de Francfort et de l'École de Ivan Illich jusqu'à la « société du risque » d'Ulrich Beck.

5. Dans ce sens, voir le livre de Gernot Böhme, *Alternative Wissenschaft*, Frankfurt a.M., Suhrkamp, 1999.

6. Dans ce sens, je me suis récemment penché sur l'actuel *boom* « scientifique » et sur l'intérêt « plus-que-scientifique » pour les dinosaures : "The Return of the Dinosaurs: About Scientific Imagination and its Affects", *Arcadia*, 38:2, 2003, p. 243-247.

7. Friedrich von Hardenberg (Novalis), *Schriften*, Vol. III, Stuttgart, Kohlhammer Verlag, 1977-1988, p. 521.

8. Julien Gracq, *Préférences*, Paris, José Corti, 1961, p. 256.

9. En allemand, on trouve aussi le terme *Anzeigegerät* qui veut dire appareil ou dispositif indicateur ou enregistreur.

10. En anglais, *electroplating*.

11. Cette alternative est clairement articulée chez Pfaff, en 1795 : « Entscheidung dieser Frage für diese ganze Lehre von der grössten Wichtigkeit ist, besonders sofern dadurch sogleich näher bestimmt würde, ob wirklich die Physiologie die Früchte, die sie sich von dieser schönen Entdeckung gleich anfangs zueignete, zu erwarten habe, oder ob sie ihre Hoffnungen an die allgemeine Physik abtreten müsse » (p. 163). (La décision sur cette question est de la plus grande importance pour toute la doctrine, étant donné surtout qu'elle permettrait de mieux déterminer si vraiment la physiologie récoltera les fruits qu'elle s'est appropriés dès le début de cette belle découverte ou si elle devra céder ses espoirs à la physique générale.)

12. Voir l'affirmation qu'on attribue au mathématicien Pierre-Simon Laplace (1749-1827) : « Donnez-moi un système avec ses masses, mouvements, vitesse et forces, et je vous calculerai tous ses états futurs. »

13. Voir à ce sujet l'ouvrage très complet de Michel Delon, *L'idée d'énergie au tournant des Lumières (1770-1820)*, Paris, Presses universitaires de France, 1988.

14. Voir son ouvrage *Von der Weltseele – eine Hypothese der höheren Pysik*, Hambourg, Friedrich Perthes, 1798.

15. Sa position reste quand même proche de celle de Volta. Voici comment Humboldt la résume : « Pfaffsche Theorie, nach welcher der Stimulus zwar in den Metallen liegt, aber diesen erst durch die belebte reagierende thierische Materie entlockt werden kann » (Humboldt, 1795, p. 380). (La théorie de Pfaff selon laquelle le stimulus réside bien dans les métaux dont, cependant, il ne saurait être tiré que moyennant la matière animale qui est animée et active).

16. Voir à ce sujet l'ouvrage de David Bodanis, *op. cit.*

17. Un exemple : « Ehe man sich aber an Theorien wagt, sollte man erst die Thatsachen ins reine bringen, dasjenige, was bleibend, wesentlich und allgemein ist, herauszuheben, und dieselben in Beziehung auf andere Erscheinungen in der Natur betrachten, kurz ihre Gesetze entwickeln » (p. 7). (Avant d'oser aborder les théories, on devrait commencer par établir clairement les faits, afin d'en dégager ce qui est permanent, essentiel et général ; et il faudrait les considérer en relation avec d'autres phénomènes de la nature, bref, développer leurs lois.)

18. Acribie qui se manifeste à la fois verbalement dans ce qu'ils appellent leurs « récits » d'expérimentation et iconiquement ou mathématiquement quand ils en rendent compte dans d'autres systèmes sémiotiques. Humboldt par exemple a ajouté un ensemble de quelque 80 figures en appendice à son texte de 1795.

19. Ce mot allemand, sémantiquement, est le terme connecteur entre l'expérience du chercheur, basée sur ses propres organes sensoriels, et le procédé de l'expérimentation scientifique.

20. Hartmut Böhme, "Ästhetische Wissenschaft. Aporien der Forschung im Werk Alexander von Humdoldt", in Ette, Omar (Dir.), *Alexander von Humboldt – Aufbruch in die Moderne*, Berlin, Akademie Verlag, 2001, p. 17-33.

21. Il parle de « l'éternelle et omniprésente force ».

22. L'électricité qui serait « une source qui gouverne et unifie les corps tant des animaux que des humains (en particulier les nerfs et les muscles), les processus chimiques, les éclairs, la lumière cosmique, l'aimant, la boussole, etc. »

23. Le lien avec la fabrication galvanique, mais cette fois-ci fictionnelle, du monstre Frankenstein à partir de restes humains s'impose, à 16 ans de distance.

24. Voir Elena Agazzi, "The Impact of Alessandro Volta on German Culture", *Nuova* Voltiana, n° 4, 2002, p. 41-52.

25. Alexander von Humboldt aussi a procédé à des autoexpérimentations galvaniques, mais dans une moindre mesure et en prenant moins de risques.

26. Question intempestive : étant donné l'omniprésence de l'électricité dans notre quotidien – telle que la documente Bodanis dans les premières pages de son ouvrage – notre ère électronico-électrique aurait-elle technologiquement réalisé ce syntagme schellingéen comme un programme à réaliser ?

27. Jürgen Daiber, "Der elektrisierte Physiker", *Die Zeit*, n° 37 du 3 septembre 1998, p. 55.

28. Ce terme, identifiant le moment esthésique de l'expérience scientifique, désigne une des composantes sémantiques du terme allemand *Erfahrung*.

29. Autre question intempestive : devient-il de la sorte le précurseur de nos artistes contemporains qui font des performances en expérimentant – artistiquement – avec leur propre corps ?

30. C'est justement l'exemple de la découverte de l'oxygène que Thomas S. Kuhn choisit pour illustrer un changement de paradigme scientifique (*op. cit.*, chap VI).

31. Créés, entre autres, par l'affaiblissement puis l'élimination du concept central de *vis vitalis*.

Bibliographie

ÉCRITS HISTORIQUES SUR LE GALVANISME

Aldini, Giovanni, *Essai théorique et expérimental sur le galvanisme, avec une série d'expériences en présence des commissaires de l'Institut National de France, et en divers théâtres anatomiques de Londres*, Paris, Fournier fils, 1804.

Humboldt, Alexander von (1769-1859), *Versuche über die gereizte Muskel- und Nervenfaser nebst Vermuthungen über den chemischen Prozess des Lebens*, Posen/Berlin, Decher und Compagnie/A. Rottmann, 1795, 2 Vol.

Pfaff, Christian Heinrich (1773-1852), *Über thierische Elektricität und Reizbarkeit. Ein Beitrag zu den neuesten Entdeckungen über diese Gegenstände*, Leipzig, Siefgried Lebrecht Crusius, 1795.

Ritter, Johann Wilhelm (1776-1810), *Beweis, dass ein beständiger Galvanismus den Lebensprozess in dem Tierreich begleite*, Weimar, Industrie-Comptoir, 1798.

Ritter, Johann Wilhelm, "Beweis, dass die Galvanische Action oder Der Galvanismus auch in der Anorgischen Natur möglich und wirklich sey", in *Beyträge zur näheren Kenntnis des Galvanismus*, Iéna, I:1, 1800, p. 111-284.

Schelling, Friedrich Wilhelm Joseph von. *Von der Weltseele – eine Hypothese der höheren Physik zur Erklärung des allgemeinen Organismus*. Hamburg : Friedrich Perthes, 1798.

AUTRES RÉFÉRENCES

Agazzi, Elena, "The Impact of Alessandro Volta on German Culture", *Nuova Voltiana*, n° 4, 2002, p. 41-52.

Bachelard, Gaston, *La formation de l'esprit scientifique*, Paris, J. Vrin, 1999.

Bodanis, David, *Electric Universe. The Shocking True Story of Electricity*, New York, Crown Publisher, 2005.

Böhme, Gernot, *Alternative Wissenschaft*, Frankfurt a.M., Suhrkamp, 1999.

Böhme, Hartmut, "Ästhetische Wissenschaft. Aporien der Forschung im Werk Alexander von Humdoldts", in Omar Ette (Dir.), *Alexander von Humboldt – Aufbruch in die Moderne*, Berlin, Akademie Verlag, 2001, p. 17-33.

Daiber, Jürgen, "Der elektrisierte Physiker", *Die Zeit*, n° 37 du 3 septembre 1998, p. 55.

Delon, Michel, *L'idée d'énergie au tournant des Lumières (1770-1820)*, Paris, Presses universitaires de France, 1988.

Gracq, Julien, *Préférences*, Paris, José Corti, 1961.

Hardenberg, Friedrich von (Novalis), *Schriften*, Stuttgart, Kohlhammer Verlag, 1977-1988, 5 Vol.

Kuhn, Thomas S., *The Structure of Scientific Revolutions*, Chicago, The University of Chicago Press, 1962.

Lepenies, Wolf, *Das Ende der Naturgeschichte. Wandel kultureller Selbstverständlichkeiten in den Wissenschaften des 18. und 19. Jahrhunderts*, Frankfurt a.M., Suhrkamp, 1978.

Moser, Walter, *Poésie et encyclopédie dans le « Brouillon » de Novalis. Romantisme et crises de la modernité*, Montréal, Le Préambule, 1989.

Moser, Walter, "The Return of the Dinosaurs: About Scientific Imagination and its Affects", *Arcadia*, 38:2, 2003, p. 243-247.

Moser, Walter. "Novalis' Europa", in Daniel Weidner (Dir.), *Figuren des Europäischen*, München, Wilhelm Fink Verlag, 2006, p. 219-235.

Wollstonecraft Shelley, Mary. *Frankenstein or: The Modern Prometheus*, édition critique par Johanna M. Smith, Boston. Bedford/St. Martin's, 2000[1818].

L'image globale : la pensée électrique de Marshall McLuhan

Jean-François Vallée

Le 25 février 1966, le célèbre magazine de photojournalisme américain *Life* attribue à Marshall McLuhan le statut d'« oracle de l'âge électrique[1] ». Près de trente ans plus tard, un peu moins d'une quinzaine d'années après le décès du penseur canadien des médias, la revue *Wired*, symbole cette fois de la révolution électronique des années 1990, ressuscite la figure emblématique de McLuhan en choisissant d'en faire rien de moins que son « saint patron[2] ».

« Oracle électrique », « saint électronique » : ces expressions aux connotations franchement religieuses paraissent, à première vue, appropriées pour désigner celui qui a parfois donné l'impression d'être le prophète du nouvel âge électrique et « postlittéraire » qui serait le nôtre. « Gourou » médiatique pour les uns, fossoyeur de l'héritage de la galaxie Gutenberg pour les autres, simple « déterministe » technologique pour d'autres encore, il a suscité autant d'adulation que de mépris par ses innombrables interventions intempestives à l'écrit comme à l'oral, dans les livres comme dans les médias audiovisuels au cours des années 1960 et 1970.

Mais toutes ces réactions très épidermiques – parfois méritées tant McLuhan s'est amusé à jouer avec son image et sa *persona* médiatiques – masquent une pensée profondément originale qu'il importe de mettre en lumière ici au regard justement de cette notion d'électricité dont il ne s'est pas fait l'apôtre aussi bêtement que le laissent entendre les consécrations médiatiques précitées. Les réflexions de Marshall McLuhan sur l'électricité impliquent aussi une méthode critique qui fait de lui, comme on tentera de le montrer ici, le premier véritable « intellectuel électrique ».

Mais à quel moment de sa carrière McLuhan se serait-il « converti » – si même il s'y est converti – à cette nouvelle pensée électrique ou électronique ? En quoi sa pensée peut-elle, à la fois au-delà et en deçà de la métaphore, être *réellement* qualifiée d'électrique ? Enfin, plus généralement, quels rôles jouent la notion et l'image de l'électricité non seulement dans la pensée, mais aussi dans l'écriture et l'*ethos* de cet intellectuel qui a su, pour un temps du moins, devenir lui-même une de ces célébrités électroniques qui faisaient l'objet de ses réflexions sur le nouvel âge électrique[3] ?

Il ne saurait évidemment être question de tracer ici le schéma complet du circuit complexe que parcourt l'œuvre mcluhanienne dans le champ sémantique de l'électricité. La production intellectuelle de cette turbine à idées – 13 livres, plus de 600 articles, 75 000 lettres et des centaines d'heures d'enregistrement audio et vidéo – rend illusoire toute tentative d'appréhension qui se voudrait systématique et globale. Il s'agit ici, plus humblement, de jeter les bases d'une approche à la fois locale et globale – « glocale[4] » si l'on veut – de cette pensée certainement plus riche, et ambivalente, que ne l'ont laissé croire certains jugements par trop sévères[5]. Ainsi, on se concentrera tout particulièrement sur les œuvres des années 1960, alors que la pensée de McLuhan paraît littéralement galvanisée par la terminologie et la thématique de l'électricité. En effet, dans toutes ses interventions (et dans *Understanding Media* au premier chef[6]), l'électricité en vient à incarner pour McLuhan le média ultime : un média sans contenu propre, un média sans message, bref un média à l'état pur. L'électricité accède alors au statut d'image globale, de métaphore absolue de notre ère et du changement de paradigme qui la caractériserait. Ce n'est sans doute pas un hasard si McLuhan, au même moment, se fait omniprésent dans les médias, tant imprimés qu'électroniques : il devient en quelque sorte l'incarnation intellectuelle de ce nouvel âge électrique dont il paraît être, à première vue du moins, le principal apôtre.

Avant l'électrification

Mais comment Herbert Marshall McLuhan, né à Edmonton en 1911 et élevé dans la ville de Winnipeg, a-t-il pu en venir à subir pareille transfiguration médiatique et électronique ? Il importe d'abord de dire quelques mots du parcours « préélectrique » de McLuhan, car si la conversion de ce méthodiste de naissance au catholicisme en 1937 a fait l'objet de discussions biographiques[7], personne ne semble s'être encore intéressé à sa deuxième « conversion », intellectuelle cette fois, à la pensée électrique au cours des années 1950.

Rappelons, en premier lieu, que, de par sa formation et ses premières publications, McLuhan appartient tout entier à la tradition des études littéraires : sa thèse de doctorat de l'université de Cambridge porte sur un auteur de la Renaissance, Thomas Nashe[8] ; il publie nombre de critiques et d'essais littéraires[9] ; et toute sa vie il reste attaché, institutionnellement, à des départements de lettres anglaises. On note cependant que McLuhan a commencé à s'intéresser à la culture populaire et aux « nouveaux » médias dès les années 1930, après avoir été confronté, semble-t-il, à des élèves américains plus intéressés par le cinéma, les *comics* et la publicité que par la littérature qu'il avait charge d'enseigner[10]. Ces réflexions extralittéraires mèneront à la publication, en 1951, de son premier livre, *The Mechanical Bride*[11], dans lequel il aborde l'univers de la publicité et de la culture populaire, assimilées, comme le dit son sous-titre, au « folklore de l'homme industriel ».

Soulignons toutefois que McLuhan, à cette époque, désigne encore les médias de masse contemporains, tels la presse écrite et les médias électroniques, en ayant recours à des mots et à des locutions non encore « électrifiées » : « new media », « auditory and visual media », « mechanical media », etc. Ce n'est que quelques années plus tard que les termes *electric* et *electronic*[12] en viendront à remplacer les précédents, et même à s'opposer carrément à la terminologie plus mécaniste qui avait précédé pour désigner ces « nouveaux » médias.

Ce changement n'est évidemment pas que d'ordre terminologique : il marque une mutation majeure dans l'appréhension qu'avait McLuhan de l'évolution historique des médias. On note, par exemple, qu'en 1955, dans un article intitulé « New Media As Political Forms », McLuhan place toujours les médias électroniques, telles la radio et la télévision, dans une relation de *continuité* historique avec l'imprimerie et la perspective mécanique – « Why should literate men bemoan the mechanization of speech and gesture (radio and television) when it is precisely the mechanization of writing that made this development possible[13]? » –, tandis que, quelques années plus tard à peine, il renverse radicalement cette perspective en postulant cette fois une *rupture* fondamentale entre les univers mécaniques et électriques : « By many analysts, the electric revolution has been regarded as a continuation of the process of the mechanization of mankind. Close inspection reveals quite a different character. » (UM, p. 255).

Quelle a donc été la cause de cette métamorphose dans la pensée – et dans l'*ethos* intellectuel[14] – de McLuhan ? Le penseur canadien a-t-il subi une influence attribuable à un auteur précis de l'époque ? Aurait-il eu une soudaine illumination au regard des développements technologiques contemporains ? Étrangement, aucun biographe, aucun commentateur, comme on l'a dit précédemment, ne semble avoir cherché à déterminer la ou les sources de cette soudaine bifurcation électrique au milieu des années 1950.

On trouve les premières traces, timides, de terminologie électrique chez McLuhan en relation avec James Joyce dans un article intitulé « Radio and Television vs. the ABCDE-Minded: Radio and T.V. in *Finnegan's Wake* » qui a été publié dans le numéro 5 (daté de juin 1955) de la revue *Explorations*[15] :

> The simplest way to get at Joyce's technique is to consider the principle of the <u>electronic</u> tube [...] Metaphor has always had the character of the cathode circuit and the human ear has always been a grid, mesh [...] But Joyce was the first artist to make this explicit. By doing so he applied the principles of <u>electronics</u> to the whole of history and culture[16].

On note ensuite que, dans un article pour le numéro suivant d'*Explorations* (daté de juillet 1956), « The Media Fit the Battle of Jericho », McLuhan fait – vers la fin de ce texte écrit comme une suite de brèves pensées – un autre emploi isolé d'un terme lié à l'électricité, à propos cette fois de l'électrification de l'écriture par le télégraphe : « The telegraph translates writing into sound. The electrification of writing was almost as big a step back towards the acoustic world as those steps since taken by telephone, radio, TV[17]. »

La terminologie électrique fait cependant une entrée beaucoup plus assurée et prégnante en 1958 dans un texte et une conférence aux titres révélateurs : « The Electronic Revolution in North America[18] » et « Our New Electronic Culture[19] ». À partir de cette date, il paraît évident que la perspective de McLuhan sur l'époque contemporaine a nettement basculé du côté électrique/électronique. Le changement de paradigme est évident. En 1959, McLuhan lui-même reconnaît, en parlant de l'époque de *The Mechanical Bride*, qu'il n'avait alors pas encore vu ce passage de l'âge mécanique à l'âge électrique : « I failed at that time to see that we had already passed out of the mechanistic age into the electronic, and that it was this fact that made mechanism both obstrusive and repugnant[20]. »

L'épiphanie électrique de la pensée mcluhanienne a donc eu lieu quelque part entre 1955 et 1957, sous une influence ou pour des raisons qu'il n'est pas aisé d'identifier précisément. Le fils de McLuhan, Eric, fait l'hypothèse que l'influence des méthodes du Practical Criticism – à la source du New Criticism de I. A. Richards et F. R. Leavis que McLuhan avait eu comme enseignants lors de ses études doctorales à Cambridge – a pu le pousser à s'intéresser à la culture populaire d'abord, puis aux médias électroniques[21]. Mais cet intérêt pour la culture populaire n'explique pas vraiment le changement de terminologie et de perspective marqué par l'irruption soudaine de la notion plus spécifique de l'électricité au milieu des années 1950[22].

Il faudrait sans doute chercher plutôt du côté des nombreux auteurs et intellectuels que McLuhan a lu ou fréquenté à l'époque : James Joyce au premier chef (comme en témoigne notamment le passage cité plus tôt[23]), mais aussi Wyndham Lewis[24] et, possiblement, Teilhard de Chardin, dont le *Phénomène humain* est publié en français peu après sa mort en 1955 justement[25]. Le cas de Teilhard paraît particulièrement intéressant du fait notamment que, dans un article publié en 1961, « The Humanities in the Electronic Age », McLuhan lui attribue « le crédit d'avoir, le premier, correctement défini le changement majeur de notre époque[26] », soit la découverte des ondes électromagnétiques, affirmation qu'il appuie ensuite d'une traduction d'un passage tiré justement du *Phénomène humain*[27].

Mais le fait que ce dernier ouvrage ait été traduit en anglais en 1959 seulement, ainsi que le début de cette même phrase – qui évoque les possibles « faiblesses » du travail de Teilhard – laissent entendre que

McLuhan entretenait un rapport problématique et même conflictuel avec la pensée du Jésuite (ne serait-ce que parce qu'il se méfiait des Jésuites !).

Ainsi, il faut bien admettre que la question « biographique » des causes précises de l'intérêt soudain de McLuhan pour l'électricité au milieu des années 1950 paraît difficile à résoudre dans l'état actuel des recherches sur cette époque de sa carrière[28].

Au-delà de la source

Cela dit, dans le contexte plus général qui nous concerne ici, cette enquête généalogique n'est sans doute pas d'une importance absolue, et ce, d'autant moins que nous risquerions alors d'être – ironiquement – victime de la tradition linéaire et alphabétique de la culture imprimée, intéressée par les sources et les « causes efficientes » qui créent seulement, selon McLuhan, une *illusion* d'explication causale de par leur organisation séquentielle et temporelle. Le nouveau « McLuhan électrique » s'intéressait quant à lui davantage à la « causalité *formelle* », telle que définie par Aristote (et reprise par saint Thomas d'Aquin). Ce type de causalité qui s'intéresse, comme le dit son nom, à la forme des phénomènes – et qui a été négligé, selon McLuhan, dans la pensée scientifique et philosophique de la galaxie Gutenberg – serait revenu à l'avant-plan à l'âge électrique : « With print came an emphasis upon efficient causality. Electric media (the telegraph and subsequent technologies) re-introduce a sensitivity to formal causality[29]. »

Il paraît donc nécessaire de replacer la pensée de McLuhan dans le contexte des années 1960, alors qu'elle acquiert une forme plus franchement électrique, si l'on veut en comprendre les fondements : les causes formelles, et donc aussi la structure même de sa pensée nouvelle manière, deviendront alors plus manifestes.

The Gutenberg Galaxy, publié en 1962, constitue le premier pas majeur en direction de la nouvelle galaxie électrifiée (parfois appelé *galaxie Marconi*). L'ouvrage s'intéresse évidemment, comme l'annonce le titre, à la période qui a précédé l'âge électrique : celle qui a été dominée par le pouvoir à la fois uniformisateur et fragmentaire de la technologie mécanique de l'imprimé, à la source, pour McLuhan (et d'autres), de l'individualisme, du nationalisme, de la rationalité linéaire moderne, etc. Sauf que ces caractéristiques fondamentales de la galaxie Gutenberg seraient devenues manifestes du fait justement que nous serions en train d'en sortir (telle l'eau devenue visible pour le poisson échoué sur le rivage[30]), et ce, même si – mais peut-être aussi parce que – notre situation demeure encore foncièrement transitoire :

> We are today as far into the electric age as the Elizabethans had advanced in the typographical and mechanical age. And we are experiencing the same confusions and indecisions which they had felt when living simultaneously in two contrasted forms of society and experience[31].

Dès l'abord, la méthode de composition de cet ouvrage prétend se distinguer de celle du livre imprimé traditionnel : « *The Gutenberg Galaxy* develops a mosaic or field approach to its problems. Such a mosaic image of numerous data and quotations in evidence offers the only practical means of revealing causal operations in history. » (GG, texte en exergue non paginé). En fait, cette soi-disant mosaïque livresque est conçue autour d'une série de très courts chapitres (une ou deux pages en général) reliés à 261 « gloses » : des citations, des aphorismes ou des propositions qui sont autant d'affirmations visant à décrire la nature et les effets de la période de l'imprimé, de celle du manuscrit qui l'a précédée et, à quelques endroits aussi, du nouvel âge électrique qui serait en train de lui succéder.

Mais le passage le plus intéressant pour nous se situe vers la fin de l'ouvrage alors que McLuhan tente de redéfinir le rôle de l'intellectuel dans le contexte de cet âge électrique :

> [...] the intellectual is no longer to direct individual perception and judgement but to explore and to communicate the massive unconsciousness of collective man. The intellectual is newly cast in the role of a primitive seer, *vates*, or hero incongruously peddling his discoveries in a commercial market. (GG, p. 269)

Cette définition de l'intellectuel comme une sorte de devin et de sorcier, qui prétend jouer le rôle d'intermédiaire entre l'inconscient collectif et le marché public, McLuhan l'assumera sur le mode performatif dans les années qui suivront la parution de la *Galaxie Gutenberg* qui, malgré sa forme inusitée, demeurait encore relativement « académique » (au sens anglais de ce terme) –, de par son recours notamment à de très nombreuses sources érudites, sa longue bibliographie et sa publication par une presse universitaire.

Deux ans plus tard paraît un second ouvrage – annoncé à la fin de la *Galaxie Gutenberg* – qui prétend, cette fois, rendre compte des nouveaux comme des anciens médias : *Understanding Media: The Extensions of Man*. L'ouvrage, traduit en vingt langues, catapultera McLuhan à l'avant-plan de la révolution médiatique qu'il prétend décrire et fera de lui une célébrité intellectuelle présente sur toutes les tribunes : les reportages et couvertures de magazines, les entrevues à la radio et à la télé, les livres de vulgarisation se multiplieront jusque dans la première moitié des années 1970[32]. C'est ainsi qu'au sommet de l'explosion contre-culturelle des années 1960, McLuhan devient sans doute une des premières, sinon *la* première véritable célébrité intellectuelle de l'âge des médias électroniques.

Pourtant, de prime abord, le mode de composition de *Understanding Media* paraît plus traditionnel que celui de *The Gutenberg Galaxy* : il est constitué de 33 chapitres assez substantiels répartis en deux sections, une première plus théorique sur les médias vus comme extensions des sens, des organes ou des facultés de l'homme, et une seconde qui décrit plus spécifiquement 26 médias (au sens très large que McLuhan donne à ce terme) : du langage jusqu'à l'ordinateur, en passant par les vêtements, l'argent, le télégraphe, les armes, la presse écrite, la radio, la télévision ou la roue.

Ainsi, par certains côtés, du moins si l'on ne tient pas compte d'un ouvrage posthume comme *Laws of Media*[33] terminé par son fils Eric dans les années 1980, il s'agit sans doute de l'ouvrage où McLuhan a fait le plus d'efforts pour présenter ses théories sur un mode apparemment systématique. Sauf qu'à la lecture, on se rend bien vite compte que le ton, le style et l'organisation sont traversés par un courant plus électrique que ne le laisse croire la table des matières et l'organisation cohérente des chapitres, car McLuhan y emploie un style discontinu et très affirmatif, parfois presque « oraculaire », ponctué de jeux de mots, de citations anachroniques, de métaphores, d'anecdotes, d'aphorismes, de répétitions et de paradoxes (sur lesquels on reviendra bientôt).

Il paraît significatif, comme on l'a mentionné déjà, que c'est aussi à cette époque que l'électricité accède au statut de symbole – quasi mythique – de la révolution des médias pour McLuhan. Dès l'abord, dans le chapitre où il explicite sa célébrissime maxime « The medium is the message », l'image de la lumière électrique est employée comme *exemplum* ultime : « The instance of the electric light may prove illuminating. The electric light is pure information. It is a medium without a message [...] The electric light escapes attention as a communication medium just because it has no "content". » (UM, p. 8-9) Puis, on passe à l'énergie électrique en général :

> The message of the electric light is like the message of electric power in industry, totally radical, pervasive, and decentralized. For electric light and power are separate from their uses, yet they eliminate time and space factors in human association exactly as do radio, telegraph, telephone, and TV, creating involvement in depth. (UM, p. 9)

Ainsi, le passage au monde électrique – amorcé avec l'avènement du télégraphe au milieu du xixᵉ siècle mais seulement pleinement réalisé avec l'extension du média télévisuel, puis de l'ordinateur – serait à la source de toutes les caractéristiques du nouvel univers « postgutenbergien » selon McLuhan : dissolution de l'individualisme et de l'État-nation ; constitution du village global planétaire et re-tribalisation du monde ; avènement d'un monde plus acoustique (et tactile) que visuel ; abolition des frontières (entre le privé et le public, l'enfant et l'adulte, le travail et les loisirs, la culture et la technologie, l'art et le commerce) ; éclatement des limites de la cellule familiale ; « orientalisation » de l'homme occidental et « occidentalisation » de l'homme oriental ; abolition des notions de temps et d'espace continus au profit de la simultanéité et de l'ubiquité ; disparition de la notion de « point de vue » au profit d'une forme de multiperspectivisme instantané ; retour à une conception mythique du monde ; fin de l'« histoire » au sens littéraire du terme ; remise en cause de la spécialisation disciplinaire et professionnelle ; effondrement des structures hiérarchiques fondées sur la délégation de l'autorité ; émergence des groupes minoritaires, etc.

Le fait que McLuhan semble expliquer tous ces phénomènes apparemment disparates par l'avènement de l'âge électrique pourrait justifier l'accusation de déterminisme technologique qu'on lui a fréquemment adressée (et qu'on lui adresse toujours). Mais il faut faire attention de ne pas voir là encore une logique de la causalité efficiente, logique que McLuhan veut justement délaisser. La théorie mcluhanienne des médias est en fait plus complexe qu'on a pu parfois le laisser entendre. Pour McLuhan, par exemple, l'électricité n'est pas vraiment la cause, au sens logique et séquentiel du terme, de tous ces phénomènes : elle correspond plutôt à la *forme* et à la *structure* de tous ces épiphénomènes, et ce, selon la logique globale et simultanée de la causalité formelle.

McLuhan soutient que tout média, et même toute nouvelle technologie, est une métaphore, ainsi qu'une extension d'une faculté humaine. Il est impossible d'expliquer ici en détail le processus complexe qui mène, selon cette conception anthropologique de la technologie, à la création d'une extension et aux réactions subséquentes d'autoamputation et de désensibilisation qui surviennent dues à l'instabilité que cause toute nouvelle technologie dans l'équilibre des sens, mais il suffira de préciser qu'en ce qui concerne l'électricité, il s'agit, comme on s'en doutera (et comme l'avait déjà suggéré Teilhard de Chardin auparavant avec son concept de « noosphère »), d'une extension d'une partie de notre organisme dont on aura sans doute déjà deviné la nature :

> Whereas all previous technology (save speech, itself) had, in effect, extended some part of our bodies, electricity may be said to have outered the central nervous system itself, including the brain. [...] Now, the world of public interaction has the same inclusive scope of integral interplay that has hitherto characterized only our private nervous systems. [...] The simultaneity of electric communication, also characteristic of our nervous system, makes each of us present and accessible to every other person in the world. (UM, p. 247-249)[34]

Ainsi, la métaphore de l'électricité en vient à incarner, pour McLuhan, un changement de paradigme majeur dans l'histoire de l'homme. À tel point que, plus loin, dans *Understanding Media*, dans le chapitre qui porte sur le langage, il laisse entendre que la technologie électrique, qui rend aussi possibles l'émergence et l'évolution de l'ordinateur, pourrait mener à rien de moins qu'une sorte de Pentecôte universelle, au-delà même du langage :

> Our new electric technology that extends our senses and nerves in a global embrace has large implications for the future of language. Electric

technology does not need words any more than the digital computer needs numbers. Electricity points the way to an extension of the process of consciousness itself, on a world scale, and without any verbalization whatever. [...] Today computers hold out the promise of a means of instant translation of any code or language into any other code or language. The computer, in short, promises by technology a Pentecostal condition of universal understanding and unity. The next logical step would seem to be, not to translate, but to by-pass languages in favour of a general cosmic consciousness. (UM, p. 80)

À la lecture de tels passages (et de nombreux autres qu'il serait impossible de tous citer ici), ainsi qu'à l'écoute ou au visionnement des entrevues de cette période particulièrement intense de la carrière de McLuhan, on pourrait avoir l'impression que ce dernier mérite tout à fait sa réputation d'apôtre inconditionnel, de « gourou » même – comme on l'a parfois désigné avec mépris – de ce nouvel âge électrique. C'est d'ailleurs sur cette base qu'il a été reçu tant par certains de ses disciples, venus souvent de milieux non seulement intellectuels, mais aussi médiatiques, artistiques, financiers, publicitaires..., que par ses adversaires les plus acharnés, issus pour la plupart, ceux-là, du milieu universitaire.

Néanmoins, la nature même de cette réaction – extrêmement polarisée comme l'indiquent les titres des ouvrages qu'on lui consacre alors : *McLuhan: Pro and Con*[35], *Pour ou contre McLuhan*[36] ou encore *McLuhan, prophète ou imposteur ?*[37] – peut aussi nous mettre sur la voie d'une appréhension plus objectivement « électrique » de la pensée mcluhanienne.

Car McLuhan entretient un rapport beaucoup plus ambivalent au nouvel âge électrique que pourraient le laisser croire les citations précédentes. On doit d'abord souligner que, dans tous ses ouvrages, il prétend ne pas vouloir porter de jugement moral sur la réalité turbulente de l'environnement médiatique contemporain qu'il se contente, dit-il, de simplement décrire. Pour illustrer son approche, il évoque souvent une nouvelle d'Edgar Allan Poe, « The Descent into the Maelstrom[38] », qui met en scène un marin pris dans un tourbillon qui semble le condamner à être tiré vers le bas et la mort. Sauf que le marin, en observant, sur un mode détaché, le mouvement chaotique des eaux et des objets autour de lui et en tentant d'y identifier des régularités dans la configuration des déplacements, finira par trouver un moyen de se sortir sain et sauf de ce maelstrom.

Le détachement du marin devant la catastrophe appréhendée ne doit toutefois pas être assimilé à une forme d'objectivité distante (comme chez l'intellectuel « littéraire » traditionnel) : il implique une participation et une immersion dans le phénomène observé. Et on pourrait démontrer qu'il en va de même du rapport de McLuhan à la révolution électronique à laquelle il semble parfois bel et bien s'identifier, mais de laquelle il se distancie simultanément.

Il suffit de songer à la célèbre notion mcluhanienne de « village global » que certains disciples et publicitaires, encore aujourd'hui, comprennent souvent sur un mode euphorique comme une célébration des technologies de communication qui relieraient joyeusement tous les recoins et toutes les populations de la planète. En réalité, celui-là même à qui on doit l'expression l'entendait dans un tout autre sens. La notion de village[39], comme on peut le voir, entre autres, dans *War and Peace in the Global Village*, fait allusion au modèle, intense mais certainement pas toujours harmonieux, des sociétés orales, avec toutes les possibilités de conflits qu'il implique : « The more you create village conditions, the more discontinuity and division and diversity. The global village absolutely ensures maximal *disagreement* on all points. [...] *I don't approve of the global village. I say we live in it*[40]. »

Dès la *Galaxie Gutenberg*, d'ailleurs, McLuhan avertissait ses lecteurs au sujet des dangers de dérapages de ce nouveau monde global :

> [...] unless aware of this dynamic, we shall at once move into a phase of panic terrors, exactly befitting a small world of tribal drums, total interdependence, and superimposed co-existence. [...] Terror is the normal state of any oral society, for in it everything affects everything all the time. (GG, p. 32).

Plus largement, c'est non seulement la notion de village global mais l'ensemble des propos de McLuhan sur l'âge électrique que l'on doit aborder avec précaution, comme en témoigne éloquemment l'affirmation suivante – d'un esprit typiquement mcluhanien – lancée lors d'une entrevue télévisée en 1966 :

I am resolutely opposed to all innovation, all change, but I am determined to understand what's happening. [...] Many people seem to think that if you talk about something recent, you're in favor of it. The exact opposite is true in my case. *Anything I talk about is almost certainly something I'm resolutely against*[41].

On pourrait aussi citer une multitude de passages de la correspondance privée du penseur canadien des médias où celui-ci se fait beaucoup plus « gutenbergien » que dans ses déclarations et ouvrages publics[42]. Sauf qu'il suffira sans doute d'évoquer, en dernier lieu, un passage plus éloquent encore, tiré d'une série d'entrevues que McLuhan a donné à un membre du clergé français dans la deuxième moitié des années 1970. Ces entrevues n'ont été publiées en anglais que dans les années 1990 avec une série d'autres textes qui présentent un aspect moins connu de la personnalité et de la pensée du saint patron de *Wired* : sa fervente foi chrétienne, jamais remise en cause après sa conversion au catholicisme en 1937. Dans la quatrième et dernière de ces conversations avec Pierre Babin, McLuhan se fait plus candide qu'à l'habitude : « Je vous l'ai dit, ma formation se rattache entièrement à l'hémisphère cérébral gauche, qui est littéraire. Bien plus, mes valeurs sont entièrement du côté de la civilisation gréco-romaine. Vous pouvez alors deviner ce que je ressens[43]. » Puis, il conclut la conversation sur une hypothèse plus révélatrice encore :

D'une certaine manière, je pense que, ce peut être aussi maintenant l'heure de l'Antéchrist. Quand l'électricité permet la simultanéité de toute information pour tout être humain, c'est le moment de Lucifer, le « grand ingénieur électricien » ! Considérée sous l'aspect technique, l'époque où nous vivons est certes favorable à un Antéchrist. Pensez que chacun peut être accordé soudainement à la fréquence d'un nouveau Christ et le prendre à tort pour le Christ authentique[44].

Évidemment, l'avènement de l'Apocalypse serait en fait une « bonne nouvelle » pour un croyant comme McLuhan, mais il n'en reste pas moins qu'à la lumière de telles affirmations, on peut difficilement continuer à soutenir que ses descriptions apparemment enthousiastes de l'âge électrique doivent être lues au premier degré comme des « actes de foi » électriques[45].

Tensions

Ainsi, il y a une incontestable *tension* dans le rapport qu'entretient McLuhan avec l'électricité. Et il ne s'agit pas ici que de faire un autre mauvais jeu de mot, car cette tension paraît caractéristique non seulement du rapport qu'entretenait McLuhan à l'électricité comme métaphore – et cause formelle – de notre époque, mais, plus largement, aussi de la manière même qu'il avait de communiquer ses idées comme de l'approche intellectuelle qui les sous-tendait.

De ce point de vue, la contribution « formelle » de McLuhan mérite elle-même une attention aussi grande, sinon plus, que ses idées. Car, si l'on suit le principe mcluhanien du « médium est le message » (comme le propose notamment Derrick de Kerckhove dans son excellent « Examen théorique[46] » de la pensée de McLuhan), il importe peut-être moins de s'attarder aux conclusions ou au contenu des ouvrages qu'à son style et à sa méthodologie intellectuelle. McLuhan se fait d'ailleurs lui-même un malin plaisir de nous avertir de ne pas trop porter attention à ce qu'il dit : « People make a great mistake trying to read me as if I was saying something... I don't want them to believe me. I just want them to think[47]. » Et il ne s'agit pas là que d'un autre bon mot, car on trouve chez McLuhan ce qu'on pourrait appeler une véritable « maïeutique électrique ».

En ce qui concerne d'abord sa méthode intellectuelle, McLuhan prétend vouloir éviter d'enfermer le connaissable à l'intérieur de paradigmes fondés seulement sur des « concepts », selon la logique visuelle et analytique de la déduction. Il ne veut pas, dit-il, « embrasser » le connaissable ou le « comprendre », mais le « pénétrer pour y trouver des structures ouvertes[48] ». Ce type d'exploration, plus acoustique que visuelle, plus électrique que mécanique, se fonde sur le principe de la « sonde » (*probe* en anglais) qui cherche à trouver, à retrouver ou à susciter des « résonances ». Il y a là l'idée d'une entrée en profondeur dans le connaissable, d'une descente. Ces sondes – qui relèvent essentiellement du langage (aphorismes, métaphores, analogies, « micromythes »...) – peuvent se combiner et se recombiner selon diverses configurations pour produire différents champs de résonances qui permettent de se brancher sur différentes « fréquences[49] ».

Dans le contexte « tensionnel » et électrique qui nous intéresse ici, il paraîtra singulièrement révélateur, comme le démontre Derrick de

Kerckhove[50], que les sondes ont toujours une nature *double*. Elles peuvent en effet être fondées sur une *équation* (« The media is the message », « The media is the massage », « The user is the content », etc.) ; sur des *oppositions* bipolaires (qui tendent à se multiplier à l'infini : « hot/cool », « percept/concept », « figure/ground », « roles/goals », « electrical/ mechanical », « probe/proof », « software/hardware », « iconic/pictural », « process/product », « visual/acoustic », « cliché/archetype », etc.) ; ou encore sur des *processus* de transformation duels (de l'« explosion » à l'« implosion », de la « centralisation » à la « décentralisation », de la « fragmentation » à l'« intégration », etc.)[51].

Et on trouve également ce type de tension bipolaire au niveau même de l'expression, puisque la méthodologie mcluhanienne s'exprime dans ce que Pierre Séguin a appelé très justement un « style électrique[52] ». Le recours à la construction discontinue (et au fameux style mosaïque évoqué plus tôt) ainsi qu'au collage, aux aphorismes, aux nombreuses citations hors contexte, aux anachronismes, aux slogans de type publicitaire, aux redondances, aux jeux de mots et aux blagues, ainsi qu'à de nombreux énoncés paradoxaux – bref, le recours à tous ces procédés stylistiques qui ont tant irrité certains de ses lecteurs et critiques ! – demeure une des caractéristiques principales de ce que certains ont appelé, un peu méchamment, la « mcluhanacy ».

Sauf que ce « mclunatisme » et cet apparent manque de cohérence linéaire témoignent simultanément de l'effort conscient qu'effectue McLuhan pour « électrifier », comme il le prétend lui-même, le média imprimé en créant des discontinuités, des courts-circuits, des accélérations soudaines, des résonances inattendues. Après la publication de *Understanding Media*, il tente d'ailleurs nombre d'expériences éditoriales, plus ou moins « probantes » (si l'on peut dire), dans lesquelles, en s'associant à divers collaborateurs – des graphistes et des photographes surtout – il joue avec la disposition et la typographie de ses textes, de plus en plus aphoristiques, et les juxtapose à tout un matériel iconique, voire sonore, qui vise à faire éclater, bien avant l'avènement du multimédia et de l'hypertexte, la linéarité traditionnelle du livre[53].

Cette combinaison d'une approche méthodologique et d'une forme d'expression très singulières a aussi donné naissance à ce qu'on a appelé les « mcluhanismes », des affirmations souvent étonnantes que McLuhan définit lui-même dans des termes totalement électriques : « What is a mcluhanism? — It is tying in an unexpected circuit things that don't ordinarily get off on a single line or a single plane. It's a form of circuitry[54]. » Ces mcluhanismes visent à avoir un effet rhétorique qui s'apparente à celui d'une décharge électrique, ou d'un court-circuit, sur la conscience des lecteurs ou de l'auditoire, afin de les sortir de leur somnambulisme et de les pousser à prendre conscience des effets psychiques profonds des médias qui les entourent. Bref, tant la méthodologie que le style de McLuhan paraissent électrifiés de part en part, et ce, dans un sens qui se veut non seulement métaphorique mais carrément « métamorphique ».

Cela dit, il n'en demeure pas moins que la tension avec l'univers préélectrique demeure : McLuhan reste avant tout, comme il l'admet lui-même, un « homme du livre[55] » plongé dans le nouveau tourbillon électrique. Il continue d'utiliser le plus souvent le média imprimé, fût-ce sur un mode inhabituel, et tous ses ouvrages sont truffés de citations littéraires : de James Joyce surtout, mais aussi de Pound et de Shakespeare, de Mallarmé et de Lewis Carroll, de Baudelaire et d'Eliot, de Rimbaud et de Poe, de Chesterton et de Blake, ainsi que d'une infinité d'autres auteurs qui trahissent sa profonde culture littéraire. Le titre même de son maître ouvrage, *Understanding Media*, fait référence à *Understanding Poetry*, l'ouvrage qui a contribué à faire connaître le New Criticism en Amérique[56]. De la même façon, plusieurs critiques aujourd'hui redécouvrent l'importance fondamentale de Joyce, de *Finnegan's Wake* surtout, pour comprendre, et poursuivre, les intuitions de McLuhan[57]. Bref, le soi-disant « oracle de l'âge électrique » demeure foncièrement littéraire — fût-ce sur le mode « postlittéraire » d'un Joyce... — et il n'a pas hésité à faire usage de ce qu'il appelle le « plus grand don de la culture alphabétique », soit « le pouvoir d'agir sans réagir, manière de spécialisation par dissociation qui a été la force motrice de la civilisation occidentale[58]. »

À ce titre, l'histoire du marin de Poe demeure toujours emblématique : comme le personnage au cœur du maelstrom, McLuhan combine une attitude de détachement proche de celle de l'homme de la galaxie Gutenberg avec la capacité de s'immerger dans l'environnement pour reconnaître des configurations d'ensemble, selon le mode du « pattern recognition » qui devient crucial à l'époque de l'accélération électrique. Pour ce faire, le nouvel intellectuel se doit cependant d'assumer un rôle paradoxal dans le nouveau théâtre global :

McLuhan ne se contente pas de décrire la réalité électrique. Il l'assume totalement et pourtant s'en détache. Comme le comédien ou l'interprète, il s'identifie au personnage de l'homme électrique. Il crée ce nouveau type d'homme. Mais il demeure le professeur McLuhan, universitaire et littéraire de formation, prêtant vie et langage au mutant de l'âge électrique[59].

Herbert Marshall McLuhan, professeur de littérature anglaise, aurait donc « personnifié » cet autre (ou *ces* autres) « Marshall McLuhan » – l'intellectuel public et le « gourou » de l'âge électrique, l'icône médiatique et le « wise guy[60] », le satiriste et le « trickster » –, et ce, tout à fait dans l'esprit du nouveau monde électrique qui voudrait, toujours selon McLuhan, que les « rôles » aient maintenant plus d'importance que les objectifs (« goals »).

Faut-il donc prendre ce sage-fou (ce « morosophe » dirait Érasme) au sérieux ? S'il est difficile d'échapper entièrement au doute (bien que McLuhan, quant à lui, affirmait ne jamais douter[61]), on comprendra mieux la réaction ambivalente que l'homme et l'œuvre provoquent encore aujourd'hui si on replace cette pensée dans son contexte électrique, foncièrement « tensionnel » et bipolaire : la charge positive, qui vient de la liberté stimulante du style comme des idées, ainsi que des intuitions souvent lumineuses, se trouvant constamment opposée à la charge négative que suscitent parfois des déclarations par trop oraculaires, énigmatiques, redondantes, apparemment bêtement déterministes ou même complètement délirantes. McLuhan semblait d'ailleurs considérer que l'abondance de ses idées compensait largement le caractère parfois douteux de certaines d'entre elles. En effet, en réponse à un intervieweur qui lui disait ne pas apprécier ses hypothèses, il riposta simplement avec une paraphrase de Groucho Marx : « You don't like these ideas? I've got others[62] ! »

De la même manière, à ceux qui n'auraient pas été entièrement convaincus par le portrait schématique (et sans doute par trop linéaire et pas assez « électrique ») que nous avons tracé ici du circuit singulier que forment la figure et l'œuvre de Marshall McLuhan au regard de la notion d'électricité, ainsi qu'à ceux qui n'auraient pas non plus été persuadés par notre hypothèse selon laquelle McLuhan constitue un candidat plus que sérieux au titre de premier « intellectuel électrique » de notre époque, nous serions tenté de répliquer, à la McLuhan, que vous n'avez rien compris à notre « imposture[63] ».

Notes

1. Jane Howard, "Oracle of the Electric Age", *Life Magazine*, February 25, 1966, p. 91-99.

2. Le nom de McLuhan, identifié comme « Patron saint », apparaît dans le bloc générique de la revue en compagnie de celui des autres collaborateurs et employés. Le numéro de janvier 1996 (intitulé "Channeling McLuhan") comprend plusieurs articles sur McLuhan dont celui de Gary Wolf ("The Wisdom of Saint Marshall, the Holy Fool", *Wired*, 4.01, p. 122-127) toujours en ligne en date du 17 mai 2011 : www.wired.com/wired/archive//4.01/saint.marshal. html?person=marshall_mcluhan&topic_set=wiredpeopl.

3. Sur le caractère exceptionnel – et les paradoxes – de la célébrité médiatique de McLuhan, voir notamment James C. Morrison : « No comparable academic figure before his time comes readily to mind, for the few that preceded him either came before the age of electronic celebrity, or were notorious not for their ideas [...] McLuhan was probably the first to have achieved the possibly dubious distinction of becoming a pop icon whose name for a time was on almost everyone's lips – a figure whose ideas and persona were recognizable by a large proportion of the public, both those interested in intellectual matters and those who were not. » James C. Morrison, "Marshall McLuhan: No Prophet without Honor", Chapter 2 in Saleem H. Ali and Robert Barsky, *Beyond the Ivory Tower. Public Intellectuals, Academia and the Media*, version provisoire consultée en ligne le 17 mai 2011, www.mit.edu/~saleem/ivory/ch2.htm.

4. Ce terme, créé semble-t-il par les Japonais pour décrire des pratiques commerciales, a été introduit en anglais par le sociologue Roland Robertson dans son article "Glocalization: Time-Space and Homogeneity-Heterogeneity" (*Global Modernities. From Modernism to Hypermodernism and Beyond*, Mike Featherstone, Scott Lash et Roland Robertson (eds.), London, Sage Publications, "Theory, Culture & Society Book Series", 1995.)

5. Pour avoir une idée des polémiques – et de l'antipathie – suscitées par McLuhan dans les milieux littéraires et universitaires surtout, on pourra consulter (entre autres) un ouvrage publié dans les années 1960 dont le titre déjà évocateur – *McLuhan: Pro and Con* (R. Rosenthal (ed.), New York, Penguin, 1968) – annonce les prises de positions – le plus souvent défavorables ici – à son égard. La critique de ce même ouvrage dans le *New York Times* donne une idée encore plus précise de l'opposition à la figure et aux

thèses de McLuhan, qui est présenté dans ce texte comme une sorte de traître à la cause de la culture civilisée (celle du livre) et un « vendu » à la culture populaire représenté par les médias électroniques. Dudley Young, "Are the Days of McLuhanacy Numbered?", (Review of *McLuhan: Pro and Con*), *New York Times*, 8 septembre 1968.

6. La première édition de *Understanding Media: The Extensions of Man* paraît chez McGraw-Hill en 1964. Une édition révisée est parue en 1965. Nous utiliserons ici la nouvelle édition critique parue en 2003 : Marshall McLuhan, *Understanding Media: The Extensions of Man*, W. Terrence Gordon Ed., Corte Madera, CA, Gingko Press, 2003. Les citations tirées de cet ouvrage seront dorénavant indiquées par l'abréviation UM suivie des numéros de page entre parenthèses dans le corps du texte.

7. Voir notamment Philip Marchand, *Marshall McLuhan. The Medium and the Messenger*, Toronto, Random House, 1989, p. 44-49.

8. Marshall McLuhan, *The Classical Trivium*, Corte Madera, CA, Gingko Press, 2006.

9. Pour une sélection d'essais et de critique littéraires de McLuhan, voir *The Interior Landscape: The Literary Criticism of Marshall McLuhan 1943-1962*, New York, McGraw Hill, 1969.

10. Entre 1936 et 1940, McLuhan a enseigné aux États-Unis, d'abord à l'Université du Wisconsin, puis à St. Louis University. Sur cette période, voir Philip Marchand, *Marshall McLuhan. The Medium and the Messenger*, *op. cit.*, p. 42-56.

11. Marshall McLuhan, *The Mechanical Bride: Folklore of Industrial Man*, New York, The Vanguard Press, 1951.

12. Selon son fils Eric McLuhan, avec qui j'ai eu la chance d'avoir une correspondance (électronique), Marshall McLuhan a songé brièvement à distinguer ces deux termes, mais s'est finalement résolu à ne pas les différencier. Dans ses ouvrages, il utilise d'ailleurs les deux termes de manière interchangeable.

13. Cet article a d'abord été publié dans le troisième numéro de la revue *Explorations* que dirigeait McLuhan avec Edmund Carpenter. Le texte a été repris dans Marshall McLuhan, *McLuhan Unbound*, Ed. prepared by Eric McLuhan et W. Terrence Gordon, Corte Madera, CA, Gingko Press, 2005. Cette édition reprend des articles de McLuhan dans des cahiers séparés numérotés réunis dans un boîtier. L'article cité ici porte le numéro 14.

14. On note en effet qu'à ce changement de perspective historique sur les médias correspond aussi une métamorphose dans l'attitude morale dont

témoigne McLuhan à l'égard de l'univers des médias : alors que, dans *The Mechanical Bride*, il adopte un point de vue franchement critique et moralisateur à l'égard de la culture médiatique qui lui est contemporaine, il décide par la suite de ne plus porter de « jugement » sur l'objet de ses réflexions et donc d'adopter une approche qui s'en détache.

15. McLuhan a dirigé cette revue à Toronto avec l'anthropologue Edmund Carpenter de 1953 à 1958.

16. Marshall McLuhan, "Radio and Television vs. the ABCDE-Minded: Radio and T.V. in *Finnegan's Wake*", *Explorations*, 5, p. 12-18. C'est moi qui souligne.

17. Marshall McLuhan, "The Media Fit the Battle of Jericho", *Explorations*, 6, 1956, repris dans *Marshall McLuhan Unbound*, *op. cit.*, p. 13. Selon l'éditeur récent de cette collection d'articles (et biographe), W. Terrence Gordon, ce texte constitue d'ailleurs le premier où le style particulier qui sera celui de McLuhan par la suite est employé plus « systématiquement » : « this essay is his first to be marked throughout by the questing style of writing that he referred to as his probes. » « Introduction », p. 2.

18. "The Electronic Revolution in North America", *International Literary Annual*, 1, John Wain Ed., 1958.

19. Conférence donnée devant la National Association of Educational Broadcasters et publiée ensuite dans la revue de cette association. Marshall McLuhan, "Our New Electronic Culture: The Role of Mass Communications in Meeting Today's Problems", *National Association of Educational Broadcasters Journal*, October 1958, p. 19-20 et p. 24-26.

20. Marshall McLuhan, "Myth and Mass Media", *Daedelus: Journal of the American Academy of Arts and Sciences*, vol. 88, n° 2, 1959, p. 339-348. Repris dans Marshall McLuhan, *McLuhan Unbound*, *op. cit.*, n° 18, p. 16-17 pour la citation.

21. Voici le texte intégral du message que m'a envoyé Eric McLuhan le 8 octobre 2005 : « Well, I found a reference—perhaps the first—in an item in *Explorations Eight* (October, 1957). « Item 14 » is entitled « The new art or science which the electronic/or post-mechanical age has to invent/concerns the alchemy of social change. » The ideas, though, had been developing apace in his pieces for all of the *Explorations* issues, beginning with « Culture without Literacy » in *Explorations One*. He began working on popular culture and the media as a result of his training in Practical Criticism at Cambridge. *The Mechanical Bride* is directly descended from *Culture and Environment*, by Leavis and Thompson. It is not a great leap from there to media study because P. Cr. is based on

analysis of reader and impact, and so is sensitive to changes in audience and sensibility. »

22. Une autre possibilité serait l'impact de l'invention du transistor, puis des circuits intégrés au milieu des années 1950, mais rien n'indique que McLuhan ait été en contact avec les milieux de l'électronique industriel à l'époque.

23. Il semble que Joyce ait été très tôt conscient de l'importance de l'électricité comme en témoigne notamment un passage des premiers fragments de *Finnegan's Wake* (qui date de 1923) où il se réfère au roi Roderick, comme le dernier roi « pré-électrique » (« *the last pre-electric king* »). Sur le caractère visionnaire des réflexions joyciennes sur l'électricité (et leur impact sur McLuhan), voir notamment Donald F. Theall, "Beyond The Orality/Literacy Dichotomy: James Joyce and the Pre-history of Cyberspace", *Postmodern Culture*, vol. 2, n° 3, mai 1992, [http://muse. jhu.edu/journals/postmodern_culture/v002/2.3theall.html], consulté le 17 mai 2011.

24. Le peintre, écrivain et penseur anglo-américain, Wyndham Lewis, figure centrale du Vorticisme et éditeur de la revue *Blast*, a aussi beaucoup influencé McLuhan qui a correspondu avec lui et qui l'a fréquenté pendant son exil canadien dans les années 1940.

25. Parmi les autres influences (directes ou indirectes) qui ont pu être importantes à l'époque, on compte aussi Ezra Pound, Eric Havelock, Lewis Mumford, Walter Ong (qui a été l'élève de McLuhan) ou Harrold Innis (qui était son collègue à Toronto), Edmund Carpenter, etc.

26. « Whatever may prove to be the weaknesses of Teilhard de Chardin's work, he will always have the credit of having correctly defined the major change of our age. » Marshall McLuhan, "The Humanities in the Electronic Age", *The Humanities Association Bulletin*, vol. 34, n° 1, 1961, p. 3-11 (repris dans *Marshall McLuhan Unbound, op. cit.*, cité, n° 7, p. 12).

27. L'ouvrage de Teilhard de Chardin est traduit pour la première fois en anglais en 1959, mais il n'est pas impossible que McLuhan ait eu connaissance du *Phénomène humain* dès sa parution, par l'intermédiaire notamment de ses confrères basiliens du St-Michael's College (d'autant plus qu'un de ses confrères, Arthur Gibson, traduira un autre live de Teilhard quelques années plus tard). Voici le texte original du passage de Teilhard cité par McLuhan : « On l'a déjà fait bien des fois remarquer. Par découverte, hier, du chemin de fer, de l'automobile, de l'avion, l'influence physique de chaque homme, réduite jadis à quelques kilomètres, s'étend maintenant à des centaines de lieues. Bien mieux :

grâce au prodigieux événement biologique représenté par la découverte des ondes électromagnétiques, chaque individu se trouve désormais (activement et passivement) simultanément présent à la totalité de la mer et des continents, coextensif à la Terre. » Pierre Teilhard de Chardin, *Le phénomène humain*, Paris, Seuil, 1956, p. 267-268.

28. Nous nous proposons de poursuivre les recherches sur cette question en explorant bientôt la correspondance non publiée de McLuhan déposée dans le « Marshall McLuhan fonds » (Bibliothèque et Archives Canada).

29. Hugh McDonald, "McLuhan as a Thomist—some notes", août 1999, http://www.vaxxine.com/hyoomik/philo/mcluhan-aquinas.html, consulté le 17 mai 2011. Pour une description plus complète des théories de McLuhan sur la causalité dans un monde « électrique », voir son article écrit en collaboration avec Barrington Nevitt, "The Argument: Causality in the Electric World", *Technology and Culture: Symposium*, vol. 14, n° 1, p. 1-18 (repris dans Marshall McLuhan, *McLuhan Unbound, op. cit.*)

30. « Fish don't know water exists till beached. » Marshall McLuhan, *Culture is our Business*, New York Ballantine Books, 1972[1970], p. 191. McLuhan aimait beaucoup répéter aussi l'énoncé suivant dont on lui attribue parfois la paternité : « We don't know who discovered water, but we're certain it wasn't a fish. » Dans un ouvrage intitulé *They Became What They Beheld* (New York, Outerbridge & Dienstfrey, 1970), l'ami de McLuhan, Edmund Carpenter, attribue la même expression à un ami commun, le Jésuite et spécialiste du cinéma John Culkin, mais il se peut également que l'expression ait été transmise oralement.

31. Marshall McLuhan, *The Gutenberg Galaxy: The Making of Typographic Man*, Toronto, University of Toronto Press, 1962, p. 1. Les références à cet ouvrage seront dorénavant indiquées par l'abréviation GG entre parenthèses dans le corps du texte.

32. Sur cette période faste de la vie de McLuhan, voir notamment les chapitres 9 à 11 de la biographie de Philip Marchand, *Marshall McLuhan. The Medium and the Messenger, op. cit.*, p. 171-236.

33. Marshall McLuhan, *Laws of Media: The New Science*, in collaboration with Eric McLuhan, Toronto/Buffalo, University of Toronto Press, 1988.

34. Cette extériorisation serait encore liée à une amputation : « With the arrival of electric technology, man extended, or set outside himself, a live model of the central nervous system itself. To the degree that this is so, it is a development that suggests a desperate and suicidal autoamputation, as if the central nervous system could no longer depend on the physcial organs to be protective buffers against the slings and arrows of outrageous

mechanism. It could well be that the successive mechanizations of the various physical organs since the invention of printing have made too violent and superstimulated a social experience for the central nervous system to endure. » (UM, p. 43)

35. *McLuhan: Pro and Con, op. cit.*

36. Gérald Emmanuel Stearn, *Pour ou contre McLuhan*, trad. Guy Durand et Pierre Yves Pétillon, Paris, Seuil, 1969 (traduction française de *McLuhan Hot and Cool*, London, Penguin Book, 1968).

37. Sidney Walter Finkelstein, *McLuhan, prophète ou imposteur*, Paris, MAME, 1970.

38. Edgar Allan Poe, "The Descent into the Maelstrom", publié pour la première fois dans *Graham's Magazine*, vol. XVIII, n° 5, May 1841, p. 235-241.

39. « The global village is at once as wide as the planet and as small as the little town where everybody is maliciously engaged in poking his nose into everybody else's business. [...] And it doesn't necessarily mean harmony and peace and quiet, but it does mean a huge involvement in everybody else's affairs. » Marshall McLuhan, "McLuhan on McLuhanism", WINDT Educational Broadcasting Network, 1966. Cité dans Paul Benedetti and Nancy DeHart (eds.), *On McLuhan: Forward Through the Rear View Mirror*, Cambridge, MA, MIT Press, 1997, p. 40.

40. "A Dialogue", *McLuhan: Hot and Cool, op. cit.*, p. 272. C'est moi qui souligne.

41. Citation tirée d'une entrevue télévisée réalisée en 1966. Cité dans Paul Benedetti and Nancy DeHart (eds.), *Forward through the Rearview Mirror: Reflections on and by Marshall McLuhan, op. cit.*, p. 70. C'est moi qui souligne. Sur le caractère ironique du fait que McLuhan est souvent vu comme un gourou des médias électroniques alors qu'il se méfiait énormément de ces mêmes médias, voir James C. Morrison, *Marshall McLuhan: No Prophet without Honor, op. cit.*

42. Pour ne donner qu'un exemple, on peut citer le début d'une lettre (non publiée) des années 1970 où en réponse à une lettre d'un spécialiste de la culture populaire, Marshall Fishwick, il écrit : « Dear Marshall II, I find your Thanksgiving note quite incredible. Do you really imagine that I am in favor of electric technology and happy to see the submergence of phonetic literacy in the Western world? » Lettre (non publiée) de Marshall McLuhan à Marshall Fishwick datée du 17 décembre 1975 (déposée dans le « Marshall McLuhan fonds », Bibliothèque et Archives Canada, MG 31, D 156, vol. 23, fichier 81), transcrite à partir de l'original par Andrew

Chrystall dans un message du 29 juin 2005 adressé à la liste de diffusion électronique MCLUHAN-L.

43.   Marshall McLuhan, « L'Église de demain », *Autre homme, autre chrétien à l'âge électronique, demain* », en collaboration avec Pierre Babin, 4ᵉ conversation avec Pierre Babin, Lyon, Éditions du Chalet, 1977, p. 172.

44.   *Idem.*

45.   En ce qui concerne l'opposition entre ces deux « forces tribales » que sont les médias électroniques et l'Église catholique, McLuhan paraît d'ailleurs tout aussi explicite : « A state of civil war exists – or will soon exist – between the Catholic Church and the forces of the electric media. There is no ground for the coexistence of these two tribal forces. » Marshall McLuhan, note manuscrite tiré du fonds McLuhan, transcrite par Andrew Chrystall dans un courriel adressé à la liste de diffusion MCLUHAN-L (29 mai 2006).

46.   Derrick de Kerckhove, « Introduction », dans Marshall McLuhan, *D'œil à oreille*, trad. Derrick de Kerckhove, Montréal, Éditions Hurtubise HMH, 1977, p. 9-22.

47.   Cité par Wallace Turner dans "Understand M'Luhan (sic) by Him", *The New York Times*, November 22, 1966, p. 43.

48.   *Idem.*

49.   McLuhan emploie aussi des procédés comme la satire (et tout particulièrement la satire ménippéenne) : « I have no theories whatever about anything. I make observations by way of discovering contours, lines of force, and pressures. I satirize at all times, and my hyperboles are as nothing compared to the events to which they refer. » Cité par Gary Wolf, "The Wisdom of Saint Marshall, the Holy Fool", *op. cit.*, p. 124-125. Sur l'importance de la tradition de la satire ménippéenne pour Joyce (et donc pour McLuhan), voir Eric McLuhan, *The Role of Thunder in Finnegans Wake*, Toronto, University of Toronto Press, 1997.

50.   Derrick de Kerckhove, « Introduction », *D'œil à oreille*, *op. cit.*, p. 19.

51.   *Ibid.*, p. 20-21.

52.   Selon Pierre Séguin, l'œuvre de McLuhan « mime le langage de l'homme électrique ». *Marshall McLuhan, le fou du village planétaire : lectures religiologique et théologique*, t. 2, Thèse de doctorat, Université de Montréal, 1979, p. 301.

53.   Les plus connus de ces ouvrages, mêlant texte et image, design graphique et parfois même accompagnements audio, sont : *The Medium is the Massage: An Inventory of Effects*, in collaboration with Quentin Fiore and Jerome Agel, New York, Bantam Books, 1967; *War and Peace in the Global*

Village, in collaboration with Quentin Fiore et Jerome Agel, New York, Bantam Books, 1968; *Counterblast*, in collaboration with Harley Parker, New York, Harcourt Brace & World, 1969; *From Cliché to Archetype*, in collaboration with Wilfred Watson, New York, Viking, 1970 et *Take Today: The Executive as Dropout*, in collaboration with Barrington Nevitt, New York, Harcourt Brace Jovanovich, 1972.

54. Stephanie McLuhan (Director), *Marshall McLuhan: the man and his message* [Enregistrement vidéo], narration Tom Wolfe, Magic Lantern Communications, 1984.

55. C'est ainsi aussi que le décrit Robert Escarpit : « lui-même était un homme de livre avant tout. C'était un littéraire, infiniment plus que moi. » Jean Devèze et Anne-Marie Laulan, *Une interview de Robert Escarpit*, Paris, Société française des sciences de l'information, 1992 (www.cetec-info.org/jlmichel/textes.escarpit.92.html).

56. « *Understanding Media* was deliberately titled in order to place it beside [Cleanth] Brooks' and [Austin] Warren's *Understanding Poetry*, a key text in introducing Practical Criticism to these shores. » Eric McLuhan, dans un message envoyé à la liste de diffusion électronique « Media Ecology » (MEA) le 19 novembre 1999. Cité par James C. Morrison, *Marshall McLuhan: No Prophet without Honor, op. cit.*

57. On pourrait citer à ce titre le travail de Donald Theall (*James Joyce's Techno-Poetics*, Toronto, University of Toronto Press, 1997) ou d'Eric McLuhan (*The Role of Thunder in Finnegan's Wake, op. cit.*). Il existe même un Marshall McLuhan/Finnegans Wake Reading Club qui se réunit chaque semaine depuis dix ans en Californie (www.jesgrew.org/wake).

58. Marshall McLuhan, "Interview", *Œil et oreille, op. cit.*, p. 75.

59. Pierre Séguin, *Marshall McLuhan, le fou du village planétaire…, op. cit.*, p. 294.

60. C'est là le sous-titre de la biographie récente de Judith Fitzgerald, *Marshall McLuhan: Wise Guy*, Montreal, XYZ Publishing, 2001.

61. On lui attribue en effet cet énoncé caractéristique : « I may be wrong, but I'm never in doubt. »

62. La blague de Groucho Marx concernait plutôt les *principes* : « Those are my principles. If you don't like them I have others. »

63. « What? You think my fallacy is all wrong? » L'utilisation la plus connue de cette réplique de McLuhan se trouve dans un film de Woody Allen (*Annie Hall*).

Bibliographie

Benedetti, Paul and Nancy DeHart (eds.), *On McLuhan: Forward Through the Rear View Mirror*, Cambridge, MA, MIT Press, 1997.

Carpenter, Edmund, *They Became What They Beheld*, New York, Outerbridge & Dienstfrey, 1970.

Devèze, Jean et Anne-Marie Laulan, *Une interview de Robert Escarpit*, Paris, Société française des sciences de l'information, 1992, www.cetec-info.org/jlmichel/textes.escarpit.92.html.

Finkelstein, Sidney Walter, *McLuhan, prophète ou imposteur*, Paris, MAME, 1970.

Fitzgerald, Judith, *Marshall McLuhan: Wise Guy*, Montreal, XYZ, 2001.

Howard, Jane, "Oracle of the Electric Age", *Life Magazine*, February 25, 1966, p. 91-99.

Kerckhove, Derrick de, « Introduction », dans Marshall McLuhan, *D'œil à oreille*, trad. Derrick de Kerckhove, Montréal, Éditions Hurtubise HMH, 1977, p. 9-22.

Marchand, Philip, *Marshall McLuhan. The Medium and the Messenger*, Toronto, Random House, 1989, p. 44-49.

McDonald, Hugh, "McLuhan as a Thomist—some notes", *Home Page of Hugh McDonald*, August 1999, www.vaxxine.com/hyoomik/philo/mcluhan-aquinas.html.

McLuhan, Eric, *The Role of Thunder in Finnegans Wake*, Toronto, University of Toronto Press, 1997.

McLuhan, Marshall, *The Mechanical Bride: Folklore of Industrial Man*, New York, The Vanguard Press, 1951.

McLuhan, Marshall, "Radio and Television vs. the ABCDE-Minded: Radio and T.V. in *Finnegan's Wake*", *Explorations*, n° 5, 1955, p. 12-18.

McLuhan, Marshall, "The Media Fit the Battle of Jericho", *Explorations*, n° 6, 1956, p. 15-21.

McLuhan, Marshall, "Our New Electronic Culture: The Role of Mass Communications in Meeting Today's Problems", *National Association of Educational Broadcasters Journal*, October 1958, p. 19-20, 24-26.

McLuhan, Marshall, "The Electronic Revolution in North America", *International Literary Annual*, n° 1, ed. John Wain, 1958, p. 165-169.

McLuhan, Marshall, "Myth and Mass Media", *Daedelus: Journal of the American Academy of Arts and Sciences*, vol. 88, n° 2, 1959, p. 339-348.

McLuhan, Marshall, "The Humanities in the Electronic Age", *The Humanities Association Bulletin*, vol. 34, n° 1, 1961, p. 3-11.

McLuhan, Marshall, *The Gutenberg Galaxy: The Making of Typographic Man*, Toronto, University of Toronto Press, 1962.

McLuhan, Marshall, *The Medium is the Massage: An Inventory of Effects*, in collaboration with Quentin Fiore and Jerome Agel, New York, Bantam Books, 1967.

McLuhan, Marshall, *War and Peace in the Global Village*, in collaboration with Quentin Fiore and Jerome Agel, New York, Bantam Books, 1968.

McLuhan, Marshall, *The Interior Landscape: The Literary Criticism of Marshall McLuhan 1943-1962*, New York, McGraw Hill, 1969.

McLuhan, Marshall, *From Cliché to Archetype*, in collaboration with Wilfred Watson, New York, Viking, 1970.

McLuhan, Marshall, *Culture is our Business*, New York, Ballantine Books, 1972[1970].

McLuhan, Marshall, *Take Today: The Executive as Dropout*, in collaboration with Barrington Nevitt, New York, Harcourt Brace Jovanovich, 1972.

McLuhan, Marshall, "The Argument: Causality in the Electric World", in collaboration with Barrington Nevitt, *Technology and Culture: Symposium*, vol. 14, n° 1, 1973, p. 1-18.

McLuhan, Marshall, "To Marshall Fishwick", unpublished correspondence, December 17, 1975, *Marshall McLuhan fonds*, Library and Archives Canada, MG 31, D 156, vol. 23, file 81.

McLuhan, Marshall, *Autre homme, autre chrétien à l'âge électronique*, en collaboration avec Pierre Babin, Lyon, Éditions du Chalet, 1977.

McLuhan, Marshall, *Laws of Media: The New Science*, in collaboration with Eric McLuhan, Toronto/Buffalo, University of Toronto Press, 1988.

McLuhan, Marshall, *Understanding Media: The Extensions of Man*, W. Terrence Gordon Ed., Corte Madera, CA, Gingko Press, 2003[1964].

McLuhan, Marshall, *McLuhan Unbound*, Eric McLuhan and W. Terrence Gordon Eds., Corte Madera, CA, Gingko Press, 2005.

McLuhan, Marshall, *The Classical Trivium: The Place of Thomas Nashe in the Learning of His Time*, Thèse de doctorat, Cambridge University [1943], Corte Madera, CA, Gingko Press, 2005.

Morrison, James C., "Marshall McLuhan: No Prophet without Honor", Chapter 2 in Saleem H. Ali and Robert Barsky (eds.), *Beyond the Ivory Tower. Public Intellectuals, Academia*, www.mit.edu/~saleem/ivory/ch2.htm.

Poe, Edgar Allan, "The Descent into the Maelstrom", *Graham's Magazine*, vol. 18, n° 5, May 1841, p. 235-241.

Robertson, Roland, "Glocalization: Time-Space and Homogeneity-Heterogeneity », in Mike Featherstone, Scott Lash and Roland Robertson (eds.), *Global Modernities. From Modernism to Hypermodernism and Beyond*, London, Sage Publications, Theory, Culture & Society Book Series, 1995.

Rosenthal, Raymond (ed.), *McLuhan: Pro and Con*, New York, Penguin, 1968.

Séguin, Pierre, *Marshall McLuhan, le fou du village planétaire : lectures religiologique et théologique*, t. 2, Thèse de doctorat, Université de Montréal, 1979.

Stearn, Gérald Emmanuel, (ed.), *McLuhan Hot and Cool*, London, Penguin Book, 1968.

Stearn, Gérald Emmanuel, *Pour ou contre McLuhan*, trad. Guy Durand et Pierre Yves Pétillon, Paris, Seuil, 1969.

Teilhard de Chardin, Pierre, *Le phénomène humain*, Paris, Seuil, 1956.

Theall, Donald F., "Beyond The Orality/Literacy Dichotomy: James Joyce and the Pre-history of Cyberspace", *Postmodern Culture*, vol. 2, n° 3, May 1992. http://muse.jhu.edu/journals/postmodern_culture/v002/2.3theall.html

Theall, Donald F., *James Joyce's Techno-Poetics*, Toronto, University of Toronto Press, 1997.

Turner, Wallace, "Understand M'Luhan (sic) by Him", *The New York Times*, November 22, 1966, p.43.

Wolf, Gary, "The Wisdom of Saint Marshall, the Holy Fool »", *Wired*, 4.01, January 1996, p. 122-127, www.wired.com/wired/archive//4.01/saint.marshal.html?person=marshall_mcluhan&topic_set=wiredpeople.

Young, Dudley, "Are the Days of McLuhanacy Numbered?", *Review of McLuhan: Pro and Con, New York Times*, September 8, 1968, p. BR3.

FILMOGRAPHIE

McLuhan, Stephanie (Director), *Marshall McLuhan: the man and his message* [Enregistrement vidéo], narration Tom Wolfe, Magic Lantern Communications, 1984.

From a Post-Edison Time Machine to New Media Histories: Speculative Drawings, Uchronic Spaces of Graphic Propositions, and Time Travel[1]

David Tomas

Major western vehicles of transportation and communication, whether animal based (horse-drawn carriage) or mechanized (locomotive, automobile, airplane), are forward looking in the sense that the linkages and bridges they forge through space and time are oriented towards the future. An early 18th-century handbill crystallizes this logic, showing us how transportation systems impose order and direction on space and time by articulating a place of departure (Black Swan, Holbourn, London) with an arrival point (Black Swan, Coney Street, York). The articulation is governed by a timetable composed of Monday, Wednesday, Friday, a 5 a.m. departure time, and a journey of four days. This timetable is a compact expression of the spatio-temporal logic and the grid of transportation that controls the movement of human bodies according to set stages (London/York, Stamford, and Huntington). As the reference to a Newcastle Stage Coach journey suggests, although movement is temporally bound when measured against a precise point of departure, compass orientation is relative.

The logic of directionality that governs a human body's movement between points of departure and arrival, which exists even if the body is replaced with encoded proxies (telephonic transmission and photographic reproduction), is based on the articulation of present and future. The linkage transforms the future into a present as one arrives at one's destination, at which time the future/present is instantaneously altered into a past as one passes through a precise physical or mental threshold, most often manifested in the exit from the vehicle or means of transportation. The articulation of present/future operates through a negation (or collapse) of the concrete presence of local (geographic) space, a condition triggered when the body is propelled through space by way of various systems of mechanical or electronic transportation at speeds that effectively separate it from the influence of local environments. The most efficient manifestation and expression of this negation of local presence is achieved through high-speed transportation in enclosed moving vehicles (railway carriage, airplane passenger cabin, automobile). In contrast to the negation of a local presence, these vehicles often preserve a suspended, liminal version of the present in an isolated compartment or otherwise encoded form. This future oriented spatio-temporal logic applies to the transportation technologies we are most familiar with—such as the locomotive, airplane, or automobile—which operate between points of departure and arrival on the basis of complex pre-existing geospatial grids (roads, railway system, flight routes) and timetables. The logic also applies to imaging systems that produce relatively stable representations (photography, cinematography) that can voyage in multidirectional and non-linear ways through space and time. These systems remind us that some modes of transportation and communication are not necessarily bound to the earth in the same ways that a railway locomotive and its carriages are, or an airplane is, through the imposition of a pre-established flight plan and path. They point to the fact that the dominant temporal/ spatial effects of transportation media and practices can be distorted by one's position as producer or subject/voyager, or spectator/bystander.

Other future oriented technologies of transportation/communication (such as the telephone or the computer) and associated systems of mass communication (the Internet) electronically transmit various forms of encoded visual/textual information in place of substantial bodies. In these cases, the timeframe is subtler and tighter as the linkages between present and future are forged at the speed of the electronic transmission of information. In order to break this logic's stranglehold on our spatial practices, or the operations of our imaginations, the West has invented a category of machine that allows us to travel, figuratively and metaphorically, forwards and backwards in time in ways considered materially/ technologically impossible. These machines exist in hypothetical form in special kinds of imaginary spaces of the kind that are produced by literary or cinematographic processes of production. Alternatively, one finds them sometimes described within a discipline like theoretical physics, where they also exist in an imaginary form.[2] However, in contrast to other modes of transportation, time machines can only exist suspended in an imaginary space between the worlds of speculative representation and theory. However, under certain well-defined conditions, these virtual cultural artefacts of the imagination can sometimes take surprising forms at the threshold of the intangible and the concrete. Under these circumstances, they are able to emerge from the world of the imagination to claim a unique position alongside existing modes of transportation/ communication.

In this essay I will discuss the relationship between speculative drawings, time travel, and the history of electricity. A sketch by Thomas Edison will serve as an example of how one might reinvent the history of media on the basis of a sketch's creative potential and its ability to serve as a matrix of ideas that can be traced beyond an initial set of graphic parameters. I will focus on the matrix's special nature, in particular its ability to serve as the generator of a new range of historical propositions, as opposed to a sketch that simply serves as a stepping stone in the process of understanding the historical understanding of a particular invention or event.

Speculative Drawings and Their Matrix of Possibilities

In an important 1987 study, "Words, Images, Artifacts, and Sound: Documents for the History Of Technology," Reese V. Jenkins discusses the importance of visual documentation for the historian. His primary focus is on Thomas Edison's development of the phonograph, because of its significance in helping us understand the creative process in techno-logical innovation. His study also illustrates the fundamental role of drawing in the invention and development of mass-produced information and communications technologies.

For Jenkins, the peculiarity of design drawings resides in their capacity to function as "the documentary equivalents of verbal notes and drafts for literature or philosophy" (Jenkins 1987, 48). In this sense they represent various stages in an idea's visual evolution, in which its plasticity is subject to the mind's manipulation as it searches for an eventual solution to a specific problem, possibility, or set of possibilities.

Whether considered in terms of broad cultural goals or serendipitous adventures, the novelty of these types of drawings is to be found in the relationships to the objects and processes they depict. Instead of functioning as illustrations of pre-existing things (although they can include prefabricated elements), these drawings register possibilities that are tracked and rendered visible through a process of graphic exploration. Each process of exploration is an extended perceptual frame, the shape of an idea that evolves not only *through* space and time but also as a function of space and time.

Scientific representations and engineering drawings are a rich source of these possibilities because of their basic roles in crafting the models of reality that govern our understanding of the world and the fundamental tasks that they accomplish during the conceptualization and construction of the technical objects and machines that populate and animate our world. Their existence suggests that modern existence might extend in important and unacknowledged ways beyond the objects and processes that are associated with new scientific discoveries and technologies that serve as the building blocks for our societies or media for our histories and memories.[3] They can extend beyond such concrete, visible manifestations of intellectual and material progress in a subterranean sense: through the stratification of obscure, often esoteric graphic representations that have served for the development of each scientific and technical process and object, whether they are located in sophisticated laboratories or in the mundane spaces of everyday existence (Latour 1990, 52–60).

Leading imaging systems also serve as transportation and communications technologies through their ability to convey their subjects through space and time in various chemical or electromagnetic forms. The technologies and processes implicated in analogue and digital photography and cinematography exist in many forms insofar as their origins can be traced back to technical drawings and initial sketches. Thus the visual worlds they produce float on deposits of graphic activity, a subterranean world of representation that preserves the traces of the mind's transportation along the trails of evolving ideas.

Jenkins has pointed to the existence of this type of sedimentation and to the ideational matrix that serves as a common source of inspiration for the development of a group of important transportation and communications technologies devoted to transmission, storage, and retrieval of information: the telegraph, phonograph, and kinetoscope. He notes that Edison's early work on the phonograph and kinetoscope reveal a common formal and ideational repertoire of technological references. For example, after he filed for a patent in mid-December 1877, Edison worked through the summer of 1878 exploring three different solutions to the storage and retrieval of sound. The first consisted of the storage of acoustic information on waxed paper or tinfoil media that was placed on rotating cylinders or drums. The second involved revolving discs composed of foil or wax paper. The third solution was based on paper ribbon, similar to stock ticker tape, that could serve for the transfer of impressions either onto its surface or edge (Jenkins 1987, 48). A series of notes on scraps of paper record these explorations. One dated December 3, 1877, illustrates all three.

Jenkins recognizes that these "drawings are the basic evidence of the design ideas and their evolution in the Edison laboratory" (1987, 48). Although the design was finally narrowed down to the cylinder, because it "had the advantage of better control of speed and tracking," Jenkins observes that "Edison ... demonstrated a persistent pattern of preference for the cylinder form throughout his creative corpus." He notes that "some of his cylinder phonograph drawings reveal a form parallel to a lathe—a commonplace form in Edison's shop environment" (1987, 48). Jenkins catalogues a similar visual repertoire in the case of the kinetoscope that includes formal correspondences and visual analogies that link telegraphy and stock printers with phonography and early cinematography (1987, 50–55). He concludes the discussion with the following observations:

> As historians penetrate into the earliest visual and verbal documentation of Edison's designs and observe their evolution, they become increasingly aware of the social, cultural, personal and technical considerations that inform the evolution of design and shape the resulting commercial product. Furthermore, they are reminded that to understand the creative process and the factors shaping design, they must examine failures and so-called "wrong directions." As one watches a film today, who would imagine that Edison's original conception derived from the cylinder phonograph? (1987, 55)

This latter comment brings us back to a sketch's creative potential, its graphic zones of possibilities, and its ability to serve as a matrix of ideas.

Although Jenkins is not concerned with the creative implications of his discussion beyond pointing to the richness and pertinence of visual and even acoustic documentation for the historian of technology, his discussion suggests that there are other ways of exploring and using the graphic elements and debris that are stockpiled within the foundations of science and technology. His discussion points, in particular, to some new ways of reinventing history for non- or transdisciplinary objectives. In these cases, existing sketches could serve as platforms for the development of a new range of visual propositions, as opposed to simply serving as stepping stones in a process of deepening one's historical understanding of a particular invention or event.

The telegraph, phonograph, and cinematograph were perceived as powerful new extensions of the human senses. It is no surprise, therefore, that Edison should have introduced the first motion picture caveat (October 8, 1888) with the following statement: "I am experimenting upon an instrument which does for the Eye what the phonograph does for the Ear" (quoted in Jenkins 1987, 52). However, the analogy is anticipated in Edison's laboratory sketches, where, in Jenkins's words, "the micro-images are [deployed] in a spiral [on a rotating drum] just like the grooves on the cylinder phonograph. Although Edison does not make it explicit, the eyepiece is a visual stylus for the kinetoscope." But there is more: the "motors on the shutter mechanism reflect the dual electromagnet form from telegraph sounders, relays, his printing telegraphs and his electric pen" (1987, 52).

The repertoire that Jenkins uncovers is part of a matrix in which the human senses are articulated, *differentially* and *transversally* transformed into ideas that operate in anticipation of, and eventually in parallel with, the technologies of transportation and communications that they eventually engendered. Thus Edison's December 3, 1877 diagram consists of a complex of sketches, the *graphic* impressions of "elementary" ideas that have taken a material/spatial form. But they are also a basic repertoire or matrix of elementary ideas and forms that *bridge* and link technologies. These basic patterns are significant because they unite potential, hypothetical, and existing technologies together in a more complex pattern that would extend to other sketches that harbour related elements. They are also important because they can be used, at a later date, to mine the sedimentation of representations that are at the foundation of actual artefacts and thus provide ways of reinventing them on the basis of a different pattern of ideas that exist in a common matrix.

Toward a New Media History

Instead of investigating the various characteristics of a given technology's primary communications channel (the photographic, cinematographic, televisual, or videographic image), one could focus on the pattern of ideas that articulates its material components in ways both seen and unseen. One could explore a pattern like an unconventional archaeologist, who would be interested only in tracing spatial and temporal relationships situated in a sedimentation of historical data. This archaeologist's sole interest would be in exposing arbitrary narratives that would emerge as a consequence of this exploration. The archaeologist might be bold enough to couple two-dimensional patterns together in order to create novel three-dimensional propositions. The conventional idea of a new technology would be undermined and basically transformed by this archaeological activity. Nonlinear and transdimensional methods of association would replace the linear temporal sequences that nourish an evolutionary commodity-based model of history. Since this model sustains the idea that new technological forms create privileged sites for previously unexperienced sensory activity, this belief would also be undermined through a displacement in point of view and the creation of networks and patterns that bridge space and time through idiosyncratic pathways. The networks could plot out parallel histories, and the patterns could serve as propositions for uchronic technologies. From this viewpoint, Edison's December 3, 1877 sketch would serve as an important portal to alternative histories of the phonograph, telegraph, stock printer, and the cinematograph, as well as previously unimagined hybrid technologies.

To approach historical documents in this way would amount to a reinvention of media history, since an ephemeral product such as a sketch could be treated as a hub of interfaces: a matrix of technological propositions in the form of graphic ideas that spread out in space and time as they are used in different sketches; an intersystem of secondary

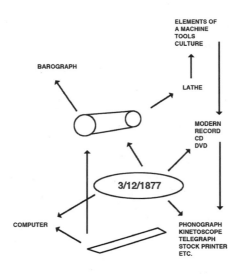

proposals that might function as primary propositions in other contexts/ times/spaces.

Edison's sketch is not just a surface that supports traces of images and handwriting; it is a *common* place that promotes comparison and exchange between complementary visual propositions. This context generates a much wider vision (that of the repertoire), in which the propositions are united together in terms of their similarities (the design of a phonograph), while their differences (cylinder, disk, and tape) lead elsewhere. The three sketches are also composed of interfaces (phonograph, cylinder, disk, and tape, stylus, waxed paper, tinfoil, paper tape, etc.) that lead to a general repertoire that was consolidated and exploited by one man, and beyond this use to a rich and volatile culture of ideas that can be explored and reactivated. This repertoire can function as an interface between an existing history and the parallel uchronic spaces of graphic propositions, the elements for other media histories.

Jenkins's examples are focused on isolated technologies in order to open them up to multiple technological and sensory origins. However, the consequences of his argument are richer and more inventive, because they lead to plural views of the nature of technological design and innovation. By treating historical artefacts in transversal and often

PAST

PRESENT

deviant and anti-disciplinary terms, one opens them up to other historical possibilities that are not necessarily governed by a unilateral teleology of progress that places the new in the forefront of human experience. Another consequence of his argument is that we cannot view and measure a technology's historical position and value through a simplistic and essentialist lens of the "new." A "new" technology is never entirely or essentially "new"; it is almost always a different and sometimes radical configuration of old and existing elements. Progress is therefore never completely future oriented, nor are its technological or scientific viewpoints always forward looking. As Jenkins suggests in Edison's case, innovation is rooted in an archive of ideas, preconceptions, influences, and predispositions. It is also subject to the dictates of an existing culture and its social and economic forces.

Innovation is the complex product of a fusion of pre-existing elements or references and original ones, old and new analogies. Technological innovation is therefore more accurately portrayed in terms of a concrete manifestation of a conjunction of ideas that otherwise circulate in a culture and its various subcultures in the present but also in relation to a past as virtual, parallel, uchronic futures. Ideas can coalesce into many forms through the movement of a pen or pencil, and they can be oriented in many directions at once. The choice of one direction over another is subject to many dictates and pressures, including simple curiosity and a historically tuned imagination.

We have an unfortunate predisposition to treat innovation predominantly in terms of a concept of the new that is tied to the future. This leads us to conceive of its manifestation in purely material terms and as the end *product* of research and development. Jenkins and sociologists like Bruno Latour (1988, 1990) and Michael Lynch (1985, 1990) suggest, on the contrary, that innovation can take many different forms and can be registered in different ways. If they have pointed to the critical importance of taking account of visual data, of a notion of "visual-spatial thinking" (Jenkins 1987, 55) in artefact design and construction as well as in processes of scientific and technical experimentation, then the new must also be spatialized in similar visual and conceptual terms along the sinews of ideas that hold things together in complex matrices that extend beyond the confines of individual artefacts.

Latour's, Lynch's, and Jenkins' arguments and examples suggest that there are other ways of conceiving instruments and technologies than those most often associated with a culture of progress and its novel products. Jenkins, for example, briefly mentions the defamiliarizing effects of listening to tinfoil recordings on replicas of Edison's cylinder phonographs (1987, 55). This is one novel effect of temporal and spatial relocation. But there are other more radical consequences when one begins to transpose technical propositions from various points in space/time with the objective of consolidating them at another point.

Uchronic Media Practices

A uchronic history of media would begin with sketches like the one produced by Edison on December 3, 1877. Insofar as these sketches describe non-existent technologies—non-existent, that is, in the sense

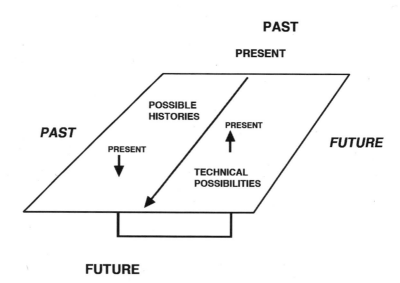

that they have never existed—one could construct parallel or uchronic instruments of transportation/communication on their basis. These technologies would have unique relationships to the past and future, since they represent a set of possibilities that have and have not been superseded by newer or radically different ones. They would therefore function as chronotopic narratives in Mikhail Bakhtin's sense of representing a context where "time" has thickened, where it has taken "on flesh," to become "visible," and where "space" has become "charged and responsive to the movements of time and history" (Bakhtin 1982, 84). Although Bakhtin's definition of the chronotope was conceived in relation to the novel, it can also apply to the kinds of network of ideas that are associated with Edison's December 3 drawing, since their chronotopic status would be a function of the network of ideas that they represent and the technological narratives they are able to generate. Insofar as a network serves as a medium for the movement of ideas between different technologies, it too serves as a transportation and communications system for the mind's movement from one location in space and time to another. This movement creates the possibility of unique historical/technological narratives along the axes of ideas and in the shape of unexpected propositions and objects.

A Chronotope of Space/Time Technical/ Cultural Possibilities

• NOTE COMPLEX SPACE/TIME MATRIX

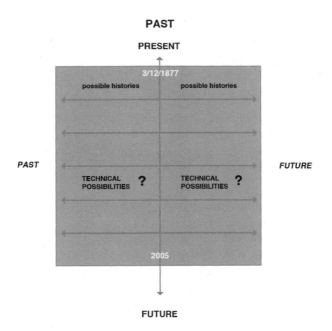

Computing technologies can now produce an environment in which a complex matrix, such as the one that is partially revealed in Edison's December 3, 1877 sketch, can be mapped in detail in relation to other sketches produced by Edison, his contemporaries, and his successors. Once rendered visible, the matrix could serve as a point of departure for alternative ways of constructing and using technology, and therefore for other possible worlds. In this sense, the matrix would function as an electronically powered meta-chronotope.[4] Edison's sketch would serve as a portal in this matrix. A mind could access this matrix through this portal, and it could travel through the space/time matrix of the history and possibilities of electricity to emerge in different locations as defined by alternative solutions to a range of problems. Insofar as these solutions are defined by pre-exisiting historical data, they map uchronic worlds in terms of the possibilities of a post-Edison time machine.

Speculations concerning the nature and technologies of time travel have been confined to the world of science fiction or advanced physics. Edison's sketch and similar visual propositions embody a different model for time travel, one that is post-historical and uchronic in nature. One can even imagine, under purely graphic circumstances, that it would be post-technological in nature.

Notes

1. This essay extends some ideas, on the basis of the same references, that were originally presented in Chapter 7 of my book, *Beyond the Image Machine: A History of Visual Technologies* (London: Continuum, 2004).

2. See, for example, Frank J. Tipler, "Rotating Cylinders and the Possibility of Global Causality Violation," *Physical Review D* 9 (1974): 2203–2206. This example is particularly interesting in the context of the following discussion of Edison's use of cylinders or drums in connection with the development of the phonograph and kinetoscope because it involves a spinning cylinder.

3. See also my comments on the mechanical drawings associated with Charles Babbage's 19th-century calculating engines in Chapter 4 of *Beyond the Image Machine: A History of Visual Technologies*.

4. I use the term "electronically powered" in a self-reflexive sense: The computer is the product of an electrical culture, an instrument for this culture's propagation and evolution, and also a means of exploring its historical and post-historical or uchronic possibilities.

Bibliography

Bakhtin, Mikhail. (1982). "Forms of Time and of the Chronotope in the Novel." In Michael Holquist, ed., *The Dialogic Imagination: Four Essays by M. M. Bakhtin*. Austin: University of Austin Press, 84–258.

Jenkins, R. (1984). "Elements of Style: Continuities in Edison's Thinking." *Annals of the New York Academy of Sciences* 424, 149–162.

Jenkins, R. (1987). "Words, Images, Artifacts, and Sound: Documents for the History of Technology." *British Journal for the History of Science* 20, 39–56.

Latour, B. (1988). "Opening One Eye while Closing the Other … A Note on Some … Religious Paintings." In G. Fyfe and J. Law, *Picturing Power: Visual Depiction and Social Relations.* London and New York: Routledge, 15–38.

Latour, B. (1990). "Drawing Things Together." In M. Lynch and S. Woolgar, *Representation in Scientific Practice*, Cambridge: MIT Press, 19–68.

Lynch, M. (1985). "Discipline and the Material Form of Images: An Analysis of Scientific Visibility." *Social Studies of Science* 15, 37–66.

Lynch, M. (1990). "The Externalized Retina: Selection and Mathematization in the Visual Documentation of Objects in the Life Sciences." In M. Lynch and S. Woolgar, *Representation in Scientific Practice.* Cambridge: MIT Press, 153–186.

Tomas, David. (2004). *Beyond the Image Machine: A History of Visual Technologies.* London: Continuum.

Le corps électrique

—ᴕᴕᴕ—

The Electric Body

« L'Idéal électrique ». Cinéma, électricité et automate dans *L'Ève future* de Villiers de l'Isle-Adam

—◦◦◦—

Jean-Pierre Sirois-Trahan

Je pense que tout le monde devrait être une machine.
Andy Warhol, *Entretiens 1962/1987*

Conçu vers 1877, publié en feuilleton en 1881 et en 1885, rassemblé dans une édition définitive en 1886, le roman[1] de Villiers de l'Isle-Adam nous intéresse en ce qu'il préfigure non seulement le dispositif cinématographique, chose entendue, mais également, ce qui nous paraît plus important, l'horizon d'attente à l'aune duquel on accueillera le cinéma naissant. Résumons l'intrigue. Un jeune aristocrate anglais, Lord Ewald, veut se suicider, amoureux déçu de Miss Alicia Clary, une comédienne d'une extrême beauté mais qui a le défaut rédhibitoire d'être d'une égale sottise. Voulant sauver son ami, le « grand électricien » Edison (p. 789)[2] lui construit un *andréide* (néologisme désignant un automate androïde dernier cri) qu'il nomme Miss Hadaly (« idéal » en iranien selon l'auteur), à la parfaite ressemblance de la jeune femme, essayant de convaincre le jeune Lord d'élire en son cœur ce simulacre. Hadaly est une illusion de la vie, une « électro-humaine » (p. 877), sorte d'« Idéal électrique » (p. 977) qui fonctionne grâce à l'électricité, considérée comme l'âme de l'univers, et plus mystérieusement, grâce à la suggestion et au spiritisme (liés au fluide nerveux du magnétisme animal).

L'électricité et le mouvement, synonymes de vie, viennent conjurer la mort pour donner l'immortalité à l'image du désir. Si le corps de cette femme artificielle s'anime grâce aux concours de la science électrique, son âme, elle, sera mue par un esprit, Sowana, dont le pouvoir médiumnique sur le corps électrique est de « s'y incorporer elle-même et [de] l'animer de son état "surnaturel" » (p. 1006). L'âme commande, en quelque sorte, au dispositif corporel de la machine, par l'induction nerveuse de l'électricité : il y a une sorte d'identité de substance entre ce fluide mystérieux et l'âme qui communique avec le monde des esprits. Sowana, dont on apprendra à la toute fin l'origine mystérieuse – il s'agit de l'esprit médiumnique d'une comateuse, Mistress Anderson –, ne s'incarnera définitivement dans Hadaly qu'à la seule condition que le jeune homme veuille bien l'élire, la science n'étant pas suffisante pour assurer l'*illusion*.

Le positivisme énigmatique et la Fée Électricité

Les années pendant lesquelles le roman s'ébauche voient l'avènement d'une véritable *électromania*[3]. L'électricité s'introduit peu à peu dans la vie quotidienne (aux États-Unis plus rapidement qu'en France) et s'apprête à supplanter le gaz et la vapeur comme principale forme d'énergie domestique, précipitant de nombreux changements sociaux au gré des « nouveautés » électriques. Les expositions internationales, comme celle de Paris en 1889, permettent à Thomas Edison et à l'électricité d'obtenir un franc succès. Cet engouement culmina lors de l'Exposition universelle de Paris en 1900 où les inventions électriques triomphèrent grâce au Palais de l'Électricité, sur la façade duquel se dressait, lumineuse, une statue de la Fée Électricité éclairant le monde, allégorie étonnamment proche de la statue de la Liberté éclairant le monde d'Auguste Bartholdi (1886). L'énergie électrique est vue comme une force magique, occulte, sinon dangereuse, aux pouvoirs encore non maîtrisés, mais aux potentialités de progrès encore insoupçonnées pour l'humanité.

À cet égard, il est difficile de réaliser aujourd'hui que, pour les savants de l'époque, si l'électricité était un fluide que l'on apprenait peu à peu à manier, la sortant des cabinets de curiosité pour l'atteler à des tâches quotidiennes, on ne l'avait encore aucunement définie ni expliquée vraiment. Ce mystère de l'électricité s'aggravait dans la population qui ne pouvait que s'émerveiller devant les prodiges de la Fée qui confinaient au fantastique. *L'Ève future* rend bien ce mélange de scientisme utopique et de merveilleux (p. 877) :

> — Vous avez un genre de positivisme à faire pâlir l'imaginaire des *Mille et une nuits* ! s'écria Lord Ewald.
> — Mais, aussi, quelle Schéhérazade que l'Électricité ! répondit Edison.
> — L'Électricité, milord ! On ignore, dans le monde élégant, les pas imperceptibles et tout-puissants qu'elle fait chaque jour. Songez donc ! Bientôt, grâce à elle, plus d'autocraties, de canons, de monitors, de dynamites ni d'armées !

Alors qu'aujourd'hui l'électricité est déchargée de ses résonances magiques et rejoint les inventions usuelles de la technique moderne, à la fin du XIXᵉ siècle elle n'était pas encore atteinte par le désenchantement du monde induit par la science. Les scientifiques eux-mêmes mélangeaient parfois allègrement l'occultisme et le positivisme le plus strict. Dans *Le Temps d'un regard*, François Jost a montré que des savants réputés et des professeurs de la Sorbonne pratiquaient, au tournant du vingtième siècle, des expériences sur la photographie spirite et transcendantale permettant de *clicher* l'invisible[4], courant de pensée dont Villiers n'était certes pas éloigné. On peut recenser nombre de chercheurs (scientifiques ou savants bidouilleurs) qui s'intéressaient à l'électricité et s'adonnaient également aux sciences occultes ainsi qu'à la suggestion – phénomène hypnotique causé, croyait-on, par le magnétisme animal. Villiers cite d'ailleurs William Crookes, découvreur des rayons cathodiques (l'état radiant) et penseur du spiritisme (p. 843). Ennemi farouche du Progrès bourgeois et du scientisme, tout comme son maître Baudelaire, Villiers est plus enthousiaste quand il pressent que la Science touche au Sacré et aux Mystères insondables. Il n'est pas douteux que Villiers s'alimentait à toutes ces traditions mi-scientifiques mi-occultistes qui remontent à l'alchimie ; la constitution de la science expérimentale en champ autonome n'est pas aussi ancienne qu'on veut bien le croire aujourd'hui[5].

Ce paradigme du « positivisme énigmatique » (l'expression oxymoronique est dans le roman, p. 781) est tout à fait adéquat en ce qui a trait au vrai Edison, surnommé à l'époque « le Magicien du siècle » ou « le Sorcier de Menlo Park » (p. 765). Dans une entrevue du « Wizard »

Edison, publiée en avril 1895 dans le *Montreal Daily Star*, un reporter décrit la nouvelle invention de l'électricien, le « Kinetograph », à la fois projecteur et parlant[6]. Celui-ci est décrit comme un dispositif électrique (« So the great discovery lingers on the threshold of its accomplishment in fact. But it will not linger long. Electricity knows no Lucy. »)[7]. Le journaliste rapporte ainsi qu'il y a des téléphones partout, que des phonographes servent à produire des mémos – on oublie souvent que le phonographe (à rouleaux) servit davantage de dictaphone à bureau que de divertissement musical, et ce, jusqu'au milieu du vingtième siècle – et que le labeur d'une journée consiste à presser une série de boutons électriques. Il ajoute que « Edison is the Nimrod of this electrical game reserve ». *L'Ève future* en rajoute d'ailleurs sur la légende réelle : Edison y est présenté comme un magnétiseur, héritier de l'alchimie médiévale, « habitant des royaumes de l'Électricité » (p. 822). Le laboratoire est décrit comme la caverne d'un magicien.

Le roman déploie une grande quantité d'inventions électriques, certaines complètement loufoques ou improbables, dont les principales sont les lampes, les dynamos, le télégraphe et son code Morse, le téléphone auquel on adjoint un microphone ou un phonographe, etc. Menlo Park y est dépeint au « centre d'un réseau de fils électriques » (p. 767). Terminé en grande partie vers 1881, le roman participe de la mode qu'avait suscitée cette même année l'Exposition internationale d'électricité à Paris. L'Andréide est bien sûr la principale invention du roman, présentée tour à tour comme : « une entité magnéto-électrique » (p. 830), une « créature nouvelle, électro-humaine » (p. 877) et « le Grand Œuvre, l'Idéal électrique » (p. 977). Ainsi, son « organisme magnéto-métallique » (p. 856) fonctionne grâce à « l'Électromagnétisme, et [à] la Matière-radiante » (p. 838).

De ce point de vue, on peut dire de Hadaly qu'elle est le dernier des automates et le premier des robots[8]. Si les premiers fonctionnent grâce à de complexes systèmes d'horlogerie, les seconds se meuvent le plus souvent grâce à l'électricité. Des uns aux autres se joue le passage d'un grand paradigme explicatif à un autre : de la métaphore du grand horloger des Lumières à celle du savant fou du vingtième siècle, maître de l'électricité et de l'atome ; d'une conception d'un monde stable et ordonné à celle problématique d'un progrès dont on a peine à juger les dangers et les espoirs, les puissances ombreuses. *Metropolis* et le *Frankenstein* d'Universal prendront le relais pour réitérer massivement cette métaphore de la science devenue folle de sa volonté de puissance.

Machine *désirable*, l'Andréide se compose de quatre parties : d'une part, son Système vivant, constitué de phonographes d'or contrôlant l'équilibre, la démarche, la voix, le geste, les sens, les expressions du visage et le mouvement-régulateur intime (c'est-à-dire son « âme ») ; ce système agit comme un logiciel qui commande aux fils électriques, nerfs inducteurs. D'autre part, il y a le Médiateur-plastique, sorte d'enveloppe métallique articulée, auquel se rattache, ensuite, la Carnation, chair et musculature pénétrées par le fluide électrique, dont on précise qu'elle comprend aussi la Sexualité. Puis, finalement, nous avons l'Épiderme. Le tout est mis en mouvement par un moteur électromagnétique et un système d'aimants. Sont exemplaires les longues descriptions de ces mécanismes, surtout concentrées dans le Livre cinquième : l'écrivain prodigue les figures pour donner l'impression d'un discours rationnel et technoscientifique, alors que le dispositif décrit est complètement délirant et non susceptible d'être réalisé. Selon Anne Le Feuvre :

> On voit le but recherché par le développement de tels discours : non pas démontrer, ni expliquer, mais provoquer une impression de scientificité, et surtout de complexité. En cela, l'on peut dire que Villiers se livre, dans *L'Ève future*, à une exploitation, non dénotative, mais purement connotative (et partant poétique) de la science, puisque seul compte l'effet à produire… objectif qui implique une pratique foncièrement hyperbolique, pour ne pas dire caricaturale, du langage scientifique dont les caractéristiques sont démesurément grossies, au mépris de toute vraisemblance et de tout réalisme : la loi de la connotation qui, chez Villiers, est seule valable, passe ici par un rejet du vraisemblable[9].

Plus l'*ekphrasis* se développe, plus son référent devient opaque et incompréhensible dans sa structure : la fonction référentielle est comme débordée par la fonction poétique[10]. On comprend rapidement que ce que l'écrivain éprouve grâce à ces descriptions où sont disséminés tropes et figures de pensée (hyperbole et oxymore surtout), ce sont en abyme les ressources même de son écriture : on voit que l'Andréide devient l'allégorie de la littérature, machine et machination d'un créateur, créature frankensteinnienne réalisant le rêve prométhéen de création d'un monde à son image, défi lancé au Dieu dans ses prérogatives. Cette analogie entre automate et roman[11], construite par le discours métapoétique du romancier, évidente pour peu qu'on s'y attarde, on voudrait la dépasser pour au-delà pointer une autre similitude à dégager : la comparaison possible entre l'automate et le cinéma à naître. Peut-être ces deux points de vue ne sont-ils pas incompatibles, dans la mesure où ce que cherche à définir Villiers dans le tressage même de ses figures, c'est le maillage subtil entre le langage et l'image, entre la matérialité du signifiant et l'idéalité de l'*énonçable* (images et signes, matières non linguistiques). Le cinéma étant justement, selon Deleuze, le « système des images et des signes prélinguistiques[12] ». Si, comme le rappelle Le Feuvre, Villiers relie « ces deux pôles a priori si éloignés de la réflexion et de la créativité humaine que sont la science et l'écriture[13] » dans un idéal philosophique et esthétique de totalité, on voit que, par sa double nature d'écriture et de dispositif technologique, le cinéma répond d'emblée à ce désir.

Le cinéma, danse macabre...

Outre le robot électrifié, l'autre grande invention anticipative du roman est le cinéma. Reproduisons ici cette scène célèbre du chapitre IV du Livre quatrième, hypotypose d'une danse sur un écran de cinéma, que nous aurons à considérer avec minutie (p. 897) :

DANSE MACABRE

Et c'est un dur métier que d'être belle femme !
CHARLES BAUDELAIRE

Une longue lame d'étoffe gommée, incrustée d'une multitude de verres exigus, aux transparences teintées, se tendit latéralement entre deux tiges d'acier devant le foyer lumineux de la lampe astrale. Cette lame d'étoffe, tirée à l'un des bouts par un mouvement d'horloge, commença de glisser, très vivement, entre la lentille et le timbre d'un puissant réflecteur. Celui-ci, tout à coup, – sur la grande toile blanche, tendue en face de lui, dans le cadre d'ébène surmonté de la rose d'or, – réfracta l'apparition en sa taille humaine d'une très jolie et assez jeune femme rousse[14].

La vision, chair transparente, miraculeusement photochromée, dansait, en costume pailleté, une sorte de danse mexicaine populaire. Les mouvements s'accusaient avec le fondu de la Vie elle-même, grâce aux procédés de la photographie successive, qui, le long d'un ruban de six coudées, peut saisir dix minutes des mouvements d'un être sur des verres microscopiques, reflétés ensuite par un puissant lampascope.

Edison, touchant une cannelure de la guirlande noire du cadre, frappa d'une étincelle le centre de la rose d'or.

Soudain, une voix plate et comme empesée, une voix sotte et dure se fit entendre ; la danseuse chantait l'alza et le holè de son fandango. Le tambour de basque se mit à ronfler sous son coude et les castagnettes à cliqueter.

Les gestes, les regards, le mouvement labial, le jeu des hanches, le clin des paupières, l'intention du sourire se reproduisaient.

Lord Ewald lorgnait cette vision avec une muette surprise.

Après un boniment d'Edison commentant l'image, la séance continue par le montage, cinématographique avant la lettre, d'un deuxième plan bizarrement rarement cité par les historiens et les anthologistes (p. 898) :

– Ah ? dit Edison rêveur, avec une intonation étrange et en regardant Lord Ewald.

Il se dirigea vers la tenture, fit glisser la coulisse du cordon de la lampe ; le ruban d'étoffe aux verres teintés surmonta le réflecteur. L'image vivante disparut. Une seconde bande héliochromique se tendit, au-dessous de la première, d'une façon instantanée, commença de glisser devant la lampe avec la rapidité de l'éclair, et le réflecteur envoya dans le cadre l'apparition d'un petit être exsangue, vaguement féminin, aux membres rabougris, aux joues creuses, à la bouche édentée et presque sans lèvres, au crâne à peu près chauve, aux yeux ternes et en vrille, aux paupières flasques, à la personne ridée, toute maigre et sombre.

Et la voix avinée chantait un couplet obscène, et tout cela dansait, comme l'image précédente, avec le même tambour de basque et les mêmes castagnettes.

« Et... maintenant ? dit Edison en souriant.

– Qu'est-ce que cette sorcière ? demanda Lord Ewald.

— Mais, dit tranquillement Edison, c'est la même : seulement c'est la vraie. C'est celle qu'il y avait sous la semblance de l'autre. Je vois que vous ne vous êtes jamais bien sérieusement rendu compte des progrès de l'Art de la toilette dans les temps modernes, mon cher Lord ! » [...]

— Vous me certifiez, mon cher Edison, que ces deux visions ne reproduisent qu'une seule et même femme ? » murmura Lord Ewald.

Par cette séance, tout le dispositif de projection est décrit avec un luxe de détail. D'une part, la pellicule de film devient une « longue lame d'étoffe gommée, incrustée d'une multitude de verres exigus, aux transparences teintées », puis un « ruban de six coudées » avec des « verres microscopiques » et un « ruban d'étoffe aux verres teintés » (p. 897-898); enfin une « bande héliochromique » (p. 898). D'autre part, le projecteur de cinéma et ses composantes sont nommés ici « lampe astrale », « puissant réflecteur » et « puissant lampascope », témoignant de sa filiation avec la lanterne magique (il y a aussi un « Lampascope » dans le conte cruel « L'Affichage céleste », p. 579). De même, les « cercles photochromiques » (p. 903)[15] peuvent rappeler les caches circulaires des lanternistes. Par contre, le mouvement rendu grâce « aux procédés de la photographie successive » montre que l'on a affaire à une invention nouvelle et réellement cinématographique (contrairement à celle du *Château des Carpathes* de Jules Verne qui en reste à la lanterne et au Pepper's Ghost). La « photographie successive » évoque bien sûr Eadweard Muybridge, mais le dispositif décrit dépasse largement les expériences de ce dernier. Le ruban-bande pelliculaire ne fut produit en série qu'en septembre 1888 par la Société Eastman pour son appareil Kodak; ce ne serait qu'en octobre que Marey eut l'idée de s'en servir pour ses expériences chronophotographiques, deux ans après la publication du roman. Pour ce qui est du fonctionnement même, « dix minutes de mouvements » équivaudraient à la cadence minimale de 16 images/seconde, à environ à 9 600 photogrammes. Si l'on considère qu'une coudée vaut 50 centimètres, il y aurait donc 32 de ces « verres microscopiques » par centimètre. Bien sûr, l'invention de Villiers pourrait avoir une cadence différente, et s'il n'est pas interdit de penser que dans l'esprit de l'écrivain l'image photogrammatique est composée de plusieurs verres superposés, il reste qu'il s'agit d'une œuvre d'imagination.

Bien que le procédé semble se résumer aux procédés photochimiques de la photographie, il y a une ambiguïté quant à son fondement électrique. La « lampe astrale » désigne dans le roman une lampe électrique. De plus, le procédé de synchronisation de l'image avec le son semble électrique, puisque Edison frappe « d'une étincelle le centre de la rose d'or » qui surplombe l'écran lorsque la musique et le chant se font entendre. Dès les débuts du cinéma, ses commentateurs en ont fait une invention électrique, souvent à tort, du côté de chez Lumière (où l'on tourne la manivelle), et à raison du côté de chez Edison (où le Kinetograph et le Kinetoscope fonctionnent à l'électricité). Que l'image, le mouvement se mettent en branle grâce à la force musculaire (manivelle) ou grâce à l'électricité (moteur) n'est pas sans conséquence sur les connotations générées par la lecture, l'électricité étant le principe même du vivant. Le moteur électrique du Kinetoscope est ce qui met littéralement les images en mouvement chez Edison. Lors de la première des Lumière en Amérique, un reporter montréalais écrit dans *La Presse* : « On est arrivé à rendre la photographie animée. Cette merveilleuse découverte, fruit de savantes expériences, de patientes recherches, est une des plus étonnantes de notre siècle, pourtant si fécond en surprises, en victoires sur les mystères de l'électricité[16]. » Même exempt d'un moteur électrique, le Cinématographe Lumière participe pour ce spectateur du *positivisme énigmatique* entourant le phénomène électrique. Aussi, les salles de vues animées sont parfois appelées *Electric Theatre* en Amérique du Nord. Électrique ou pas, le cinéma naissant vient s'inscrire dans la lignée des merveilles modernes de la Fée Électricité. Que le Sorcier de Menlo Park y soit associé n'est bien sûr pas étranger à cette croyance.

Le cinéma, à l'horizon

Cette anticipation du cinéma, danse macabre d'une femme trompeuse, est remarquable jusque dans ses obscurités. Non pas seulement parce que le dispositif de captation-projection y est décrit avec précision quelque neuf années avant sa réalisation par les frères Lumière (même si on suppose que cette description ne fut pas conçue *ex nihilo*, tant plusieurs chercheurs avaient déjà vaguement décrit le but de leur recherche); non pas seulement encore parce que c'est bien dans la tête d'Edison et celle de Dickson, entres autres, que germera le cinéma quelques années après la publication de ce roman, de telle façon que l'on peut sérieusement se demander si le Sorcier de Menlo Park n'y a pas pêché ses idées – la bande pelliculaire entre autres, alors que l'inventeur commença d'abord par le cylindre de son phonographe optique –, en rapportant dans ses bagages le bouquin de Villiers qui, après tout, lui faisait une réputation. Non. Ce qui fait l'extraordinaire de cette description est qu'elle anticipe non seulement le dispositif, mais également le contenu des vues du cinéma naissant et l'horizon d'attente révélé par le discours de réception. En effet, cette danse mexicaine populaire n'est-elle pas en tous points identique aux premières attractions montrées par les Kinetoscopes Edison ? Il n'y a que la synchronisation sonore qui diffère, mais on sait les efforts d'Edison pour en réussir la réalisation.

De la même façon, la description, relevant ces « mouvements » qui s'accusent « avec le fondu de la Vie elle-même » et décrivant cette « image vivante » ainsi générée, est-elle semblable aux discours des premiers commentateurs. Jusqu'à cette « apparition en sa taille humaine », qui prévoit l'intérêt pour la grandeur naturelle que l'on trouve dans les premiers articles (« [...] si grand que soit le nombre des personnages ainsi surpris dans les actes de leur vie, vous les revoyez en grandeur naturelle [...][17] ») et qui a pour but d'assurer la réalisation de trompe-l'œil parfaits de la réalité, l'illusion de simulacres vivants. Jusqu'au boniment et au montage qui, nous l'avons vu, sont au nombre des données anticipatives du roman.

Ironie du sort, comme les amis de Villiers ont fait parvenir un exemplaire du bouquin à Edison lorsque ce dernier visita l'Exposition universelle de 1889 (où ses inventions électriques firent la manchette) et comme on peut supposer qu'Edison ait dû faire traduire sinon le roman, du moins les passages relatifs aux inventions, il n'est pas interdit de formuler l'hypothèse selon laquelle l'inventeur américain doit, en partie, son invention du cinéma au romancier symboliste. Le contraire, c'est-à-dire que le cinéma germa dans la tête d'un Edison fictif, puis, indépendamment, dans celle du vrai Edison, quelques années plus tard, m'apparaît encore plus fantastique. On sait qu'il rencontra également Marey qui serait peut-être l'une des sources de Villiers. Quoi qu'il en soit, en juin 1889, lors de l'Exposition, une rencontre entre le romancier et Edison fut projetée mais ne put avoir lieu ; Auguste, marquis de Villiers de l'Isle-Adam mourut le 18 août dans le dénuement le plus complet. *Poetic justice*, comme disent les Anglo-Saxons? Le Sorcier de Menlo Park jeta les bases de son Kinetograph à bande pelliculaire précisément en revenant de Paris, en novembre de la même année, abandonnant ainsi son idée de phonographe optique sur rouleau qu'il expérimentait depuis octobre 1888.

Charles Cros, inventeur du phonographe et du cinéma?

Plus ironique encore, il se pourrait que l'invention d'Edison doive beaucoup aux réflexions du poète et inventeur Charles Cros. Inventeur du phonographe avant Edison sous le nom de paléophone, ami de Rimbaud et de Villiers, Cros a déposé un pli cacheté (manuscrit autographe) à l'Académie des sciences le 2 décembre 1867 pour un *Procédé d'enregistrement et de reproduction des couleurs, des formes et des mouvements*, procédé jamais construit. Pratiquement inconnu des spécialistes du cinéma, ce pli refit pourtant surface en 1970 dans les *Œuvres complètes* de l'inventeur-poète[18]. Après avoir rappelé les principes du phénakisticope de Plateau et de la persistance rétinienne[19], Cros les applique à la photographie :

> En présentant successivement des surfaces convenablement sensibilisées au foyer de la chambre obscure, avec une rapidité suffisante – donnant par exemple au maximum dix arrêts par seconde – on obtiendra un nombre donné d'épreuves négatives représentant chacune une très courte période de la scène mouvementée. Ensuite en faisant repasser les positifs de toutes ces épreuves, selon l'ordre de leur prise, devant le regard, on aura l'illusion du mouvement continu, non plus dans l'œuvre souvent assez mal réussie d'un dessinateur plus riche de patience que d'imagination, mais dans la trace de la réalité même[20].

Cros continue en déclinant presque l'ensemble des « séries culturelles » qui seront effectivement mobilisées par le cinéma des premiers temps :

> Scènes théâtrales, tableaux de féeries, ballets, aspects des rues, épisodes de batailles, tempêtes, chasses, cérémonies officielles, courses, régates,

etc., seront ainsi fixés dans toutes leurs péripéties et reproduits dans leur saisissante réalité. L'application et l'utilité de la chose non plus que ses très curieuses conséquences ne sont pas du reste à examiner ici[21].

Si ces considérations théoriques sont remarquables, il semble que la réalisation pratique du procédé était moins aboutie :

> La réalisation mécanique et pratique du problème ainsi posé est remarquablement facilitée par l'emploi de la photographie microscopique (le microscope simple et solaire la ramenant ensuite à des dimensions convenables). En effet les tableaux élémentaires [= photogrammes], dont le nombre devra souvent être très grand, contiendront [sic] tous sur des surfaces d'une étendue relativement très petite. Une plaque cassée [sic : carrée ?] de dix centimètres de côté en pourrait contenir plus de 10 000 (donnant à chaque épreuve un millimètre carré de surface), ce qui représente une scène durant mille secondes, c'est-à-dire 16 minutes 2/3 en comptant dix épreuves par seconde.
>
> La disposition mécanique destinée à donner à la plaque le mouvement convenable, n'a pas à être décrite ici. Elle n'est pas encore arrêtée dans mon esprit ; mais, je la juge des plus faciles à imaginer. Tout cela, du reste, se verra dans l'appareil que j'ai l'intention de faire construire[22].

Après avoir décrit ce procédé de cinématographie, Cros passe ensuite au procédé de reproduction des couleurs par trichromie, autre grande invention du poète. Après avoir obtenu trois épreuves d'un « même tableau » prises avec des verres des trois couleurs primaires interposés devant l'objectif, « on superpose les projections de ces positifs traversés respectivement par un rayon rouge, jaune et bleu sur un écran, la projection composée représentera le tableau donné avec ses teintes réelles[23]. » Notant que la superposition simultanée peut être difficile à obtenir, il suggère une « succession rapide » des trois couleurs pour que les impressions se confondent. Il ajoute qu'on peut aussi obtenir la trichromie par un « prisme à réfraction » et que la projection sur écran des couleurs peut se combiner à celle du mouvement, faisant la synthèse de ses deux découvertes : « Ce procédé, de même que celui de verres colorés interposés, peut s'appliquer dans les limites de l'impressionnabilité des surfaces sensibles, à l'enregistrement des mouvements[24]. »

Malgré ses intentions déclarées, l'ami de Villiers ne construisit pas son appareil, selon toute vraisemblance. En général, Cros ne fait que donner les principes théoriques de ses inventions, n'ayant ni le temps ni la capacité financière pour en assurer la longue mise au point, encourageant même les inventeurs à réaliser ses songes à sa place. À la fois pour la photographie des couleurs (trichromie) mise au point par Louis Ducos du Hauron (en 1868) et pour le phonographe mis au point par Edison (en 1877), Cros ressortit ses plis cachetés pour en revendiquer, à bon droit, la paternité et la priorité[25]. On se doute qu'il aurait également ressorti son pli cacheté si Edison avait inventé le Kinetograph avant sa propre mort le 9 août 1888 (un an avant celle de son ami Villiers); la place de Cros dans l'histoire du cinéma eût été différente et la face du cinéma des premiers temps en eût été changée (notamment lors de la Guerre des brevets lancée par Edison)[26].

Il est plus que probable que Villiers a dû profiter des conseils et des réflexions plus récentes de son ami pour *inventer* et décrire son dispositif. Il y a plusieurs traits du procédé de Cros que l'on retrouve dans le dispositif de Villiers : la successivité des plaques (c'est-à-dire la « photographie successive » dans *L'Ève future*), la projection sur écran (le « lampascope »), la photographie microscopique (les « verres microscopiques ») et la photographie des couleurs (la « bande héliochromique »). Les seuls traits spécifiques du dispositif de Villiers sont la bande, le montage, la grandeur naturelle de la projection, le boniment et la synchronisation avec le phonographe (cinéma parlant).

Si cet enchaînement des hypothèses est exact, il appert que, non seulement Edison fut le co-inventeur du phonographe avec Cros, mais il fut également celui qui réalisa le procédé cinématographique de l'auteur du *Coffret de santal*.

La Mort nous la déroba...

La réception des premiers temps se met en place au moment même où l'*épistémè* fin de siècle se transforme. En tant que *technè*, à la fois technologie et nouvelle pratique culturelle, le cinématographe créa un premier choc que j'ai appelé ailleurs le mythe de la Mort vaincue, discours fort présent chez les journalistes comme chez les inventeurs jusque dans les années 1910 :

> Le jour où le phonographe reproduira sans altération les diverses valeurs phoniques, la vie intégrale sera reconstituée. Ce jour-là point ne sera besoin, pour nous, de faire nous-mêmes nos communications : nous pourrons les faire quoique morts. C'est alors que nous serons véritablement immortels[27].

Dans *L'Ève future*, y a-t-il une référence à cette Mort vaincue dont on peut dire qu'elle est l'un des horizons d'attente de la réception des premiers temps ? Si les anthologistes et historiens citent souvent la page célèbre de la danse « macabre », ils oublient de mentionner le début de la *scène* qui se trouve au chapitre précédent, soit la mise en marche d'un dispositif qui a pour visée de pallier la mort de Miss Evelyn Habal (p. 896) :

> « Oui, la Mort nous la déroba, voici plusieurs années.
>
> « Toutefois, j'eus le loisir, avant son décès, de vérifier en elle mes pressentiments et théories. Au surplus, tenez, sa mort importe peu : je vais la faire venir, comme si de rien n'était.
>
> « L'affriolante ballerine va vous danser un pas en s'accompagnant de son chant, de son tambour de basque et de ses castagnettes. »
>
> En prononçant ces derniers mots, Edison s'était levé et avait tiré une cordelette qui tombait du plafond le long de la tenture.

Véritable *re-venant*, le cinéma est donc compris comme ce qui conjure la mort. La cordelette permet probablement de partir un moteur électrique : l'électricité, tout au long du roman, est cette énergie mystérieuse qui donne la vie, notamment à l'automate, selon une métaphore qui se retrouvera ensuite dans le *Frankenstein* de James Whale (1931).

Le lien analogique entre le cinéma et l'automate est plus difficile à saisir dans le roman. Pour Burch, les « variations quasi mystiques sur une idéologie réactionnaire des rapports entre les sexes[28] », dont est constitué ce roman décadent, pressentent ce qui sera l'idéologie du cinéma après 1915 : « sa substance principale, variante spécifiquement phallocrate du complexe de Frankenstein, constitue une métaphore, merveilleusement fidèle, du fonctionnement imaginaire de la future Institution[29] ». Cet androïde, image projetée du désir masculin, ferait songer « au rôle du corps féminin donné en pâture au fantasme masculin dès les débuts du cinéma[30]. » Bien que Burch confonde l'Institution cinématographique avec le cinéma des débuts, dans la perspective téléologique de retrouver les germes de celle-là dans les germinations « primitives » de celui-ci, il ne fait pas de doute que l'on peut trouver dans ce roman, misogyne en diable, l'idéologie qui présidera aux deux périodes (avant et après 1915). Il n'empêche. On ne voit pas en quoi *L'Ève future* ne serait davantage, au contraire de tout autre roman de la fin du XIXᵉ siècle, que le produit de son époque en ce qui a trait à cette idéologie. Cette misogynie-là, portée dans le roman à une hauteur toute baudelairienne, il est vrai, a simplement continué à présider aux destinées du cinéma naissant puis hollywoodien. Avec plus d'à-propos, Burch montre en quoi cet objet du désir qu'est l'automate, dont la réalité se cristallise grâce au fantasme masculin, est proche de la description que Metz fait de l'espèce de rêverie induite par le cinéma.

Pourtant, par le truchement d'un chapitre antérieur que ne citent jamais, étonnamment, les historiens du cinéma, Villiers pose une équivalence plus profonde et secrète entre le cinéma naissant et son automate. Dans le dessein de compléter Hadaly et de lui donner l'apparence parfaite de Miss Clary, dans le but également de faire accepter l'idée de substitution à Lord Ewald, Edison commence par projeter l'image du résultat escompté, comme un pro-jet, une sorte de *screen test*. Un *analogon* davantage qu'une simple analogie se dessine entre automate et cinéma lorsque l'image est présentée, en miroir, à l'Andréide Hadaly (p. 828-829) :

Lord Ewald, ne sachant que penser de ce qu'il voyait, la regardait en silence.

« L'heure est venue de vivre, si vous voulez, Miss Hadaly, répondit Edison.

– Oh ! Je ne tiens pas à vivre ! murmura doucement la voix à travers le voile étouffant.

– Ce jeune homme vient de l'accepter pour toi ! » continua l'électricien en jetant dans un récepteur la carte photographique de Miss Alicia.

« Qu'il en soit donc selon votre volonté ! » dit, après un instant et après un léger salut vers Lord Ewald, Hadaly.

Edison, à ce mot, le regarda ; puis, réglant de l'ongle un interrupteur, envoya s'enflammer une forte éponge de magnésium à l'autre bout du laboratoire.

Un puissant pinceau de lumière éblouissante partit, dirigé par un réflecteur et se répercuta sur un objectif disposé en face de la carte photographique de Miss Alicia Clary. Au-dessous de cette carte, un autre réflecteur multipliait sur elle la réfraction de ses pénétrants rayons.

Un carré de verre se teinta, presque instantanément, à son centre, dans l'objectif ; puis le verre sortit de lui-même de sa rainure et entra dans une manière de cellule métallique, trouée de deux jours circulaires.

Le rais incandescent traversa le centre impressionné du verre par l'ouverture qui lui faisait face, ressortit, coloré, par l'autre jour qu'entourait le cône évasé d'un projectif, – et, dans un vaste cadre, sur une toile de soie blanche, tendue par la muraille, apparut alors, en grandeur naturelle, la lumineuse et transparente image d'une jeune femme, – statue charnelle de la *Venus victrix*, en effet, s'il n'en palpita jamais une sur cette terre d'illusions.

« Vraiment, murmura Lord Ewald, je rêve, il me semble ! »

« Voici la forme où tu seras incarnée », dit Edison, en se tournant vers Hadaly.

Celle-ci fit un pas vers l'image radieuse qu'elle parut contempler un instant sous la nuit de son voile.

« Oh !... si belle !... Et me forcer de vivre ! » dit-elle à voix basse et comme à elle-même.

Puis, inclinant la tête sur sa poitrine, avec un profond soupir :

« Soit ! » ajouta-t-elle.

Le magnésium s'éteignit ; la vision du cadre disparut.

Bien qu'il ne s'agisse ici que d'une projection de lanterne (« un projectif ») à partir de la « carte photographique » de la miss, cette vue spéculaire ne diffère pas tellement de celle mouvante de la danse macabre, et les deux apparaissent sur des écrans identiques dans des dispositifs très semblables (le premier est dans le laboratoire d'Edison ; l'autre, sous terre dans le « domaine » d'Hadaly, citation de la caverne de Platon).

De ces deux vues, l'auteur souligne respectivement la grandeur naturelle et leur qualité immersive et illusoire ; la vue fixe n'est pas reçue par Lord Ewald, qui croit rêver, comme une simple vue de lanterne magique. Ce dispositif fixe semble être celui dont se serait inspiré Jules Verne dans *Le Château des Carpathes*, vue photographique projetée qui provoque une même illusion d'immersion et d'illusion de la vie. Proche dans ses enjeux pragmatiques de la séance mouvante, cette vue fixe constitue une sorte d'arrêt sur image dans l'économie du texte. L'enjeu de la scène est de présenter à l'Andréide Hadaly son reflet dans le miroir, son double, auquel elle se substituera. On voit ce qui se joue là. Comme l'Andréide a pour finalité de devenir un trompe-l'œil du réel, c'est-à-dire un simulacre parfait de la jeune femme à reproduire, ce qui se révèle ici comme un dispositif de cinéma des premiers temps (d'avant les mots et la chose) devient ici le trompe-l'œil d'un trompe-l'œil à venir (l'Andréide parachevée). Un simulacre au carré. C'est comme si, en leur essence, s'établissait une équivalence, une identité entre automate et cinéma du point de vue de leur finalité – celle d'être une illusion parfaite de la nature. Décrivant un bras seul, sorte d'*insert* d'un « corps invisible » (p. 833), d'un corps *hors champ*, Edison emploie les mêmes termes que l'auteur pour décrire la « photographie successive » : « Ceci est le bras d'une Andréide de ma façon, mue pour la première fois par ce surprenant agent vital que nous appelons l'Électricité, qui lui donne, comme vous voyez, tout le fondu, tout le moelleux, toute l'*illusion* de la Vie. » (p. 832)

Si l'on définit le cinéma comme une icône visuelle en mouvement – icône éventuellement audiovisuelle –, produite mécaniquement, il faut bien avouer que cette définition convient parfaitement aux automates. N'est-il pas étonnant que l'isotopie invoquée par Villiers pour décrire son automate décrive tout aussi bien le cinéma à naître : « *copie* [...] de la Nature » (p. 831), « inquiétante illusion » (p. 831), « l'*illusion* de la Vie » (p. 832)[31], « Imitation-Humaine » (p. 832), « puissants fantômes » (p. 833), « mystérieuses *présences-mixtes* » (p. 833)[32], « ombre de votre esprit extérieurement réalisée » (p. 842), « semblance humaine » (p. 850), « vivante œuvre d'art » (p. 851), « illusoire apparition » (p. 853), « semi-vivante » (p. 861), « souveraine machine à visions [...] similitude éblouissante [...] multiple [...] comme le monde des rêves » (p. 862), « vision future » (p. 906), « fantasmagorie métaphysique, et cependant revêtue de réalité » (p. 906), « RÉALITÉ de votre rêve » (p. 912), « magique vision » (p. 916), « Possibilité mouvante » (p. 931), « stupéfiante machine à fabriquer l'Idéal » (p. 984), « être de rêve, qui s'éveille à demi en tes pensées » (p. 991). Outre le mouvement, les traits sémantiques soulignent la nature multiplement double et contradictoire du cinéma et des automates : à la fois copies de la nature et œuvres d'art humaines, illusion du Réel et réalité de l'Idéal, extérieurement concrets et intérieurement proches du rêve. Présence mixte, en effet, semi-vivante *et* semi-morte, entre-deux des catégories qui partagent notre monde et qui tracent des frontières pour les vivants et les morts.

Cynique, Edison remarque que « le premier industriel venu » pourrait ouvrir « une manufacture d'idéals » (p. 930), ce qui n'est pas sans rappeler Hollywood et son « usine à rêves ». L'automate est un oxymoron comme le cinéma, mort-vivant tout à la fois animé et inanimé, à la fois œuvre d'art et copie fidèle de la nature. Selon Edison, paradoxal : « Il devient tout à fait impossible de distinguer le modèle de la copie. C'est la Nature *et rien qu'elle*, ni plus ni moins, ni mieux ni plus mal : c'est l'Identité » (p. 949, c'est l'auteur qui souligne).

Davantage, ce sont les composantes de l'Andréide qui sont basées sur des procédés de reproduction mécanique proches du cinéma. La Carnation électrique de l'automate est copiée de celle de l'original, Miss Alicia Clary, à partir de la photosculpture. Cette technique oubliée consistait à sculpter des objets à l'aide de la photographie : vingt-quatre objectifs photographiques prenaient vingt-quatre angles d'un objet, puis un pantographe taillait chacune des figures obtenues (les contours) sur de la terre glaise[33]. Expliquant comment de la « poudre de fer » disséminée dans la Carnation est mise en mouvement par des « fils d'induction » qui traduisent les informations recueillies préalablement sur un cylindre phonographique, Edison emploie des termes qui rappellent la persistance rétinienne (p. 935) :

> De graduées et très impressives mobilités du courant émeuvent ces parcelles de fer ; cette chair les *traduit* alors, nécessairement, par des rétractilités insensibles, selon telles micrométriques incrustations du Cylindre ; il y en a même d'ajoutées les unes sur les autres ; les fondus de leurs successions proviennent de leurs isoloirs mêmes, lesquels pourraient ici ne s'appeler que des *retards instantanés*. La tranquille continuité du courant neutralisant toute possibilité de saccades, l'on arrive, grâce à eux, à des nuances de sourires, au rire des joues de la Joconde, à des embellies d'expression, à des identités vraiment... effrayantes.

Edison demande également à Miss Clary de jouer sur une estrade, en comédienne qu'elle est, plusieurs scènes devant des « objectifs » (p. 1011) cinématographiques pour que ses gestes et ses paroles soient *clichés* sur des cylindres de phonographe par le procédé de la galvanoplastie (procédé électrique) – *clichage* dont l'encodage images/gestes mécaniques est le résultat d'un « calcul différentiel » (p. 912) :

> Maintenant, je *lis* les gestes sur ce Cylindre aussi couramment qu'un prote lit à rebours une page de fonte (question d'habitude) : je corrigerai, disons-nous, cette épreuve selon les mobilités de Miss Alicia Clary ; cette opération n'est pas très difficile, grâce à la Photographie successive dont vous venez de voir une application tout à l'heure[34].

Cette technique anticipe celle de la captation de mouvements (*motion capture*) utilisée aujourd'hui dans le cinéma virtuel et de plus en plus au théâtre. Ainsi, synchronisé avec celui de la parole, le cylindre des gestes est comparé à une épreuve d'imprimerie qu'on peut lire – l'automate est en abyme une figure du roman, adaptation d'une captation cinématographique. Enfin, l'Épiderme de Miss Hadaly est obtenu par le procédé « héliochromique » qui imprime, grâce à des « verres coloratifs », l'épiderme de Miss Clary ; exactement le même procédé qui avait fourni la chair photochromée lors de la séance de cinéma. C'est donc littéralement l'empreinte de la jeune femme, l'indice au sens peircien, qui est captée et recueillie par l'automate comme par le cinéma.

En définitive, si les automates androïdes partagent avec le cinéma leur nature d'illusion iconique en mouvement, l'automate décrit par Villiers de l'Isle-Adam partage en outre la nature indicielle du cinéma. En un sens, l'Andréide est un objet matériel mis en mouvement par l'électromagnétisme et qui figure une image de la réalité ; le cinéma est une image de la réalité, mise en mouvement d'une onde électromagnétique (la lumière) et qui représente des objets matériels. On répliquera que le rapprochement passe rapidement sur la différence entre la matière et la lumière, entre particule et onde, mais ce dualisme classique est désormais mis à mal par le cinéma et la science moderne, comme le rappelle Deleuze en résumant la position de Bergson sur la Théorie de la Relativité : « L'identité de l'image et du mouvement a pour raison l'identité de la matière et de la lumière. L'image est mouvement comme la matière est lumière[35]. » Le cinéma et les automates sont, grâce à leur mouvement, tous deux *image*[36]. Deux machines mues par une Fée. Deux machines à Illusion. Mais comme l'écrit l'auteur de *L'Ève future* : « Nul ne sait où commence l'Illusion, ni en quoi consiste la Réalité. » (p. 789)

Le roman illustre ce que Villiers appelle lui-même le « positivisme énigmatique », paradigme culturel qui forme le fond épistémique sur lequel le cinématographe vint s'inscrire à sa naissance. À la croisée de la modernité technique et du fantastique né du romantisme, le cinématographe, comme l'automate, est une invention qui invente un suspens entre l'illusion fantaisiste, trompe-l'œil du réel et du sens, et le désenchantement du monde occasionné par la science. La Fée Électricité, énergie fantastique aux deux sens du terme, non encore apprivoisée à l'époque et chargée érotiquement selon toute une série de représentations socioculturelles, vient également s'inscrire dans ce paysage, à l'époque où les grandes cités tentaculaires s'électrifient et donnent à la lumière un rôle de premier plan dans l'avènement d'une certaine modernité technique liée au capitalisme de la société industrielle. Sur les marquises des cinémas, des milliers d'ampoules électriques et l'effet *phi* marqueront les noces lumineuses de l'électricité et de la société du spectacle.

Notes

1. Auguste (comte de) Villiers de l'Isle-Adam, *L'Ève future,* dans *Œuvres complètes*, t. I, Paris, Gallimard, coll. « Bibliothèque de la Pléiade », 1986. Désormais, les références à cet ouvrage seront seulement indiquées par les pages entre parenthèses.
2. *Électricien* veut dire ici « inventeur de dispositifs électriques ou ingénieur électrique ». Comme l'explique le romancier dans son avis au lecteur, le savant fou du roman n'est pas tant le vrai Thomas Alva Edison qu'un personnage inspiré du « mythe » Edison.
3. J'emprunte ce néologisme à un ouvrage de vulgarisation : Alain Beltran, *La Fée Électricité*, Paris, Gallimard, coll. « Découverte », 1991.
4. François Jost, *Le Temps d'un regard. Du spectateur aux images*, Québec/ Paris, Nuit Blanche éditeur/Méridiens Klincksieck, 1998, p. 72-81.
5. Sur l'électricité dans la littérature en général et dans *L'Ève future* en particulier, il faut lire : Marc Fumaroli, « Histoire de la littérature et

histoire de l'électricité », dans *L'Électricité dans l'histoire. Problèmes et méthodes*, Paris, Presses universitaires de France, 1985, p. 225-237.

6. Anonyme, « Edison and the Kinetograph », *Montreal Daily Star*, Montréal, samedi 20 avril 1895, p. 3, cité dans André Gaudreault et Jean-Pierre Sirois-Trahan (anthologie réunie, annotée et commentée par), *La Vie ou du moins ses apparences. Émergence du cinéma dans la presse de la Belle Époque (1894-1910)*, Montréal, Cinémathèque québécoise/Grafics, 2002, p. 24-28.

7. Anonyme, « Edison and the Kinetograph », *op. cit.*, p. 3.

8. Sur la question des hommes artificiels, voir l'introduction de Jean-Paul Engélibert, *L'Homme fabriqué. Récits de la création de l'homme par l'homme*, Paris, Éditions Garnier, 2000.

9. Anne Le Feuvre, « Le discours scientifique dans *L'Ève future* de Villiers de l'Isle-Adam. Une poétique de la figure du secret », dans Alexandre Gefen et René Audet (dir.), *Frontières de la fiction*, Québec/Bordeaux, Éditions Nota Bene/Presses universitaires de Bordeaux, 2001, p. 283-284.

10. Cela est vrai pour l'automate, mais beaucoup moins, on le verra, pour la description du dispositif cinématographique, étonnamment précise si l'on tient compte que l'invention est encore à naître. Ce qui plaide pour l'hypothèse selon laquelle Villiers aurait bénéficié des travaux de Charles Cros ou d'autres inventeurs.

11. Sur ce sujet, voir Étienne Beaulieu, « Différenciations romanesques. L'imaginaire technique chez Balzac, Villiers de l'Isle-Adam et Jules Verne. », *Intermédialités*, n° 6, *Remédier*, automne 2005, p. 121-139.

12. Gilles Deleuze, *Image-temps*, Paris, Éditions de Minuit, 1985, p. 342-343.

13. Anne Le Feuvre, « Le discours scientifique dans *L'Ève future* de Villiers de l'Isle-Adam. Une poétique de la figure du secret », *op. cit.*, p. 286.

14. Ce passage fut retravaillé, car la version feuilletonesque (1885-1886) de la revue *La Vie Moderne* est celle-ci : « Un cercle de verres teintés glissa de la voûte autour du foyer lumineux de la lampe électrique, et, sous l'impulsion d'un ressort, les verres de ce cercle se mirent à tourner très vivement devant un réflecteur qui, dans la toile blanche du grand cadre d'ébène, surmontée de la rose d'or, envoya l'apparition en sa taille humaine d'une très jolie et assez jeune femme rousse. » (p. 1611-1612)

15. Il s'agit de la fin de la séance : « Et, tirant une dernière fois la cordelette des cercles photochromiques, la vision disparut, le chant cessa : l'oraison funèbre était achevée. »

16. Anonyme, « Le Cinématographe », *La Presse*, Montréal, lundi 29 juin 1896, p. 1, cité dans André Gaudreault et Jean-Pierre Sirois-Trahan, *La Vie ou du moins ses apparences, op. cit.*, p. 34.

17. Anonyme, *Le Radical*, 30 décembre 1895, cité par René Jeanne, *Cinéma 1900*, Paris, Flammarion, 1965, p. 11.

18. Sans en connaître le contenu, Jacques Deslandes cite le titre du pli dans son *Histoire comparée du cinéma*, t. I, Paris/Tournai, Casterman, 1966, p. 82. Par contre, Laurent Mannoni ne cite aucun pli ou brevet de Cros dans son ouvrage exhaustif (*Le Grand art de la lumière et de l'ombre. Archéologie du cinéma*, Paris, Nathan Université, 1994).

19. On a su depuis que la persistance rétinienne n'est pas la cause de l'illusion de mouvement, même si plusieurs spécialistes du cinéma continuent de le croire.

20. Charles Cros et Tristan Corbière, *Œuvres complètes*, Paris, Gallimard, Bibliothèque de la Pléiade, 1970, p. 493-494.

21. Charles Cros et Tristan Corbière, *Œuvres complètes, op. cit.*, p. 494.

22. *Idem.*

23. *Ibid.*, p. 495.

24. *Ibid.*, p. 496.

25. Rappelons que c'est en 1877, la même année où Cros et Edison inventent le phonographe, que Villiers se met à écrire le premier jet de ce qui deviendra *L'Ève future*.

26. Notons que Cros travailla en 1881 à l'amélioration de son procédé des couleurs avec Jules Carpentier (futur ingénieur des frères Lumière). Voir Charles Cros et Tristan Corbière, *Œuvres complètes, op. cit.*, p. 590-591.

27. Georges Coissac, *Ciné-Journal*, 7 janvier 1911, cité par Isabelle Raynauld, « Le cinématographe comme nouvelle technologie : opacité et transparence », *Cinémas*, vol. 14, n° 1, automne 2003, p. 120. Pour une analyse du mythe de la Mort vaincue, voir ma thèse, chap. 1.

28. Noël Burch, *La Lucarne de l'infini. Naissance du langage cinématographique*, Paris, Nathan Université, 1991, p. 33.

29. *Ibid.*, p. 34.

30. *Ibid.*, p. 35.

31. C'est l'auteur qui souligne.

32. C'est l'auteur qui souligne.

33. On le voit, cette invention fait penser au cubisme analytique dans sa volonté de prendre un même objet de plusieurs angles.

34. C'est l'auteur qui souligne.

35. Gilles Deleuze, *L'Image-mouvement*, Paris, Éditions de Minuit, 1983, p. 88.

36. Si les images fixes (peinture, sculpture, photographie) peuvent être, intrinsèquement, la restitution d'un instant (privilégié ou quelconque), elles n'en demeurent pas moins comme des instantanés pris dans un mouvement qu'elles essaient de résumer, bien insuffisamment à cause des limites de leur média respectif. Pour suppléer à sa fixité, l'image met l'esprit en mouvement. C'est pour cette raison que l'on a pu dire que le cinéma réalisait la peinture en son essence. On peut en dire autant de l'automate vis-à-vis de la sculpture. Sur ce rêve des statues mouvantes qui remonte au moins jusqu'à la légende de Pygmalion, dont on sait l'usage thématique qu'en fera Méliès, on peut lire : Kenneth Gross, *The Dream of the Moving Statue*, Ithaca/London, Cornell University Press, 1992.

Bibliographie

Beaulieu, Étienne, « Différenciations romanesques. L'imaginaire technique chez Balzac, Villiers de l'Isle-Adam et Jules Verne. », *Intermédialités*, « Remédier », n° 6, automne 2005, p. 121-139.

Beltran, Alain, *La Fée Électricité*, Paris, Gallimard, coll. « Découverte », 1991.

Burch, Noël, *La Lucarne de l'infini. Naissance du langage cinématographique*, Paris, Nathan Université, 1991.

Cros, Charles et Tristan Corbière, *Œuvres complètes*, Paris, Gallimard, coll. « Bibliothèque de la Pléiade », 1970.

Deleuze, Gilles, *L'Image-mouvement*, Paris, Éditions de Minuit, 1983.

Deleuze, Gilles, *Image-temps*, Paris, Éditions de Minuit, 1985.

Deslandes, Jacques, *Histoire comparée du cinéma*, t. I, Paris/Tournai, Casterman, 1966.

Engélibert, Jean-Paul, *L'Homme fabriqué. Récits de la création de l'homme par l'homme*, Paris, Éditions Garnier, 2000.

Fumaroli, Marc, « Histoire de la littérature et histoire de l'électricité », dans *L'Électricité dans l'histoire. Problèmes et méthodes*, Paris, Presses universitaires de France, 1985, p. 225-237.

Gaudreault, André et Jean-Pierre Sirois-Trahan (anthologie réunie, annotée et commentée par), *La Vie ou du moins ses apparences. Émergence du cinéma dans la presse de la Belle Époque (1894-1910)*, Montréal, Cinémathèque québécoise/Grafics, 2002.

Gross, Kenneth, *The Dream of the Moving Statue*, Ithaca/London, Cornell University Press, 1992.

Jeanne, René, *Cinéma 1900*, Paris, Flammarion, 1965.

Jost, François, *Le Temps d'un regard. Du spectateur aux images*, Québec/Paris Nuit Blanche éditeur/Méridiens Klincksieck, 1998.

Le Feuvre, Anne, « Le discours scientifique dans *L'Ève future* de Villiers de l'Isle-Adam. Une poétique de la figure du secret », dans Alexandre Gefen et René Audet (dir.), *Frontières de la fiction*, Québec/Bordeaux, Éditions Nota Bene/Presses universitaires de Bordeaux, 2001, p. 277-294.

Mannoni, Laurent, *Le Grand art de la lumière et de l'ombre. Archéologie du cinéma*, Paris, Nathan Université, 1994.

Raynauld, Isabelle, « Le cinématographe comme nouvelle technologie : opacité et transparence », *Cinémas*, vol. 14, n° 1, automne 2003, p. 117-128.

Sirois-Trahan, Jean-Pierre, *Découpage, automates et réception. Aspects du cinéma et de ses débuts (1886-1915)*, Thèse de doctorat, Montréal/Paris, Université de Montréal/Université de Paris III-Sorbonne-Nouvelle, 2006.

Sirois-Trahan, Jean-Pierre, « Le cinéma et les automates. Inquiétante étrangeté, distraction et arts machiniques », *Cinémas*, vol. 18, n°s 2-3, Montréal, printemps 2008, p. 193-214.

Villiers de l'Isle-Adam, Auguste (comte de), *L'Ève future*, dans *Œuvres complètes*, t. I, Paris, Gallimard, coll. « Bibliothèque de la Pléiade », 1986.

Villiers de l'Isle-Adam, Auguste (comte de), *L'Ève future*, Paris, P.O.L., coll. « La Collection », 1992.

Vers l'être « électro-humain » : dispositifs visuels de la danseuse mécanique aux XIXᵉ et XXᵉ siècles

Laurent Guido

Au cours du XIXᵉ siècle, l'image de la danseuse s'impose progressivement comme l'expression emblématique d'un mouvement rythmé qui renvoie autant à la pulsation fondamentale de l'univers qu'à la dynamique nouvelle de l'industrialisation. Cette double appréhension apparaît également dans la perception de l'électricité, considérée autant comme un flux naturel que comme une énergie contrôlée et vectorisée par les techniques modernes. Cet article examine certaines représentations artistiques du corps dansant (aussi bien des créations littéraires que des performances scéniques ou encore des réalisations cinématographiques), qui procèdent à divers titres des discours esthétiques engagés par l'émergence du phénomène électrique. J'aborderai plus particulièrement les rôles divers joués par l'électricité au sein d'un dispositif spectaculaire où la figure d'un mouvement corporel mécanique soumet le regard à la puissance magnétique de son attractivité. Pour envisager cette problématique, il est tout d'abord nécessaire de remonter aux recherches scientifiques qui ponctuent la fin du siècle des Lumières et frappent notamment l'attention des poètes romantiques.

L'automate et la lorgnette : ironies romantiques chez Hoffmann

Dans les années 1800-1810, l'imaginaire littéraire est travaillé par une conception largement répandue qui postule la correspondance synesthésique de tous les sens à partir de découvertes encore récentes autour du fluide électrique[1]. Dans *Corinne* (1807), Madame de Staël peut ainsi décrire l'envoûtement dégagé par une performance chorégraphique de son héroïne : improvisant d'après des traces laissées par les peintres et les sculpteurs antiques – donnant donc vie à des postures idéales figées – elle « électrisait à la fois tous les témoins de cette danse magique et les transportait dans une existence idéale [...][2] ». En Allemagne, les thèses à la fois scientifiques et occultistes de Johann Wilhelm Ritter, auteur d'importants travaux sur les fondements physiologiques de l'électricité, imprègnent les écrits de poètes allemands comme Novalis ou E. T. A. Hoffmann. En 1815, peu avant que Mary Shelley ne publie son roman gothique *Frankenstein* (1818, où une créature artificielle est animée par le courant électrique), Hoffmann consacre à la problé-matique des automates une nouvelle fantastique, *Le Marchand de sable*. Dans ce texte, l'électricité intervient avant tout dans le discours littéraire lui-même, à savoir la relation que le narrateur cherche à engager avec son public. Il se propose en effet de susciter l'attention par des procédés susceptibles de « frapper ses auditeurs comme par un coup électrique » afin de les « transporter » au cœur même de l'univers fictionnel[3]. Ces images-chocs, ces flashes que cherche à provoquer Hoffmann afin d'exercer une emprise imparable sur ses lecteurs sont directement liés à la problématique de la vision, un aspect que Freud a associé à l'angoisse de la castration dans sa célèbre du *Marchand de sable* (*L'inquiétante étrangeté/ Das Unheimliche*, 1919). Se concentrant sur le rapport du protagoniste aux figures d'autorité paternelle, Freud a curieusement négligé la relation entre le héros, le jeune poète Nathanael, et l'étrange Olimpia qui le fascine et dont il ignore qu'elle est en réalité un automate élaboré de concert par un savant et un marchand d'instruments optiques[4].

Avec ce personnage, Hoffmann fait référence au mécanicisme consistant à considérer les mouvements du corps humain selon le modèle de la machine. Remontant à la redécouverte humaniste des sciences naturelles opérée à la Renaissance ou encore à la physique de Descartes[5], cette tradition de pensée a été notamment relayée par Julien Offray de La Mettrie (*L'Homme-machine*, 1744)[6] et a largement conditionné, dès les mêmes années 1730-1740, la fabrication d'automates destinés à imiter les attitudes humaines. Au-delà de leur valeur d'attraction, la création de tels êtres artificiels croise des préoccupations scientifiques qui visent non seulement à reproduire les mécanismes corporels, mais également à contribuer à les comprendre et, partant, à les améliorer par la simulation. Ainsi les créations de Jacques de Vaucanson (1709-1782), l'un des principaux fabricants d'automates, s'inscrivent-elles dans le prolongement de la réalisation d'« anatomies vivantes » censées renvoyer aux grandes fonctions vitales (respiration, digestion, circulation sanguine…)[7]. Ressuscitant une tradition antique – le « Théâtre anthropomorphe » de Héron d'Alexandrie, auteur d'un *Traité des automates*, où tournoient des bacchantes au son de cymbales et de tambours[8] –, le xviiie siècle est traversé par l'obsession des automates musicaux, comme le flûtiste et le joueur de tambourin de Vaucanson (1737 et 1738) ou les musiciennes artificielles créées par Jaquet Droz (pianiste, 1774) et Kintzing (Joueuse de tympanon, 1784).

Dès l'époque des Lumières, les recherches scientifiques sur la gestualité croisent en outre des idées esthétiques et spiritualistes, en particulier liées à la quête d'une langue originelle à valeur universelle[9]. En découle un intérêt renouvelé pour la mimique et la communication par signes, qui influence par exemple le « ballet d'action » prôné par le chorégraphe Jean-Georges Noverre (*Lettres*, 1760). Si ce dernier affiche une franche hostilité envers le mécanicisme[10], la question du corps-machine intervient d'une manière plus nuancée dans un texte célèbre de Heinrich von Kleist, *L'Art du marionnettiste* (1810). Le narrateur y dialogue avec un maître de ballet fasciné par la souplesse idéale des marionnettes au point d'y percevoir l'expression « la plus pure » de la mobilité de l'âme hors de l'interprète humain, c'est-à-dire soit dans la conscience « infinie » du divin, soit dans l'absence de conscience du « pantin articulé[11] ». Cette métaphore de la marionnette participe plus largement d'une référence à l'imaginaire des êtres artificiels qui traduit, d'après Christophe Deshoulières, l'éclatement psychologique du personnage baroque au cours des dernières années du xviiie siècle, au moyen d'« une série d'artifices – masques et costumes emblématiques, marionnettes parodiques, automates fantastiques[12] ». C'est bien à cette source d'inspiration que puise le discours antimatérialiste des poètes et des écrivains romantiques, avec des objectifs divers. Si Kleist emploie la figure du pantin en tant que modèle d'un dépassement des contraintes physiques, fustigeant de la sorte l'individualisme étroit de nombreux artistes, l'évocation de l'univers artificiel vise le plus souvent à stigmatiser les limites des prétentions scientifiques. Outre le *Titan* de Jean Paul (1803), *Les Automates* (1813), une autre nouvelle de Hoffmann, signale la prégnance d'une critique envers les automates musicaux, jugés incapables d'exprimer la même intensité artistique que les interprètes humains[13]. Cette affirmation répond au statut attribué à la musique dans les hiérarchisations esthétiques des Romantiques allemands : l'art musical révèle les mouvements immatériels de l'âme, en écho aux rythmes invisibles de la nature. Dans *Le Marchand de sable*, l'automate provoque chez le héros un envoûtement qui rappelle l'objectif des mécanismes littéraires par lesquels l'auteur s'efforce explicitement d'« électriser » ses lecteurs, tout en s'avérant en définitive la source d'une illusion fatale.

C'est effectivement par la médiation d'un instrument d'optique – une lorgnette de poche – que Nathanael peut assouvir sa passion voyeuriste à l'égard d'Olimpia, qu'il observe depuis son appartement, complètement inféodé à cette attraction irrésistible. Hoffmann le décrit « enchaîné près de la fenêtre, comme par un charme[14] » et insiste sur le fait que la lorgnette provoque chez le protagoniste l'illusion de voir s'animer les yeux de la poupée, lui attribuant même des « regards séducteurs » (alors que les autres hommes remarquent d'emblée la gaucherie de cette fille mystérieuse en matière de danse et d'interprétation musicale). L'outil prothétique lui ayant été fourni par l'un des créateurs mêmes de l'automate, on peut dès lors considérer que l'attitude de Nathanael reflète son aliénation à une nouvelle spectacularité artificielle du corps humain, élaborée à la croisée de déterminations scientifiques et commerciales. Hoffmann pointe le clivage perceptif qu'engendre ce phénomène, et la répétitivité morbide et mécanique qui le caractérise, en décrivant l'effet provoqué sur Nathanael par les nombreuses lunettes que le marchand d'optique a déposées sur une table au moment de la vente. Frappées par les radiations du soleil, qui semblent comme les charger d'une énergie agressive, ces lunettes s'apparentent à une « mer de feux prismatiques » :

Des milliers d'yeux semblaient darder des regards flamboyants sur Nathanael ; mais il ne pouvait détourner les siens de la table [...] ces regards devenant de plus en plus innombrables, étincelaient toujours davantage et formaient comme un faisceau de rayons sanglants qui venaient se perdre sur la poitrine de Nathanael[15].

Ce caractère incisif et dangereux des mécanismes illusionnistes se retrouve dans la conclusion de la nouvelle, où la prise de conscience de la supercherie plonge le héros dans un traumatisme irrémédiable qui le mènera à la mort. Devenu fou, il ne cesse entre-temps de rejouer une séquence de bal au cours de laquelle il avait pu accorder son mouvement corporel à celui de la créature artificielle. Il répète alors comme un leitmotiv : « Allons, valsons gaiement ! gaiement belle poupée ! [...][16] ».

Scansions du geste, de l'Opéra à la chronophotographie

Actualisant dans la réalité les fantasmes de ce personnage, Olimpia a effectivement fini par valser, au moyen de l'une des plus importantes productions tardives du ballet romantique, *Coppélia*, créé à l'Opéra de Paris en 1870 et dont le livret reprend essentiellement du *Marchand de sable* l'idée de la fascination provoquée par le spectacle de la poupée mécanique. L'héroïne, Swanilda, décide de se substituer momentanément à un automate féminin qui exerce un attrait sur Franz, son amant. Simulant la mise en mouvement de la femme artificielle, elle exécute plusieurs danses, accompagnée par des automates musiciens (cymbales et tympanon). Commentant les différences entre la nouvelle et le spectacle, Elisabeth Roudinesco situe l'intérêt de *Coppélia* « moins dans le contenu du livret que dans sa forme dansée (p. 15) ». Le texte original d'Hoffmann apparaît en fin de compte comme un « prétexte » pour faire interpréter par la même ballerine les deux rôles de la fiancée et de la poupée. De cette confusion découle une conception de la femme idéale comme une figure prototypique, en l'occurrence celle de la ballerine romantique, éthérée et dressée sur les pointes, presque déshumanisée : « L'inquiétante étrangeté se trouve déplacée du personnage de Coppélius à celui de Coppélia, mi-chair, mi-automate, tantôt vivante et tantôt morte, celle-ci représente, dans la lignée de Giselle, la forme inquiétante d'une femme dépossédée de sa féminité[17]. » *Coppélia* se situe bien dans le prolongement des pièces importantes du ballet romantique tout en signalant par divers aspects l'achèvement d'une tradition, l'épuisement d'une formule et l'émergence d'un nouveau contexte. En effet, si le double rôle Swanilda/Coppélia s'avère parfaitement adapté aux conventions chorégraphiques de l'époque, centrées sur la performance d'une virtuose souple et légère, il met singulièrement à distance les êtres surnaturels et les incarnations aériennes apparaissant dans *La Sylphide* (1832), *Giselle* (1841) ou *La Péri* (1843) et cherchant inexorablement à s'émanciper du sol, aidés dans cet objectif par divers effets de machinerie (câbles, décors, éclairages…)[18].

L'auteur de la partie dansée de *Coppélia*, Arthur Saint-Léon (1821-1870), est l'une des grandes personnalités de la danse romantique : à la fin des années 1860, cet interprète énergique et chorégraphe exigeant, soucieux d'une relation étroite entre le corps dansant et le rythme musical, travaille simultanément en tant que maître de ballets impériaux à Saint-Pétersbourg et à l'Opéra de Paris. Sa capacité à plier le corps aux impératifs techniques les plus difficiles explique son surnom d'« homme-caoutchouc », ainsi que le rapporte Théophile Gautier[19]. Dans ses critiques de danse, ce dernier soutient les propositions de Saint-Léon pour développer un système rapide de notation des pas (*La Sténochorégraphie*, 1853) ou pour renforcer la formation des ballerines (*De l'état actuel de la Danse*, 1856)[20]. Avec *Coppélia* se manifeste chez Saint-Léon un fort intérêt pour des sujets servant de prétexte à des figures chorégraphiques qui évoquent une forme de décomposition scandée du mouvement. Avant le choix d'une protagoniste mécanique, cette tendance s'est notamment traduite par la signature de deux autres ballets centrés sur la figure de la statue animée : *La Fille de Marbre* (1847) et *Néméa* (1864). Déjà rencontré plus haut chez Madame de Staël, ce motif cher à la philosophie sensualiste – la statue de Condillac – avait déjà été abordé sur les scènes lyriques dans le mythe de Pygmalion, chez Rameau en 1748 et Rousseau en 1770[21]. Le passage du marbre antique à l'automate signale moins une rupture entre deux modèles que la reformulation moderne d'idéaux anciens. Si l'instant scientifique décompose bien le temps en unités *quelconques*, contrairement à l'exigence classique d'élire des instants *privilégiés*, les discours esthétiques de la fin du XIXe siècle articulent sans cesse ces deux dimensions, entrevoyant dans les outils scientifiques les moyens de démontrer la valeur absolue de certains canons traditionnels (par exemple en termes de proportions ou de correspondances rythmiques). Ainsi la chronophotographie suscite-t-elle l'intérêt des rénovateurs de l'expression gestuelle et chorégraphique, à l'instar de Georges Demenÿ, collaborateur d'Étienne-Jules Marey à la Station Physiologique de Paris. En 1895, ce pionnier de l'éducation physique participe par exemple au projet de Maurice Emmanuel, l'un des principaux spécialistes de l'orchestique grecque, soucieux de vérifier par l'épreuve du film les attitudes chorégraphiques dégagées de l'observation de bas-reliefs antiques. De manière plus générale, le succès immense remporté par *Coppélia* s'inscrit dans un contexte où l'attrait considérable attribué à la danse dans le dernier quart du siècle se voit amplifié au contact de nouvelles techniques de représentation visuelle, pour une part issues du champ même de l'analyse physiologique et esthétique du mouvement corporel humain.

L'impact technologique : nouveaux regards sur le corps-attraction

Au sein des nouveaux modes mécaniques de représentation visuelle qui émergent à la fin du xIxᵉ siècle, le spectacle du corps féminin en train de danser constitue un sujet privilégié, une attraction qui se trouve comme démultipliée par la technique de décomposition et de reproduction du mouvement. Si Joseph Plateau utilise encore l'image d'un homme effectuant une pirouette pour son disque de phénakistiscope de 1832, c'est bien une jeune femme que choisira Muybridge un demi-siècle plus tard pour effectuer devant son objectif une figure similaire qu'il pourra reproduire ensuite à l'aide de son zoopraxiscope. L'exploitation du corps féminin mise en évidence par Linda Williams et Marta Braun dans les clichés chronophotographiques de Muybridge, réalisés dès la fin des années 1870, est ainsi reconduite d'une manière privilégiée par des sujets de danseuses de french cancan, de ballerines d'opéra, d'acrobates ou d'adeptes du *Skirt Dancing*, qui apparaissent au premier plan des différents spectacles d'images animées fondées sur la chronophotographie ou la pellicule filmique. C'est par exemple le cas en 1893 pour les disques phonoscopiques de Georges Demenÿ et les présentations londoniennes de l'*Electrical Wonder* (c'est-à-dire le Schnellseher d'Ottomar Anschütz[22]). On les retrouve encore aux États-Unis dans les films tournés en 1894 par Dickson pour le kinétoscope Edison, utilisées l'année suivante pour les séances du *Marvelous Electric Phantascope* de Thomas Armat et Charles Denkins à Atlanta en septembre 1895[23] (et refilmées pour la Biograph en septembre 1895). On peut y apercevoir effectivement, outre des vedettes sportives, les danseuses Carmencita et Annabelle. Diverses études ont déjà pointé cette isotopie de la danse, du sport, des performances de music-hall ou de cirque dans le cinéma des premiers temps[24], période qu'André Gaudreault et Philippe Marion voient caractérisée par une forme d'*intermédialité spontanée*[25]. Cette isotopie de la danse répond aux objectifs exhibitionnistes d'un régime spectaculaire qui recourt aux nouvelles techniques d'images animées en vue de la constitution d'une attraction, pour reprendre un terme qui qualifie pour les historiens du film la tendance principale du cinéma des premiers temps. Cette attraction caractérise d'une part la performance enregistrée par l'objectif; d'autre part, celle du média qui reproduit cette performance et la met en valeur. Il existe en fait une corrélation entre ces deux aspects, c'est-à-dire la vibration énergétique, notamment caractérisée comme électrique, qui traverse autant le corps dansant que les mécanismes techniques permettant de l'enregistrer, de le faire revivre, voire de le reconstruire et de lui donner une nouvelle forme.

À partir du dernier quart du XIXe siècle, les recherches sur la perception visuelle comme celles qui sont liées à la physiologie du mouvement corporel (la circulation du sang, la respiration, le battement cardiaque, les gestes animaux ou humains…) s'appuient en effet sur le postulat d'une énergie universelle en oscillation constante et source d'ondes tant sonores que lumineuses ou électriques. Sous l'égide de Théodule Ribot puis de Pierre Janet, qui voient leurs idées popularisées par les textes de Henri Bergson, comme *L'Énergie spirituelle* (1919)[26], la psychologie française a en outre abordé, dès la fin du XIXe siècle, les transformations du système nerveux en fonction des « oscillations » diverses de l'énergie circulant dans les corps d'êtres vivants envisagés dès lors comme des machines thermodynamiques. Sous diverses formes, cette conception sera reprise par la plupart des théoriciens du rythme corporel, parmi lesquels figurent les émules du rythmicien Jaques-Dalcroze comme Rudolf Bode ou Jean d'Udine. D'après les théories du biologiste Félix le Dantec, Udine développe par exemple dans son ouvrage *L'Art et le geste* (1910) une analogie entre le mouvement corporel et l'énergie électrique, en fonction d'un certain phénomène de « réversibilité » qu'il voit reformulé dans le contexte de l'émotion artistique[27]. D'après lui, la pratique de la danse ne vise pas seulement à traduire physiquement les diverses accentuations d'une pièce musicale, mais surtout à offrir une conversion des transformations rythmiques microscopiques liées aux résonances des tissus colloïdaux[28] lors des activités sensorielles. Il considère le produit de ces vibrations électriques sur l'organisme comme un procès d'« imitation ». Cette idée est influencée par les réflexions autour de la transmission mimétique de l'énergie entre les corps, qui préoccupe de nombreux scientifiques. Ainsi le professeur Verriest, de l'Université de Louvain, proclame en 1894 que toute perception visuelle « se projette instantanément dans [la] musculature », soumise à l'activité vibratoire de l'influx nerveux. Le mouvement de la pensée s'apparente, selon lui, à une projection d'« images optiques » qui se répercute sur l'activité musculaire : elle circule en fait dans le corps, constitue en quelque sorte aussi un geste. Les spectateurs de prouesses physiques seraient dès lors potentiellement touchés par ce phénomène qu'on peut qualifier d'attraction par mimétisme. C'est ce principe qui expliquerait le charme quasi hypnotique ressenti par les contemplateurs de la danse, dont les corps seraient donc traversés par les ondes motrices répétant ou rejouant intérieurement les mouvements mêmes que perçoit leur regard[29].

Cette relation entre regard et corps dansant a inspiré l'illustrateur Albert Robida pour son livre d'anticipation *Le Vingtième Siècle* (1883). Sur la base des potentialités du théâtrophone présenté lors de l'Exposition internationale d'électricité de Paris en 1881, le dessinateur imagine en effet un téléphonoscope, instrument de vision à distance permettant à un homme de profiter confortablement du spectacle offert par une danseuse exhibant ses jambes. Cette vignette prolonge une série de textes littéraires ou de caricatures décrivant le dispositif voyeuriste de l'amateur de ballet soucieux de détailler, de fragmenter le corps de la danseuse en morceaux successifs, fréquemment à l'aide d'une lorgnette[30]. Vecteur magique permettant au héros du *Marchand de sable* d'attribuer une grâce envoûtante à une poupée de bois (voir ci-dessus), cet instrument engage des opérations successives de sélection et d'agrandissement du sujet observé, où la médiation d'un instrument optique prend une valeur compensatoire. À l'aide de cet « œil amélioré », le regard lui-même s'inscrit dans un procès de mécanisation, face à des ballerines réduites pour leur part à des groupes de figures stéréotypées[31]. C'est le même phénomène prothétique que décrira Mary Ann Doane à propos du dispositif filmique : « L'alliance implicite entre le déploiement spectaculaire du corps féminin au cinéma et l'activation de la technologie en tant que prothèse compensatoire se manifeste dans une organisation spéculaire » où le spectateur (masculin) se dissocie de la représentation corporellement et spatialement[32]. La reconnaissance et l'appréciation fétichiste du caractère mécanique, voire industriel, d'un tel dispositif de vision émergent dans nombre de descriptions littéraires. Dans *L'Amant des danseuses* (1888), Félicien Champsaur transporte par exemple le regard masculin dans les coulisses où s'élabore le spectacle ; et c'est là, surtout, que se manifeste une mise en valeur morbide des éclairages électriques sur le corps des ballerines : Champsaur évoque ainsi « l'électricité magique versant sur les déshabillés une incantation de paradis érotique », le tout se produisant dans un « bruit continu d'usine[33] ».

Cette inscription du corps au sein d'un contexte technologique prend place dans une période où resurgit la problématique de l'être artificiel, en particulier à la suite de l'invention en 1877 du phonographe par Thomas Edison – et la mise au point par celui-ci de « poupées parlantes », sur la base de son appareil d'enregistrement sonore. La reconfiguration de la figure traditionnelle de l'automate se situe notamment au cœur d'un roman emblématique, l'*Ève future* (Villiers de l'Isle-Adam, 1886). La projection chronophotographique y est justement convoquée dans le sous-chapitre « Danse macabre ». Elle sert avant tout à déconstruire le pouvoir séducteur émanant des pas rythmés d'une fille de cabaret : si on lui ôte l'illusion élaborée à coups d'artifices et de maquillages à la mode, il ne subsiste plus rien du charme initial et apparaît même un être d'une laideur repoussante. C'est paradoxalement pour remédier à ce problème que l'Edison imaginé par Villiers fabrique une femme artificielle. Cet « être électro-humain » vise à incarner un idéal où la science parvient littéralement à donner corps à des aspirations mystiques et esthétiques, en vertu de conceptions liées à la mouvance symboliste. Entre le déclin du ballet romantique et l'avènement de la danse moderne se joue en effet le passage d'une conception sensuelle de la danseuse, fréquemment confondue avec les prostituées, à celle d'un symbole abstrait ou plus élevé.

Loïe Fuller ou l'« art de la fulgurance électrique »

L'émergence de ce nouveau paradigme est signalée par les spectacles très populaires de Loïe Fuller, qui ont actualisé le croisement entre technique scientifique et préoccupations esthétiques. Dès ses premières apparitions aux Folies Bergères (1892), les spectacles lumineux de Fuller remportent l'adhésion d'un très large public. Généralement structurées en une série de tableaux débutant et se terminant dans l'obscurité, les danses de Fuller reposent sur des gestes à l'amplitude décuplée par de larges pièces vestimentaires et associés à des effets électriques ou à des éclairages colorés en constante modification. À certaines occasions, le spectacle comporte encore des jeux de miroirs permettant de démultiplier l'image de la danseuse[34] ou encore des combinaisons de lanternes magiques mobiles projetant sur le corps en mouvement des séries harmonieuses de formes bariolées (étoiles, lunes, fleurs...). Offrant au regard une métamorphose continuelle, l'art de Loïe Fuller est emblématique d'une conception renouvelée du mouvement qui évoque autant les arabesques du Modern-Style que le culte de l'électricité déployé lors de l'*Exposition* de 1900, à laquelle la danseuse participe d'ailleurs directement par la mise sur pied d'un théâtre dédié spécialement à ses performances[35]. Elle a également suscité la fascination des écrivains et critiques symbolistes[36], attachés à dessiner les contours d'une esthétique où le corps féminin représente l'essence d'une mobilité située hors de toute référence précise au monde. Dans la théorie esthétique de Mallarmé, exposée dans « Ballets » (1886), la figure de la ballerine n'est effectivement pas une « *femme qui danse* », mais une « métaphore résumant un des aspects élémentaires de notre forme[37] ». Mais les symbolistes ne font pas qu'engager une réflexion esthétique sur la pureté de l'expressivité artistique, hors de son contexte historique. Fascinés par Loïe Fuller, ces écrivains ont souligné la dimension moderne et populaire de ses apparitions lumineuses. Mallarmé les envisage ainsi comme un « exercice [qui] comporte une ivresse d'art et, simultané un accomplissement industriel[38] », s'adressant à la fois « à l'intelligence du poète et à la stupeur de la foule ». D'après le poète, cette potentialité de Fuller à réunir les publics les plus divers exprime autant la résurgence de la culture antique que la puissance mécanique du monde contemporain : « Rien n'étonne que ce prodige naisse d'Amérique, et c'est grec classique en même temps[39]. » Huysmans attribue pour sa part toute la gloire récoltée par ces spectacles moins à la virtuosité de la danseuse elle-même, jugée plutôt « médiocre », mais bien à « l'électricien » et à la culture de masse américaine[40].

Pour trouver une première formulation de cette relation intime entre le corps dansant et les principes esthétiques du cinéma, il faut remonter encore une fois à Loïe Fuller[41]. Si les rapports multiples entre cette dernière et la culture du mouvement autour de 1900 ont fait l'objet de plusieurs études approfondies, en particulier celles de Tom Gunning et Elisabeth Coffmann[42], son influence sur les cinéastes et les critiques français des années 1920 demeure méconnue. Elle paraît pourtant opérer aux yeux de Marcel L'Herbier la « préfiguration » d'une « technique faite d'éclairages suggestifs et de mobilité incessante »[43]. Quant à Louis Delluc, il situe l'origine même de la *photogénie* dans le « règne de l'électricité » déployé par la danse serpentine, une « mine d'or où puisèrent délibérément le théâtre, le cinéma et la peinture ». Cette « algèbre lumineuse », ce véritable « poème de l'électricité » lui semblent indiquer « la synthèse » proche du futur « équilibre visuel du cinéma »[44], et que le music-hall atteint lorsqu'il parvient à conjuguer lumière et geste au point de faire apparaître une *girl* comme « stylisée par la fulgurance électrique[45] ». René Clair débute pour sa part en tant que comédien dans *Le Lys de la Vie* (1921), un film coréalisé par Fuller et qui a retenu l'attention de Léon Moussinac par son recours à divers effets visuels (fermeture à l'iris, effets de cache, virages chromatiques, filmage en ombres chinoises, usage conjoint du ralenti et du passage au négatif)[46]. Pour Germaine Dulac, cette œuvre constitue bien un « drame dans l'accord optique plus que dans l'expression jouée », dépassement qui augure d'une « forme de cinéma supérieur » fondé avant tout sur « le jeu de la lumière et des couleurs ». La cinéaste attribue en outre à la danseuse la révélation de l'« harmonie visuelle » et la création de « premiers accords de lumière à l'heure où les frères Lumière nous donnaient le cinéma ». La cinéaste y perçoit ainsi une « étrange coïncidence à l'aube d'une époque qui est et sera celle de la musique visuelle[47] », une référence qui pointe le paradigme de l'analogie musicale qui domine dans le discours esthétique français des années 1910 et 1920. Le *Marchand de sable* de Hoffmann a aussi inspiré Loïe Fuller vers la fin de sa vie, pour un ballet (*L'Homme au sable*, 1925) et un film, aujourd'hui perdu (*Les Incertitudes de Coppélius*, 1927)[48].

Rythmes et idéaux géométriques : vers le corps « photogénique »

La métaphore utilisée par Kleist un siècle auparavant trouve dans les premières années du xxᵉ siècle des résonances exceptionnelles du côté des rénovateurs de l'expression scénique. Chez Edward Gordon Craig, le concept d'« über-marionnette » désigne l'idéal d'un acteur devenu matériau stylisé, situé au-delà même des limitations de la vie elle-même[49]. Valentine de Saint-Point récuse pour sa part autant les « gestes conventionnels » du ballet que les tendances visant à « s'inspirer des Grecs, des Égyptiens, des statues et tableaux de tous les temps », emblématiques chez Isadora Duncan, Dalcroze/Appia pour leur *Orphée* (1912) ou encore Nijinski pour l'*Après-Midi d'un Faune* (1912) : « Remettre en mouvement des attitudes immobilisées par des artistes dans leurs œuvres [...] C'est décomposer, analyser, c'est faire le contraire de l'art qui est synthèse, c'est en quelque sorte déstyliser[50]. » Elle adopte par conséquent le postulat central des tenants d'une danse moderne essentiellement tournée vers la quête de la continuité absolue et de mouvements épurés, saisissables à l'aide de valeurs géométriques. Récurrente chez les théoriciens de la nouvelle danse, de Laban à John Martin[51], cette critique de la raideur prend sa source dans la conception de la *durée* chez Bergson. Elle peut également prendre des formes plus parodiques qui actualisent la réflexion du philosophe français sur le comique : la mécanisation du vivant engendre bien une « interférence de séries », exorcisée par un rire salutaire. Valentine de Saint-Point y souscrit dans son programme de *Métachorie*, qui comporte quelques danses évoquant la figure de l'être artificiel (ainsi *Le Pantin et la mort* et *Le Pantin danse*). De *Petrouchka* (1911) à *Pulcinella* (1920), plusieurs ballets mis en musique par Stravinsky s'ancrent de même dans une fascination mêlée de sarcasme pour l'univers des pantins et des masques. Selon André Levinson, *Petrouchka* joue d'une tension où l'âme humaine échoue à se dégager de son « armature » mécanique : le personnage « sombre dans l'automatisme de la poupée. Et cette dualité du mouvement, poignant et cocasse, tient la salle en haleine[52]. » Explicitement partagé entre les réflexions sur le modèle de la marionnette (de Kleist à Craig) et les interprétations ironiques (de Hoffmann aux Ballets russes), Oskar Schlemmer proclame enfin, avec sa conception du danseur comme « figure d'art » (*Mensch und Kunstfigur*, 1925), la nécessité d'explorer l'espace géométrique au nom de la quête de nouveaux horizons physiques, situés au-delà des contraintes de la masse corporelle.

Comme je l'ai abordé ailleurs[53], c'est une même recherche des potentialités rythmiques de l'espace-temps, conçue d'après des modèles de la musique et de la danse, qui caractérise la démarche des avant-gardes cinématographiques des années 1920. Dans sa considération de l'« école » photogénique française, Gilles Deleuze qualifie judicieusement de « ballet automatique » la dimension géométrique exprimée dans les séquences de montage rapide du *Ballet mécanique*, de *L'Inhumaine*, de *Cœur fidèle* ou de *La Roue*, et qui opèrent à son sens une vaste « composition mécanique des images-mouvements » :

> Un premier type de machine est l'automate, machine simple ou mécanisme d'horlogerie, configuration géométrique de parties qui combinent, superposent ou transforment des mouvements dans l'espace homogène, suivant les rapports par lesquels elles passent. L'automate [...] témoigne [...] d'un clair mouvement mécanique comme loi de maximum pour un ensemble d'images qui réunit en les homogénéisant les choses et les vivants, l'animé et l'inanimé[54].

Cette fusion thermodynamique et électrique du vivant et de l'objet inanimé renvoie au fantasme plus large d'un pas de deux entre tradition et modernité, ou encore entre les domaines de l'esthétique et de la science, ainsi que l'avait déjà incarné Loïe Fuller.

Metropolis et la « danse automatique » des *girls*

Cet idéal se déploie de manière emblématique dans une séquence de *Metropolis* (Fritz Lang, 1927), où une femme artificielle créée par le savant Rotwang, et dotée grâce à l'électricité d'une apparence charnelle, exécute une danse érotique devant le public exclusivement masculin des notables de la cité futuriste. Ce public est graduellement envoûté par l'attraction irrésistible de l'illusion chorégraphique mise en scène conjointement par Rotwang et le grand capitaliste qui dirige la ville du futur (reformulation de l'alliance des pères symboliques du *Marchand de sable*). Exprimant la puissance d'envoûtement d'une énergie sexuelle mécanisée, ces visions de danse s'ancrent progressivement dans l'esprit délirant de Freder, le jeune héros idéaliste du film, absent des lieux car alité et malade. Montré initialement dans un voile qui évoque la projection cinématographique, le corps électrique convoque ici l'expression d'une nudité néo-antique, particulièrement appréciée dans l'espace germanique alors acquis aux valeurs primitivistes de transe et d'extase promues par la *Körperkultur*. En outre, le corps de la danseuse androïde renvoie aux évolutions des *girls* de revues, de music-hall et de cinéma qui constituent dans l'Allemagne des années 1920 un phénomène qui suscite les commentaires philosophiques ou sociologiques de nombreux intellectuels. Ainsi Siegfried Kracauer et Fritz Giese ont pu dégager de ces chorégraphies groupées une image tayloriste du corps-fétiche rationalisé et machinique promu par la modernité industrielle et le rythme de la Grande ville innervée par l'électricité. Cette objectivation rationalisée et épurée du corps féminin avait déjà été exaltée au sein des avant-gardes futuristes et dadaïste, comme chez Léger ou Picabia (*Portrait d'une jeune fille américaine dans l'état de nudité*, 1915, qui présente une bougie électrique). En France, la presse cinématographique souligne dès le milieu des années 1920 le « rôle capital » joué par des « girls photogéniques » associées à un âge de « jazz » et de « mathématique »[55]. Il est alors courant, comme le fait un critique du périodique français *L'Art cinématographique*, de comparer les nouveaux corps générés par « les instituts de beauté et les cours d'éducation physique » à de « brillants automates, de nickel ou d'acier, dont on prévoit aisément tous les déclics[56] ». Au début du sonore, Émile Vuillermoz associera encore la scansion dynamique des spectacles de *girls* à celle qui caractérise le film lui-même, capable de « soumettre toutes les images aux lois d'une chorégraphie supérieure ». Tous deux expriment d'après lui « la griserie hallucinante qui émane de certaines machines en pleine action, dont il est impossible de détacher les yeux […][57] ».

Dans des termes qui rappellent les arguments de Craig à l'égard des conséquences néfastes de la Rythmique dalcrozienne (en bref, le devenir-mannequin des femmes modernes)[58], André Levinson perçoit de même la *girl* de music-hall, « automate de précision[59] », comme le prototype de « toute une armée disciplinée et résolue », modelée sur la chaîne de montage : « L'Ève future, la sportive anonyme, l'impersonnelle beauté, l'être-foule : la *girl*[60]. » Évoquant immanquablement le modèle militaire[61], ces numéros lui paraissent déployer avant tout une forme d'« organisme collectif », « la simultanéité absolue du mouvement accentu[ant] la quasi-identité physique de ces êtres débités en série ». Il évoque notamment une figure, celle du « chemin de fer », qui consiste à « égrener un mouvement qui se transmet de l'une à l'autre comme par un courant électrique », chaque exécutante s'asseyant successivement sur les genoux pliés de celle qui lui succède dans la file et à laquelle elle tient le coude[62]. Dans « Les girls ou la danse automatique[63] », Philippe Soupault y voit pour sa part l'« ornement obligatoire de toutes les revues dites à grand spectacle », des « jeunes filles indifférentes » dont les activités réglées et uniformes produisent une « froideur » éphémère et séduisante, reposant sur « le charme de leur sourire et la beauté de leurs jambes » pour s'assimiler progressivement à « des machines plus ou moins jolies… », des « jeunes "soldates" », « des mécaniques bien réglées[64] ».

Metropolis semble prolonger ces remarques, mais en mettant l'accent sur le pôle des spectateurs masculins. Hypnotisés par le ballet mécanique de la créature artificielle, ceux-ci sont en effet désignés comme les victimes de la pulsion scopique engendrée par le spectacle envoûtant de la technologie, exprimant une fétichisation inconsciente de la machine sous la forme troublante d'un corps parfait animé par l'électricité[65]. Cette séquence ne renvoie pas à la fragmentation corporelle intense des grandes séquences de danse « photogénique » du cinéma français des années 1920 : *Kean* (A. Volkoff, 1925) ; *Maldone* (Jean Grémillon, 1928) ou *La Femme et le Pantin* (Jacques de Baroncelli, 1928)[66]. Ici, c'est la fragmentation du regard masculin qui frappe l'attention. À l'exception d'un gros plan mettant en exergue un regard frontal de Méduse, la silhouette de la danseuse est toujours saisie dans des cadres larges. Par contre, le montage de ces postures corporelles obéit à deux logiques successives : dans un premier temps, ces attitudes sont juxtaposées, ce qui a pour effet d'accuser la discontinuité de la chaîne des images (et celle qui caractérise chaque regard porté sur elles) ; dans un deuxième temps, elles sont montrées en alternance binaire avec des plans sur les spectateurs diégétiques. Quant aux représentations visuelles de ces derniers, elles se confondent progressivement : montage rapide, surimpression, puis image synthétique qui procède à l'extraction en série de leurs yeux pour les regrouper en un seul écran divisé (comme dans *Filmstudie* de Hans Richter, 1927). Les regards sont dès lors exposés dans leur répétitivité maniaque, comme les « milliers d'yeux » que représentaient chez Hoffmann les lunettes du *Marchand de sable*. Reformulant la condamnation romantique des mirages scientifiques, le média cinématographique lui-même s'appuie, avec cette séquence de *Metropolis*, sur sa dimension spéculaire pour mettre en évidence le caractère éclaté et discontinu, en un mot kaléidoscopique, de la perception humaine à l'âge de la mécanisation. Contrairement à ce qu'affirme Émile Vuillermoz, il est donc bien possible de « détacher ses yeux » des nouvelles fantasmagories électriques.

Notes

1. Outre les travaux de Otto von Guericke (machine électrostatique) ou Benjamin Franklin (orages), démonstration de l'électricité animale chez Luigi Galvani (1786) et pile d'Alexandre Volta (1799).

2. Madame de Staël, *Corinne ou l'Italie*, Paris, Garnier, [s.d.], p. 108-109.

3. Conte repris dans le recueil *L'Homme fabriqué*, Paris, Garnier, 2000, p. 82.

4. Sur ce dernier point, je rappelle l'intérêt obsessionnel de Hoffmann pour les nouvelles techniques de vision, comme l'a démontré Max Milner dans son essai sur la fantasmagorie dans l'imaginaire littéraire. Voir Max Milner, *La fantasmagorie. Essai sur l'optique fantastique*, Paris, Presses universitaires de France, 1982, p. 40-63.

5. Par exemple, la comparaison entre le corps humain et le mécanisme de la montre, au chapitre 6 du *Traité des Passions*. Une légende attribue à Descartes la fabrication d'une automate, Francine. Philippe Breton, *À l'image de l'homme. Du Golem aux créatures artificielles*, Paris, Seuil, 1995, p. 35.

6. Julien Offray de la Mettrie, *L'Homme-Machine*, précédé de *Lire La Mettrie* par Paul-Laurent Assoun, Paris, Denoël, coll. « Folio/essais », 1999.

7. Voir notamment Alfred Chappuis et Edmond Droz, *Les Automates, figures artificielles d'hommes et d'animaux*, Neuchâtel, Griffon, 1949 ; et Pierre Brunel (dir.), *L'Homme artificiel*, Paris, Didier Erudition/CNED, 1999.

8. Philippe Breton, *À l'image de l'homme. Du Golem aux créatures artificielles*, *op. cit.*, p. 91.

9. Gérando (*De l'Éducation des sourds-muets*, 1827), Denis Diderot, *Lettre sur les sourds et muets* (1751), Jean-Jacques Rousseau *Essai sur l'origine des Langues* (1754-1761, publié en 1781) ; *Traité sur l'origine de la langue* de Johann Gottfried Herder (1772).

10. Le ballet d'« action » est défini comme un nouveau « pantomime » capable de traduire les enjeux essentiels de l'« intrigue » sans l'aide du livret. Bien que soulignant l'importance de l'étude anatomique et la puissance et l'agilité dégagées par « l'homme machine », Noverre s'attaque dans ses *Lettres* (1760) aux dogmes centrés sur la seule « exécution mécanique de la danse ». À ses yeux, la perfection de la « grâce » technique (précision, adresse, maîtrise des enchaînements et de la vitesse…) ne doit pas occulter les émotions recherchées par l'« esprit » et le « génie » du chorégraphe. Jean-Georges. Noverre, *Lettres sur la danse*, Paris, Ramsay, 1978, p. 107-108, 131 et 247.

11. Heinrich von Kleist, « Sur le théâtre de marionnettes », *Berliner Abendblätter*, 12-15 décembre 1810. Repris dans *Petits écrits Essais Chroniques, anecdotes et poèmes*, Paris, Gallimard, 1999, p. 211-218.

12. Christophe Deshoulières, *L'Opéra baroque et la scène moderne*, Paris, Fayard, 2000, p. 397. Cette tendance prolonge d'ailleurs la tradition populaire des spectacles de foire mêlant artistes humains et poupées chantantes et dansantes, avec l'objectif de pasticher en miniature les succès contemporains de la scène. Par exemple, Lully est constamment parodié sur les scènes parisiennes, de l'*Opéra des bamboches* en 1675 à l'*Atys Travesty* en 1736. *Ibid.*, p. 400, 411.

13. On y proclame notamment l'« horreur » suscitée par la possibilité de « faire danser avec art et agilité des machines à figure humaine » ou celle de voir « un danseur en chair et en os saisir une danseuse de bois sans vie et tournoyer avec elle ». Conte repris dans *L'Homme fabriqué*, *op. cit.*, p. 61-62. Hoffmann avait remarqué le texte de Kleist, dans une lettre du 1er juillet 1812 à son ami Hitzig, cité dans Lienhard Wawrzyn, *Der Automaten-Mensch*, Berlin, Verlag Klaus Wagenbach, 1985, p. 104.

14. Conte repris dans *L'Homme fabriqué*, *op. cit.*, p. 89-90.

15. *Ibid.*, p. 89.

16. *Ibid.*, p. 97.

17. Elisabeth Roudinesco, « L'oiseau sorti d'un rêve obscur… et dont le sexe est incertain », *L'Avant-Scène. Ballet Danse*, Spécial *Coppelia*, n° 4, novembre-janvier 1981, p. 15.

18. Mary Clarke and Clement Crisp, *Ballerina The Art of Women in Classical Ballet*, London, Princeton Book, 1987, p. 29-45.

19. *La Presse*, 25 février 1850. Théophile Gautier, *Écrits sur la danse*, Arles, Actes Sud, 1995, p. 244 [éd. Ivor Guest].

20. *La Presse*, 1er février 1853, p. 258-261 ; 20 janvier 1845. *Ibid.*, p. 179.

21. Christophe Deshoulières, *L'Opéra baroque et la scène moderne, op. cit.*, p. 407-411.

22. Image reproduite dans François Albera, Marta Braun et André Gaudreault, *Arrêt sur image, fragmentation du temps*, Lausanne, Payot, 2002, p. 136-137.

23. Laurent Mannoni, *Le Grand Art de la lumière et de l'ombre. Archéologie du cinéma*, Paris, Nathan, 1995, p. 204, 239, 399.

24. Notamment Laurent Véray, « Aux origines du spectacle télévisé : le cas des vues Lumière », dans Pierre Simonet et Laurent Véray, *Montrer le sport : photographie, cinéma, télévision*, Paris, Institut national du sport et de l'éducation physique, 2001, p. 77-78 (liste d'une cinquantaine de bandes à sujet sportif entre 1896 et 1903) ; Frank Kessler et Sabine Lenk, « Cinéma d'attractions et gestualité », dans Jean A. Gili, Michèle Lagny, Michel Marie et Vincent Pinel (dir.), *Les vingt premières années du cinéma français*, Paris, AFRHC/Sorbonne Nouvelle, 1996, p. 195-202 ; Laure Gaudenzi, « Une filmographie thématique : la danse au cinéma de 1894 à 1906 », *ibid.*, p. 361-364.

25. Avant que ne s'impose le média sous sa forme accomplie, caractérisée désormais par une forme d'*intermédialité négociée*. André Gaudreault et Philippe Marion, « Un média naît toujours deux fois… », *S. & R.*, avril 2000, p. 34. Voir aussi André Gaudreault, *Cinema delle origini o della « cinematografia-attrazione »*, Milano, Il Castoro, 2004, p. 47-49 et Rick Altman, « De l'intermédialité au multimédia : cinéma, médias, avènement du son », *Cinémas*, vol. 10, n°s 2-3, 2002, p. 37-38.

26. Henri Bergson, *L'Énergie spirituelle. Essais et conférences*, Paris, Presses universitaires de France, 1972 [1919], p. 14.

27. Jean d'Udine, *L'Art et le Geste*, Paris, Félix Alcan, 1910, p. VIII-XVII.

28. Les colloïdes sont des particules infiniment petites, en suspension et en constant mouvement. Au moyen de la délivrance d'une charge d'électricité, elles produisent un effet important sur les réactions chimiques des organismes vivants.

29. Gustave Verriest, « Des bases physiologiques de la parole rythmée », *Revue Néo-Scolastique*, n° 1, janvier 1894, p. 43-45.

30. Voir à ce sujet, Guy Ducrey, *Corps et graphies*, Paris, Honoré Champion, 1996, p. 238-241.

31. Au détour d'une critique de novembre 1858, Théophile Gautier confronte le mouvement groupé d'un corps de ballet descendant un escalier aérien à « l'artillerie des lorgnettes braquées » sur les jambes et les pieds des

ballerines, décrites plus loin comme une jeune armée chorégraphique ». Théophile Gautier, *Écrits sur la danse, op. cit.*, p. 303 et 308.

32. Mary Ann Doane, "Technology's Body: Cinematic Vision in Modernity", in Jennifer M. Bean and Diane Negra (eds.), *A Feminist Reader in Early Cinema*, Durham N.C./London, Duke University Press, 2002, p. 531-532.

33. Félicien Champsaur, *L'Amant des danseuses*, Paris, Ferenczi et Fils, 1926, p. 24.

34. Margaret Haile Harris (ed.), *Loïe Fuller: Magician of Light*, Richmond, Virginia Museum, 1979, p. 19.

35. Gilles Dusein, « Loïe Fuller : expression chorégraphique de l'art nouveau », *La recherche en danse*, n° 1, 1982, p. 82-86.

36. Par exemple Paul Adam, Georges Vanor, Camille Mauclair, ou encore Jean Lorrain.

37. Stéphane Mallarmé, « Ballets », *La Revue indépendante*, décembre 1886, dans *Œuvres Complètes*, t. II, Paris, Gallimard, 2003, p. 171.

38. Stéphane Mallarmé, « Autre étude de danse », *Divagations* (1897), *ibid.*, p. 174.

39. Stéphane Mallarmé, « Considérations sur l'art du ballet et la Loïe Fuller », *The National Observer*, 13 mai 1896, *ibid.*, p. 314.

40. Cité dans "Loïe Fuller and the Art of Motion", in Leonardo Quaresima et Laura Vichi (dir.), *La decima musa il cinema e le altri arti/The Tenth Muse cinema and other arts*, Udine/Gemona del Friuli, Dipartimento di Storia e Tutela dei Beni Culturali, Universita degli Studi di Udine/Forum, Atti del VI Convegno Domitor/VII Convegno Internazionale di Studi Sul Cinema, 21-25 mars 2000, p. 30.

41. Je n'aborde pas ici la présence importante de la danse et du sport dans les décompositions chronophotographiques des années 1880-1890 (surtout Eadweard Muybridge, Georges Demenÿ et Ottomar Anschütz), tout comme dans le cinéma des premiers temps, d'Edison aux bandes Pathé et Gaumont.

42. Tom Gunning, "Loïe Fuller and the Art of Motion", in Leonardo Quaresima et Laura Vichi (eds.), *The Tenth Muse. Cinema and Other Arts*, Udine, Forum, 2001, p. 25-53. Elizabeth Coffman, "Women in Motion: Loïe Fuller and the "Interpenetration" of Art and Science", *Camera Obscura* 49, vol. 17, n° 1, 2002, p. 73-105.

43. Jaque Catelain, *Jaque Catelain présente Marcel L'Herbier*, Paris, Éditions Jacques Vautrain, 1950, p. 14-15.

44. Louis Delluc, « Le Lys de la vie », *Paris-Midi*, 8 mars 1921, dans Louis Delluc, *Le Cinéma au quotidien*, Paris, Cinémathèque française/Cahiers

du cinéma, 1990 [*Écrits cinématographiques*, t. II/2, éd. Pierre Lherminier], p. 237.

45.   Louis Delluc, *Photogénie* [1920], dans Louis Delluc, *Le Cinéma et les Cinéastes*, Paris, Cinémathèque française, 1985 [*Écrits cinématographiques*, t. I, éd. Pierre Lherminier], p. 61. Voir aussi « Photogénie », *Comoedia Illustré*, juillet-août 1920. *Cinéma et Cie*, Paris, Cinémathèque française, 1986 [*Écrits cinématographiques*, t. II, éd. Pierre Lherminier], p. 274.

46.   Léon Moussinac, « La poésie à l'écran », *Cinémagazine*, n° 17, 13 mai 1921, p. 16. Sur le film, dont il ne demeure aujourd'hui que la première partie, voir Giovanni Lista, *Loïe Fuller. Danseuse de l'Art Nouveau*, Paris, Réunion des Musées Nationaux, 2002, p. 71-81 ; et Giovanni Lista, *Loïe Fuller. Danseuse de la Belle Époque*, Paris, Somogy/Stock, 1994, p. 522-523 et 530-540. Voir également Jean-Louis Croze, « Le Lys de la vie », *Comœdia*, 23 février 1921, et Paul de La Borie, « Le lys de la vie devant la critique », *Comœdia*, 18 mars 1921, ainsi que *Cinéa*, n° 19, 16 septembre 1921.

47.   Germaine Dulac, « Trois rencontres avec Loïe Fuller », *Bulletin de l'Union des Artistes*, n° 30, février 1928. Repris dans *Écrits sur le cinéma (1919-1937)*, Paris, Paris Expérimental, 1994, p. 109-110.

48.   Même si ces adaptations sont centrées essentiellement sur la problématique du voleur d'yeux, le sujet de l'automate renvoie néanmoins chez Fuller à un « rapport critique à son propre corps, ce moteur masqué de toutes ses danses. Maîtrisé et exclu à la fois, il s'était toujours exprimé en fonction de l'Autre. Loïe avait ainsi vécu son corps de danseuse uniquement comme émission d'énergie et pulsion régulatrice du geste, exactement comme il arrive au cœur mécanique d'un automate qui assure le mouvement de celui-ci sans pour autant en partager la présence vitale. » Giovanni Lista, *Loïe Fuller Danseuse de la Belle Époque*, Paris, Stock/Somogy, 1994, p. 596. Voir aussi *ibid.*, p. 580 et 644.

49.   « The actor must go, and in his place comes the inanimate figure – the über-marionette we may call him, until he has won for himself a better name. » "The Actor and the Über-Marionette", *The Mask*, vol. I, n° 2, April, 1908, dans *Gordon Craig on Movement and Dance*, New York, Dance Horizons, 1977, p. 50 [éd. par Arnold Rood].

50.   « Et c'est dans les limites de cette figure géométrique que mon cœur, alors, peut obéir à son instinct de la cadence et multiplier la variation de ses rythmes. » « La Métachorie », janvier 1914. Repris dans Valentine de Saint-Point, *Manifeste de la femme futuriste*, Paris, Arthème Fayard, 2005, p. 54-56.

51.   John Martin établit une analogie entre la continuité du mouvement rythmique dans l'espace-temps et l'énergie électrique. John Martin, *La Danse moderne*, Arles, Actes Sud, 1991 [1933], p. 84 et 87..

52.   André Levinson, *La Danse d'aujourd'hui*, Paris, Éditions Duchartre et Van Buggenhoudt, 1927, p. 79.

53.   Laurent Guido, « Entre corps rythmé et modèle chorégraphique : danse et cinéma dans les années 1920 », *Vertigo Esthétique et histoire du cinéma*, Paris, Images en Manœuvre, Hors-série, octobre 2005, p. 20-27 ; *L'Âge du rythme Cinéma, musicalité et culture du corps dans les théories françaises 1910-1930*, Lausanne, Payot, 2006 [chapitre 7].

54.   Gilles Deleuze, *Cinéma 1. L'Image-mouvement*, Paris, Éditions de Minuit, 1983, p. 62-63.

55.   J. C.-A., « Les girls photogéniques », *Cinémagazine*, n° 36, 3 septembre 1926, p. 424. (Commentaire : L'auteur signe avec de simples initiales)

56.   Albert Valentin, « Introduction à la magie blanche et noire », *L'Art Cinématographique*, t. IV, Paris, Alcan, 1927, p. 13.

57.   Émile Vuillermoz, « Le cinéma et la musique », *Le Temps*, 27 mai 1933, s.p.

58.   Les jeunes femmes qui peuplent Hellerau vont provoquer d'après Craig la naissance d'une « distinguée, nice and pretty modern Venus », une « déesse sans cerveau, sans âme », suivant avant tout les canons de la mode. Cette influence néfaste ne produira qu'une opération de « stéréotypage de centaines de femmes par jour », créant des générations de « bonnes, vendeuses de programmes, serveuses et toutes celles et ceux qui sont ou veulent suivre le modèle de l'uniforme [*the uniform pattern*] ». "Jacques Dalcroze and his school", *The Mask*, vol. V, n° 1, July 1912. Repris dans *Gordon Craig on Movement and Dance*, *op. cit.*, p. 228 et 233.

59.   André Levinson, *La Danse d'aujourd'hui*, Paris, Éditions Duchartre et Van Buggenhoudt, 1927, p. 362.

60.   *Ibid.*, p. 354.

61.   « J'ai parlé de phalange et ce n'est pas qu'une métaphore. C'est qu'on discerne dans les exercices de girls le martial prestige des pas de parade, ces ballets militaires d'antan, la liesse populaire de la retraite au flambeau, tambours en tête, l'enthousiasme scandé de la féerie guerrière. » *Ibid.*, p. 358.

62.   *Ibid.*, p. 359. Levinson les rattache pourtant aussi à une tradition ancienne : « Cette fantaisie géométrique, ces ordonnances de facettes vivantes qui se transforment tels les verres de couleurs du kaléidoscope, le jouet qui enchanta l'enfance d'André Gide, nous ramènent vers les "chemins" et

"figures" où excellaient jadis les maîtres à danser de la Renaissance, "géomètres inventifs" réglant les "entrées" des ballets de Cour. » *Ibid.*, p. 360.

63. Philippe Soupault, *Terpsichore*, Paris, Émile Hazan & Cie, 1928. Dans cet ouvrage, Soupault aspire à une alliance entre la danse et le cinéma, qui demeure pour l'heure seulement développée dans quelques fragments et documentaires. *Ibid.*, p. 107 et 111.

64. *Ibid.*, p. 64-65.

65. Sur cette relation au regard masculin (*male gaze*), voir l'analyse de Tom Gunning, *The Films of Fritz Lang: Allegories of Vision and Modernity*, London, BFI, 2000, p. 72-73. Pour Andreas Huyssen, la femme créature de *Metropolis* reflète deux tendances contradictoires, mais l'une et l'autre également fascinées, du rapport à la machine : d'une part, celle-ci marque sa soumission, son efficacité, sa passivité, de l'autre, son pouvoir suscite crainte et rejet. Voir "The Vamp and the Machine", in Andreas Huyssen, *After the Great Divide*, Bloomington/Indianapolis, Indiana University Press, 1986, p. 65-81.

66. Voir à ce sujet mes deux articles "Le corps et le regard : images rythmiques de la danse dans *La Femme et le pantin*", in B. Bastide et F. de la Brétèque (éd.), *Jacques de Baroncelli*, Paris, AFRHC, 2007, p. 232-241 ; et « Le style chorégraphique au cinéma », in *Film Style/Cinema and Contemporary Visual Arts*, Udine, Forum, 2007, p. 499-522.

Bibliographie

Albera, François, Marta Braun et André Gaudreault, *Arrêt sur image, fragmentation du temps*, Lausanne, Payot, 2002.

Altman, Rick, « De l'intermédialité au multimédia : cinéma, médias, avènement du son », *Cinémas*, vol. 10, nos 2-3, 2002, p. 37-53.

Bergson, Henri, *L'Énergie spirituelle. Essais et conférences*, Paris, Presses universitaires de France, 1972 [1919].

Breton, Philippe, *À l'image de l'homme. Du Golem aux créatures artificielles*, Paris, Seuil, 1995.

Brunel, Pierre (dir.), *L'Homme artificiel*, Paris, Didier Erudition/CNED, 1999.

Catelain, Jaque, *Jaque Catelain présente Marcel L'Herbier*, Paris, Éditions Jacques Vautrain, 1950.

Champsaur, Félicien, *L'Amant des danseuses*, Paris, Ferenczi et Fils, 1926.

Chappuis, Alfred et Edmond Droz, *Les Automates, figures artificielles d'hommes et d'animaux*, Neuchâtel, Griffon, 1949.

Clarke, Mary and Clement Crisp, *Ballerina The Art of Women in Classical Ballet*, London, Princeton Book, 1987.

Coffman, Elizabeth, "Women in Motion : Loïe Fuller and the "Interpenetration" of Art and Science", *Camera Obscura* 49, vol. 17, n° 1, 2002, p. 73-105.

Deleuze, Gilles, *Cinéma 1. L'Image-mouvement*, Paris, Éditions de Minuit, 1983.

Delluc, Louis, *Photogénie* [1920], dans Louis Delluc, *Le Cinéma et les Cinéastes*, Paris, Cinémathèque française, 1985 [*Écrits cinématographiques*, t. I, éd. Pierre Lherminier], p. 28-77.

Delluc, Louis, « Le Lys de la vie », *Paris-Midi*, 8 mars 1921, dans Louis Delluc, *Le Cinéma au quotidien*, Paris, Cinémathèque française/Cahiers du cinéma, 1990 [*Écrits cinématographiques*, t. II/2, éd. Pierre Lherminier], p. 237-238.

Delluc, Louis, « Photogénie », *Comoedia Illustré*, juillet-août 1920. *Cinéma et Cie*, Paris, Cinémathèque française, 1986 [*Écrits cinématographiques*, t. II, éd. Pierre Lherminier], p. 273-275.

Deshoulières, Christophe, *L'opéra baroque et la scène moderne*, Paris, Fayard, 2000.

Doane, Mary Ann, "Technology's Body: Cinematic Vision in Modernity", in Jennifer M. Bean and Diane Negra (eds.), *A Feminist Reader in Early Cinema*, Durham N.C./London, Duke University Press, 2002, p. 530-551.

Ducrey, Guy, *Corps et graphies*, Paris, Honoré Champion, 1996.

Dulac, Germaine, « Trois rencontres avec Loïe Fuller », *Bulletin de l'Union des Artistes*, n° 30, février 1928, repris dans *Écrits sur le cinéma (1919-1937)*, Paris, Paris Expérimental, 1994, p. 109-110.

Dusein, Gilles, « Loïe Fuller : expression chorégraphique de l'art nouveau », *La recherche en danse*, n° 1, 1982, p. 82-90.

Gaudenzi, Laure, « Une filmographie thématique : la danse au cinéma de 1894 à 1906 », dans Jean A. Gili, Michèle Lagny, Michel Marie et Vincent Pinel (dir.), *Les vingt premières années du cinéma français*, Paris, AFRHC/Sorbonne Nouvelle, 1996, p. 361-364.

Gaudreault, André et Philippe Marion, « Un média naît toujours deux fois... », *S. & R.*, avril 2000, p. 21-36.

Gaudreault, André, *Cinema delle origini o della « cinematografia-attrazione »*, Milano, Il Castoro, 2004.

Gautier, Théophile, *Écrits sur la danse*, Arles, Actes Sud, 1995.

Gordon Craig, Edward, "The Actor and the Über-Marionette", *The Mask*, vol. I, n° 2, April 1908, dans *Gordon Craig on Movement and Dance*, New York, Dance Horizons, 1977, p. 37-57.

Gordon Craig, Edward, "Jacques Dalcroze and his school", *The Mask*, vol. V, n° 1, July 1912. Repris dans *Gordon Craig on Movement and Dance*, New York, Dance Horizons, 1977, p. 37-57.

Guido, Laurent, « Entre corps rythmé et modèle chorégraphique : danse et cinéma dans les années 1920 », *Vertigo Esthétique et histoire du cinéma*, Paris, Images en Manœuvre, Hors-série, octobre 2005, p. 20-27.

Guido, Laurent, *L'Âge du rythme Cinéma, musicalité et culture du corps dans les théories françaises 1910-1930*, Lausanne, Payot, 2006.

Guido, Laurent, « Le corps et le regard : images rythmiques de la danse dans *La Femme et le pantin* », in B. Bastide et F. de la Brétèque (éd.), *Jacques de Baroncelli*, Paris, AFRHC, 2007, p. 232-241.

Guido, Laurent, « Le style chorégraphique au cinéma », in *Film style/cinema and contemporary visual arts*, Udine, Forum, 2007, p. 499-522.

Gunning, Tom, "Loïe Fuller and the Art of Motion", in Leonardo Quaresima et Laura Vichi (eds.), *The Tenth Muse. Cinema and Other Arts*, Udine, Forum, 2001, p. 25-53.

Gunning, Tom, *The Films Of Fritz Lang: Allegories Of Vision And Modernity*, London, BFI, 2000.

Harris, Margaret Haile (ed.), *Loïe Fuller: Magician of Light*, Richmond, Virginia Museum, 1979.

Hoffman, *L'Homme fabriqué*, Paris, Garnier, 2000.

Huyssen, Andreas, "The Vamp and the Machine", in *After the Great Divide*, Bloomington/Indianapolis, Indiana University Press, 1986, p. 65-81.

J. C.-A., « Les girls photogéniques », *Cinémagazine*, n° 36, 3 septembre 1926, p. 424.

Kessler, Frank et Sabine Lenk, « Cinéma d'attractions et gestualité », dans Jean A. Gili, Michèle Lagny, Michel Marie et Vincent Pinel (dir.), *Les vingt premières années du cinéma français*, Paris, AFRHC/Sorbonne Nouvelle, 1996, p. 195-202.

Kleist, Heinrich von, « Sur le théâtre de marionnettes », *Berliner Abendblätte*, 12-15 décembre 1810. Repris dans *Petits écrits Essais Chroniques, anecdotes et poèmes*, Paris, Gallimard, 1999, p. 211-218.

Levinson, André, *La Danse d'aujourd'hui*, Paris, Éditions Duchartre et Van Buggenhoudt, 1927.

Lista, Giovanni, *Loïe Fuller. Danseuse de l'Art Nouveau*, Paris, Réunion des Musées Nationaux, 2002.

Lista, Giovanni, *Loïe Fuller. Danseuse de la Belle Époque*, Paris, Somogy/Stock, 1994.

Mallarmé, Stéphane, *Œuvres Complètes*, t. II, Paris, Gallimard, 2003.

Mannoni, Laurent, *Le Grand Art de la lumière et de l'ombre. Archéologie du cinéma*, Paris, Nathan, 1995.

Martin, John, *La Danse moderne*, Arles, Actes Sud, 1991 [1933].

de la Mettrie, Julien Offray, *L'Homme-Machine*, précédé de *Lire La Mettrie* par Paul-Laurent Assoun, Paris, Denoël, coll. « Folio/essais », 1999.

Milner, Max, *La Fantasmagorie. Essai sur l'optique fantastique*, Paris, Presses universitaires de France, 1982.

Moussinac, Léon, « La poésie à l'écran », *Cinémagazine*, n° 17, 13 mai 1921, p. 16.

Noverre, Jean-Georges, *Lettres sur la danse*, Paris, Ramsay, 1978.

Quaresima, Leonardo et Laura Vichi (dir.), *La Decima Musa : il cinema e le altri arti/The Tenth Muse : cinema and other arts*, Udine/Gemona del Friuli, Dipartimento di Storia e Tutela dei Beni Culturali, Universita degli Studi di Udine/Forum, Atti del VI Convegno Domitor/VII Convegno Internazionale di Studi Sul Cinema, 21-25 mars 2000.

Roudinesco, Elisabeth, « L'oiseau sorti d'un rêve obscur... et dont le sexe est incertain », *L'Avant-Scène. Ballet Danse*, Spécial *Coppelia*, n° 4, novembre-janvier 1981, p. 14-15.

Saint-Point, Valentine de, *Manifeste de la femme futuriste*, Paris, Arthème Fayard, 2005.

Soupault, Philippe, *Terpsichore*, Paris, Émile Hazan & Cie, 1928.

Madame de Staël, *Corinne ou l'Italie*, Paris, Garnier, [s.d.]

Udine, Jean de, *L'Art et le Geste*, Paris, Félix Alcan, 1910.

Valentin, Albert, « Introduction à la magie blanche et noire », *L'Art Cinématographique*, t. IV, Paris, Alcan, 1927, p. 89-116.

Véray, Laurent, « Aux origines du spectacle télévisé : le cas des vues Lumière », dans Pierre Simonet et Laurent Véray, *Montrer le sport : photographie, cinéma, télévision*, Paris, Institut national du sport et de l'éducation physique, 2001, p. 75-85.

Verriest, Gustave, « Des bases physiologiques de la parole rythmée », *Revue Néo-Scolastique*, n° 1, janvier 1894, p. 39-52 et n° 2, avril 1894, p. 112-139 (Société Philosophique de Louvain, A. Uystriyst-Dieudonné/Paris, Félix Alcan).

Vuillermoz, Émile, « Le cinéma et la musique », *Le Temps*, 27 mai 1933, s.p.

Wawrzyn, Lienhard, *Der Automaten-Mensch*, Berlin, Verlag Klaus Wagenbach, 1985.

Death by Media: Warhol's "Electric Chairs"

Pamela Lee

M y paper concerns a body of work critical to the historical imaginary of the state and its publicity—Andy Warhol's "Electric Chairs"— but I want to argue this work is critical in ways not expressly visualized by the images themselves (Figure 1). With these silk screen paintings, part of a suite from the early 1960s collectively known as the "Death and Disaster Series," Warhol produced what may well be his most incisive commentary on questions of power and the media. That may seem an odd claim to make given the received wisdom on his practice. Power is a word not commonly invoked in the same breath as Warhol; and to be sure, compared to the images and objects typically associated with this blankest of modern masters—the Campbell's soup cans, the ever-multiplying Marilyns, the alternately glamorous and glazed portraits of A-listers and wannabes—the Electric Chairs confront thematically darker stuff than the pop confections to which his name is usually attached. Along with other pictures in the Disaster Series, which include race riots, car crashes, and suicides, they have been treated as something of a one-off as a result: a brief nod toward the socially incendiary in the United States of the early 1960s. If Warhol's usual fare consists of commodity trifles and media spectacle, the chairs seem something of a compensatory gesture. The one group appears an idyll, a distraction; the other, deadly serious.

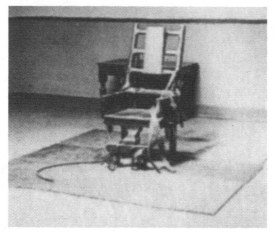

Figure 1

The former is everywhere visible, noisy as the evening news; the other inspires silence for the gravitas of its subject.

How, then, to square the urgency of the subject represented—its explicitly topical source material—with the wasteland of American media culture that is Warhol's preferred stomping ground? Do these pictures simply confirm the rather banal observation that Warhol's entertainment values have drifted south into the terrain of blood sport? And in what ways does this work advance a particular argument on power and media apart from the iconographic treatment of the chair itself? In this paper I mean to avoid neither the issue of capital punishment in general nor the electric chair in particular, but to look at both askance, as I will argue Warhol entreats us to do. I am concerned with the contradictions of publicity and privatization, visibility and invisibility, instantiated by electronic media in images like the one Warhol used for this series. For this is an image that speaks to the question of the *symbolic representation of state power*, as well as the very appearance of these representations in the United States. Indeed, I mean to highlight the nationally-specific perspective on this issue granted by Warhol.

As many art historians have noted, the Electric Chairs were first shown in Paris in 1964 in a show called "Death in America." In what follows, I will chart this peculiar territory by means of a temporally distorted path, wending its way from Warhol's series of the 1960s to the chair's historical origins in Buffalo, New York, in the late 19th century to very contemporary visual phenomena that confirm both the canniness and prescience of his insights.

To make this argument, I consult Giorgio Agamben, who has discussed the state's capacity to administer life, to at once produce and destroy it, as the central feature of modernity's elaboration of sovereign power. Here we find ourselves in the realm of biopolitics, most famously articulated by Michel Foucault in the *History of Sexuality* (1978). The biopolitical for Foucault referred to the ways in which the sphere of life (and sex implicitly) had been integrated into the mechanisms, and thus politics, of sovereign authority: "the right of death and power over life. Life, in other words, had become subordinate ... to the sphere of political techniques."[1] Taking up where Foucault's profoundly influential reading left off, Agamben considers the biopolitical beyond the history of sexuality. Regarding the biopolitical at the threshold of "bare life," he sees its ramifications in the long history of political theory, from Aristotle to Carl Schmitt to Hannah Arendt. "The entry of *zoe* into the sphere of the polis," he writes, "the politicization of bare life as such—constitutes the decisive event of modernity and signals a radical transformation of the political-philosophical categories of classical thought."[2] For Agamben, the consequences of this shift are catastrophic, its most venal paradigm to be found in the concentration camp.[3] Sovereign power, by this view—and whether totalitarian or democratic in its constitution—enacts an unruly paradox. In its inordinate capacity to administer death, to "kill without a sacrifice," the sovereign at once stands outside the law as much as it wields and determines that law. "The paradox of sovereignty," he writes, "consists in the fact the sovereign is, at the same time, outside and inside the juridical order."[4] Agamben will call this prerogative the sovereign's *state of exception*, and it is the example set by Carl Schmitt to which he will repeatedly return.

Indeed, Agamben's book turns around a haunted lineage of sorts, one that cuts its disastrous path from Carl Schmitt's Germany to the Beltway, from the waning years of the Weimar Republic to its dark mutation in the welter of neoconservative policy. Controversial for this role as a Nazi jurist, Schmitt is today read by radically disparate constituencies for the severity and, as it turns out, prescience of his observations. His thinking on sovereignty in both *The Concept of the Political* (1932) and the earlier *Political Theology* (1922) lies at the base of Agamben's recent investigations; his far-reaching excoriation of liberalism and his account on the theocratic dimensions of political speech resonate a little too well with current events. Mostly, though, Schmitt is read for his theory of the political: that autonomous sphere of life, as opposed to aesthetics or morality, organized around the dualism of "enemy and friend." What constitutes politics for Schmitt might be described as an *inverted alterity*, an antagonism towards the Other so strenuously expressed, an enmity so implacable, that politics itself is a matter of life and death. The political enemy, Schmitt writes, is "the other, the stranger ... something different and alien."[5] One's status as a political subject as such demands the *"existential negation* of the enemy." This is one species of bare life, the kind in which sovereign power is determined by the annihilation of the Other. And it is the sovereign's prerogative to both give and withhold life—to "kill without sacrifice," as Schmitt will describe it—that licenses its exceptional power: to be both within the law and outside it, "to remove

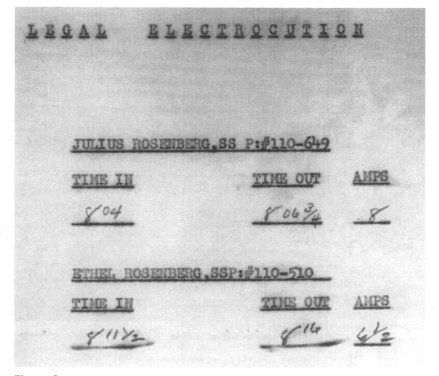

Figure 2

from politics any possibility of justifying one's action on the basis of a claim to a universal moral principle."[6]

Now how might this inform our reading of Warhol? In a regime dominated by media spectacle—one in which Warhol labours as an alternately dutiful and critical citizen—the state of exception turns around a conflicted visual logic. Sovereign power, we shall see, will rule at the threshold of the visible and invisible, between self-publicity and self-censorship. Few artefacts of modernity are more in keeping with the ethos of bare life than the electric chair, and its role in the cultural imaginary Warhol envisions will have everything to do with the state's relationship to the media. What's critical to note is that media takes on a double resonance in this work, referring both to new and spectacular modes of communication *and* to a form of lethal technology. Electricity and electronic media is that which binds these two modalities together, acting as a relay between these alternating currents.

To get there, let us begin with first impressions of the work. For all the heat that comes with discussions of capital punishment—its promises of vengeance and moral furor—the scene Warhol depicts is strangely drained of affect, "bloodless" one is tempted to say. This is an observation critical to numerous interpretations of the Death and Disaster series—in particular, the brilliant reading on Warhol advanced by Hal Foster—but I raise it here to different purposes. The tone of the work runs the gamut from declension to sensationalism, hot to cold and back again; and in the end, both positions effectively negate each other. It is a zero-sum game. Based on stock photographs of the death chamber at New York's Ossining prison taken in 1953, the artist presents us with serialized images of an exquisite chilliness, projecting a kind of hard, glacial beauty in stark contrast to the dread scenario we can barely summon. From one work in the series to the next—and with all the politesse of a neon sign—the seat of capital punishment blithely flashes the colors of a rainbow spectrum. Reds, blues, pinks, and oranges saturate the surface of these images so that the figure floats like a hallucination against a lurid ground. Here as elsewhere, Warhol's vibrant palette is equal but opposite to the compositional sobriety of the image appropriated. The rigid geometry that organizes the images—think grids, repetitions, and serial permutations— serves to rationalize a scene that, for the vast majority of us, is utterly beyond rationalization, utterly beyond imagination.

This failure of imagination may well be the point of the exercise. The scene is that much more unimaginable because the work refuses easy identification on the part of its audience. Invariably the Electric Chairs draw commentary for their striking lack of human bodies, activity, or for that matter appearance of empathy. As the official literature on Warhol will tell us, they are "devoid of human presence," and this observation, bland though it may be, will prove not only instructive but critical. In order to take some measure of the work's singularity for Warhol, compare them to other images from the Death and Disaster series, which picture the mangled victims of car wrecks, hapless African-Americans savaged by dogs, suicides crumpled on cars, soft flesh losing the battle to heavy metal. These are images, in other words, choked with ruined and powerless bodies. By contrast, the electric chairs sit in silent judgment on the other side of the power divide, with no visible body to take the bench or throw the switch, neither victim nor executioner present.

Instead, at the centre of the work, the empty chair is set at a slightly oblique angle to the picture plane; three doors frame the otherwise empty space; the space is a formal nulle. A sign in the upper right corner telegraphs the only explicit means of human communication by a cruel taunt. "Silence," it admonishes the viewer. To *which* viewer it directs this message, however, is a matter of more than passing interest. For the question of who looks and how figures prominently in what one critic of capital punishment has called "the spectacle of state power" dramatized by the chair. The sign, an oft-noted feature in discussions of Warhol's work, inadvertently registers these ambiguities. There seems little recourse to talk back to this scene. The picture is self-censoring in advance of any imagined exchange.

With these last few passages, I have dwelled on the visual properties of the image to the apparent exclusion of the chair itself, as well as the ideological and ethical issues it necessarily raises. Colors, grids, lines—you might well ask: what does this have to do with a subject so charged as capital punishment? A formal reading of this work, though, one which privileges the abstracting tendencies within the series (at least initially), is in keeping with the tenor of my argument, which stresses the virtual muteness of the image relative to its testimony in the court of public opinion. Of course muteness and its psychic corollary, blankness, are among the most familiar Warholian tropes. In what follows, however, they will assume an especially historical resonance when considered in light of the Electric Chairs.

Now we all know that death held considerable sway over Warhol's imagination, but the inspiration for the work appeared to come from elsewhere. "It was Henry (Geldzhaler) who gave me the idea to start the Death and Disaster Series," Warhol recalled. "We were having lunch one day in summer and ... and he laid the *Daily News* on the table. The headline was '129 Die in Jet.' And that's what started me on the death series—the Car Crashes, the Disasters, the Electric Chairs."[7] In a famous interview with Gene Swenson in 1963, Warhol further elaborated on the nullifying effects of the media on the subject of death:

> I guess it was the big plane crash picture. The front page of a newspaper: 129 DIE. I was also painting the Marilyns. I realized everything I was doing must have been Death. It was Christmas or Labor Day—a holiday—and every time you turned on the radio they said something like "4 million are going to die." That started it. But when you see a gruesome picture over and over again, it doesn't really have any effect.[8]

This quote has provided much grist for the Warholian mill. The two most important readings of the Death and Disaster Series more generally—by Thomas Crow and Hal Foster—variously debate the role of this "blankness" with respect to Warhol's morbid obsessions.[9] Is this a slyly subversive means to sneak a political message into the work stripped bare of affect, or is it a psychically charged response to the traumas of media? Crow's essay prizes an iconographic reading of the chairs as a veiled critique of commodity culture. "The thesis of the present essay," he argues, "is that Warhol, though he grounded his art in the ubiquity of the packaged commodity, produced his most powerful work by dramatizing the breakdown of commodity exchange."[10] Crow sees this "breakdown of commodity exchange" in the ways in which the Marilyn pictures situate celebrity as a commodity in its own right. The representation of Marilyn, who had recently committed suicide, he argues, is one such allegory of a failed commodity as are Warhol's "car crashes". Crow's Warhol is a necessarily political Warhol, whose stance is conditioned by the "reality of suffering and death" in the content of the phenomena depicted.

For his part, Foster identifies two trains in the reading of Warhol—the simulacral Warhol, for whom his critics opine that it's all about the emptiness of the signifier, and the referential and even humanistic Warhol described by Crow. Foster argues for the necessity of mediating those positions, but he wants to do so through the affective dimensions of what he calls Warhol's "traumatic realism." He treats the Warholian subject as neither blank nor iconographic so much as the bearer of shock: shock in the face of a new media republic. For shock is that immanently modern condition by which the subject psychically insulates itself against the repeated stresses of urban life; and for obvious, even literal reasons, its evocation here might well apply to media representations of the electric chair. It was, of course, Walter Benjamin, taking his cue from Freud, who famously theorized the condition of shock in his account of Baudelaire's Paris. Shock was what enabled the modern subject to survive the overstimulation of the new urban spectacle. Foster takes recourse to this theory via Jacques Lacan to understand Warhol's repetitions in the Death and Disaster series as necessarily traumatic: as an effort to master and work through the endless experience of a public sphere gone pathological for its media excesses.

In short, Crow argues for Warhol as an engaged and critical spectator of commodity culture, whereas Foster means to recode the familiar notion of Warholian blankness to the psychic economy of shock. Here, I want to preserve some place for blankness in this work. But it's neither Warhol's studied air of disaffection that engages me nor the work's putatively simulacral dimensions as much as the work's functioning as a kind of blind spot. In the language of psychoanalysis, the notion of scotomization, of that *blanked* out as a defence mechanism against specifically traumatic events, comes close to Foster's reading of shock and the erasures it produces in Warhol's work. What is blanked out in this image is more than a matter of dissociation on the part of the viewer, however. What is blanked out is the figuration of power on the part of the chair's maker.

To this end consider Gerard Malanga's view of the electric chairs. On the occasion of one of the first group showings of Warhol's *Little Electric Chairs*, a diminutive offshoot of the originals, the long-faithful factory worker narrates a trip he took with Warhol to Canada in 1965. He writes of taking an overnight train to Toronto and he is, like the proper Warholian subject, properly bored. He speaks of awakening, confused and out of sorts, the next morning in Buffalo, where the train has momentarily stopped and the conductor has alerted them that the border is fast approaching. Is it just one of those unfortunate coincidences of geography and history that the idea for the Electric Chair was first proposed in Buffalo; that in the 19th century, Buffalo was known as "the Electric City of the future" and the base of George Westinghouse's operations; that the assassin of President McKinley, in Buffalo, would later fall victim to the electric chair? Whatever the case, Malanga's recollections indulge the usual factory anomie. He recalls,

> On March 18, 1965, Andy and I embarked on the New York Central departing Grand Central Terminal around 4 pm. We sat across the aisle from each other immersed in Vogue and Bazaar and the New York Times, killing time as it were. ... Neither of us had ever been to Toronto before, so we didn't know what to expect, simply not knowing anyone there who could show us around. ...
>
> Imagine the premiere of Andy's Electric Chair paintings in Toronto! Electric Chairs assembled four up and six across or am I just making this up? It could be an entirely different installation altogether. Each painting seemed identical, yet no two were really alike. Every color imaginable. I remember, then, while slowly looking at them, Andy's remark how adding pretty colors to a picture as gruesome as this would change people's perceptions of acceptance. Suddenly the space of the room cancels everything else out. The chair is no longer a weapon and it's not the chair anymore. ...[11]

The passage is unremarkable in its elaboration of all the standard Warholian motifs: the sense of boredom momentarily relieved by a glossy magazine, the dim recollections of a recent event, a feeling of alienation brought on by an unfamiliar place, the killing of time. But Malanga lets drops some pointed observations. He speaks to the way in which the room "cancels everything else out". To repeat his words, "The chair is no longer a weapon and it's not the chair anymore." If the chair is no longer a weapon and it's not a chair anymore, what it is it? And to what does this act of cancelling refer?

No doubt, you could answer this question in myriad ways—Warhol, after all, is the undecidable artist par excellence—but we might start with the most literal form of cancellation in Warhol's technical arsenal, and that is his selection (and thus de facto editorializing) of images (Figure 3). In 1953, the World-Wide Photo Agency was distributing this picture of Sing Sing's death chair; it was the year of the most infamous execution by the chair of all time, that of accused Soviet spies Ethel and Julius Rosenberg. Warhol used a photograph that, while widely circulated, volunteered little in the way of that event, and he pressed it repeatedly into the service of availing progressively less and less information (Figure 4). In *Silver Disaster* of 1964, for example, not only does he double the image of that chair in the tinselled hues of the silver screen, a reading further suggested by the vertical stacking of its repeated frames, but he has also positioned them against a vast monochrome panel, equal parts hard edge painting and television monitor. Notably, Warhol introduced this format with the electric chairs. He referred to these panels as "blanks." Later we will have occasion to reflect on this image in order to question its visibility, not to mention its strangely prophetic implications today.

Indeed, when sorting through the sparse archive of electric chair images, one glimpses an alternative view of its representation from Warhol's, acknowledging the presence of a viewer in the proceedings themselves (Figure 5). This picture, for instance, grants us a perspective

Figure 3

Figure 4

Figure 5

on the scene that suggests having a perspective is even possible, offering a point of negative identification made that much more brutal by the prisoner's inability to return the gaze. As the image shows, the electric chair is stationed across from a seat of witnessing: a pew in the church of state power. If the sign that reads "silence" effectively quiets any communication, the chair confronting the instrument of capital punishment dramatizes the cruel—and covert—theatre about to unfold.[12] When taken together with Warhol's electric chair, the two propose a blunt dialectic underwriting the visual mechanisms of state authority. In short: the chair *must* be seen as a figure of that authority, as that which both punishes those outside the law and instructs those functioning within the law. Yet, as we will discover, the chair cannot be *too* visible "to a public witness enlisted to support its deterrent power."[13] My claim is that Warhol's chair—and its relation to the other images in the Death and Disaster Series—highlights, if blankly, the gradual withdrawal of sovereign visibility within the culture of spectacle over which it reigns. In contrast to the rash of morbid bodies populating his other death and disaster works, not to mention the commodity and celebrity culture colonizing his art in general, here Warhol presents the visual figuration of the state of exception. He bids us to witness the privatization of public death at the historical moment of the information society's ascendance. Crucially he does so through an especially spectacular medium— the electric chair—whose very history turns around this grotesque intertwining.

II

Just how Warhol's work might do so demands recourse to a longer tradition, of which the chair's conflicted origins serve notice. As long as there has been capital punishment—as long as there has existed a social relation, in other words—the visibility of execution has been critical to both the ideology of deterrence and the politics of the power of state authority over bare life.[14] "The public execution," Foucault wrote, "has a juridico-political function. It is a ceremonial by which a momentarily injured sovereignty is reconstituted. It restores sovereignty by manifesting it at its most spectacular. ... Not only must the people know, they must see with their own eyes." In 1791, a French revolutionary put it more bluntly: "It takes a terrifying spectacle to hold the people in check."[15] The public execution was indeed conceived of a spectacle far in advance of Guy Debord. How strange, and yet appropriate, that the word "gala," with its ring of festivals and mass entertainments, is etymological cousin to the word "gallows"; and how fitting that early modern accounts of these events lavishly detail the carnivalesque passions flooding their witnesses.[16] Of course Foucault also taught us, through the example of Jeremy Bentham's Panopticon, that modern technologies of surveillance shifted the nature of these modes of social control. The Panopticon was a new form of prison architecture, in which the warden remained concealed from view in his central watchtower, and as such the prisoner remained uncertain as to whether he was being watched. In the prisoner's state of perpetual unknowing, in which he checks his every behaviour for fear of reprisal from the state, the Panopticon shores up a new model of control, that of the self policing the self. Something slightly different happens with Warhol's death chair imaginary, however, even as the role of surveillance technology plays no small role in his practice.[17] For the representation of the chair admits neither to a sovereign agent nor to a victim nor to the presence of an audience over which it holds sway. Critics of the chair have argued that "maintaining *public* support for the death penalty has long depended on keeping the act of killing prisoners private."[18] It is this tension that Warhol's work so hauntingly exploits, its air of blankness configuring a double logic of what I've called both self-censorship *and* self-publicity.

That double logic was there from the chair's 19th-century beginnings. From its brilliantly botched debut in 1890, when one William Kemmler became its first pathetic victim at New York's Auburn Prison, rancorous debate turned around its relative visibility.[19] The history of the chair, one can go so far as to say, is the history of its place both within and in excess of the media, a position befitting the chief instrument of the state of exception. For the symbolization of the chair's exemplary power must be—in an inescapably violent formulation—politely expressed. In the 1830s in the United States, the progressive withdrawal of public executions began, from public streets and squares to prison courtyards to within the walls of the prisons themselves.[20] The transformation of death work technology in the United States followed suit. From the gallows to firing squads to the chair—which for most scholars represents its principle modern iteration—its operations became increasingly tidy, bureaucratized, and medicalized. The techno-rationalization of capital punishment coincided with the event becoming less visible to the public. Emblematic of that shift, its witnesses became less present, and represented, as well (Figure 6). Significantly, when representations of the chair do include the presence of a witness, they usually picture an event at some distance from the polite speech associated with conventional state authority. On the one hand, as demonstrated by this rendering of Kemmler's execution, the visual rhetoric is sensationalistic: the illustrator has attempted to capture something of the chaos—and, inadvertently, *lawlessness*—that pervades the scene. If, on the other hand, the images portray the scene of witnessing but are not used to sponsor an abolitionist program, the prisoners largely represented are African-American, telegraphing the racist ideologies that are at the base of the chair's indiscriminate application against black citizens.

This perverse visual economy underscores the chair's deeply embattled status between public displays of power and its increasingly private (or rather secreted) interests, a relation for which the media is not just ancillary but formative. It must be stressed that this is a history that Warhol's images do not and cannot literally describe. Its absence of any historical referent in his work—its lack of narrative content—is to the point: it is why I emphasize a certain kind of blankness in my reading at the expense of iconography. For there can be no useful iconography to decode without a store of representations, no buried history to uncover without clues or a paper trail. The chair's pre-Warholian history endlessly confirms that alternation between privacy and publicity.

This is a story undoubtedly familiar to many, and one that I can only gloss over in this context. And yet the constellation of figures and phenomena it involves speaks volumes to the issues Warhol's work will raise. In the 1880s, the New York State Gerry Commission was formed to investigate the possibilities of creating a new and more humane means of capital punishment.[21] Several recent botched hangings had proved "distasteful" to their official witnesses, walking that precarious line drawn by the Eighth Amendment against cruel and unusual punishment. Hence the potential to exploit the new medium of electricity to affect a quick and painless death was considered. The motivations, it turns out, were not purely humanitarian but rather far more complex. In 1882,

Figure 6

Thomas Edison had begun the electrification of New York City; four years later, George Westinghouse turned Buffalo into the "Electric City of the Future." Whereas Edison used direct current (DC), Westinghouse sponsored the introduction of alternating current (AC) in the United States, which was soon acclaimed as the superior medium—cheaper and more efficient and capable of being transmitted over greater distances. As a result, Edison stood to lose big in the public utilities game, and so the great American inventor did what any upstanding capitalist would do: he went on a smear campaign attacking alternating current as especially dangerous. Thus one of the era's most infamous media spectacles was born.

In this regard, Edison had a particular, if covert, ally in Harold Brown, who developed numerous prototypes for the electric chair. Both he and Brown mounted an increasingly visible program to discredit widespread public use of alternating current. Brown wrote numerous papers and tracts speaking to the brute power of the other inventor's medium, which he deemed "the electrifying current." The two conducted sideshow-like demonstrations in which they electrocuted animals with alternating current in front of slack-jawed audiences of scientists and lay people alike. Dogs, horses, cows, and even an elephant were felled in this electrified spectacle–cum–negative advertisement, a kind of death circus in the culture of Gilded Age invention. Indeed the filmed "execution" of an elephant—and the dramatic re-enactment of a presidential assassin— would prove startlingly popular as actualities.[22] Edison would go on to argue that the electric chair provided a quick and painless death, *but only if* alternating current was used. The strategy was transparent: he was attempting to render AC equivalent with death in the minds of potential consumers—that is to say, readers of media outlets, including the *NY Post*, *Scientific American*, and the *New York Times*.

The war intensified to the point where Brown called for a public duel; a law suit was brought forward by Westinghouse, and Edison ultimately achieved his goal by having Kemler electrocuted by alternating current. ("Westinghoused," he called it.) In my necessarily brief take on this history, I mean to stress the contradictions attending the invention of the electric chair as a media instrument falling somewhere between public and private spheres of influence. And this is in keeping with even more outrageous recent controversies. The tradition of having official witnesses present at an execution remains law in the thirty-six states maintaining capital punishment; on average, states require somewhere between six and twelve witnesses representing a cross-section of state citizenry. A few from the media, a few from law enforcement, and a few professionals attend these events[23] (Figure 6). As this document shows, however, there is no shortage of individuals who desire to take part in this atrocity exhibition, whether out of a sense of vengeance or in the interest of the state's accountability. In its dialogue with other forms of capitalist spectacle—mass entertainment and the celebrity culture of the 1960s—Warhol's work points to one of the most charged debates surrounding death by the electric chair: the potential for the act to be transmitted through photography, film, and finally television.

A long history of this controversy occurred well in advance of Warhol (Figure 7). This horrific and illegal image of Ruth Snyder's 1928 execution, taken in the death chamber by a reporter with a hidden camera, appeared

The execution of Ruth Snyder *Tom Howard, 1928*

Figure 7 Ruth Snyder, photographed by Tom Howard at the moment of her electrocution at Sing Sing Correctional Facility, January 12, 1928.

on the front page of the *New York Daily News* and caused such an uproar that the protocol for witnessing state executions was changed as a result. In 1957, Albert Camus wrote on capital punishment in terms that resonate well with Warhol, foreshadowing current debates about public executions on pay-per-view cable, the Net, talk shows, and closed-circuit television[24]: "If the penalty is intended to be exemplary," Camus challenged, "then not only should the photographs be multiplied ... but the entire population should be invited and the ceremony should be put on television for those who couldn't attend."[25] A staunch opponent of capital punishment, Camus uses this reasoning to unmask the central paradox of state-sponsored executions: while it is authorized in the name of the public good, it can only function out of sight of the public sphere.

III

In bringing these concerns to bear on the Disaster series, the following question remains: What exactly can we see? To claim, as I have, that the chair figures the state of exception means we have to grapple with what is visually exceptional about it. As Foster notes in his discussion of Warhol, the classic imagery of the sovereign is organized around a unified body politic, which centralizes, subsumes, and ultimately subordinates a mass of individuals into the totemic profile of the Leviathan. A democratic sovereignty is an infinitely more fragile thing, far more difficult to represent, because it is constituted not around the one but the many. Its prevailing fiction is that we are all integrated in the mechanisms of state power, which logically suggests we are encoded in its visual representations.

Yet Warhol's electric chairs give the lie to this conceit, and they do so by his steady manipulation of the image. Take, for instance, the formal repetitions that form the bedrock of his practice and the way in which they position state power in these works on the cusp of visibility. The electric chairs are organized around the same structural device as other pictures in the "Death and Disaster" series: and in their seriality, their on-and-on-ness, they attest to the formative power of repetition within a media culture. But reproducibility, in this case, is not the same thing as visibility, and repetition, as Deleuze painstakingly reminded us, is no guarantor of either identity or sameness. "You get the same image but slightly different each time," Warhol remarked of his production, and in this simple statement lies the complexity of the electric chair's visual program.[26] (Figure 8) The repetition of the chair does not so much consolidate its force as a visual icon, a unified and singular thing, as much as it describes its virtual dispersal. Warhol's particular figure/ground

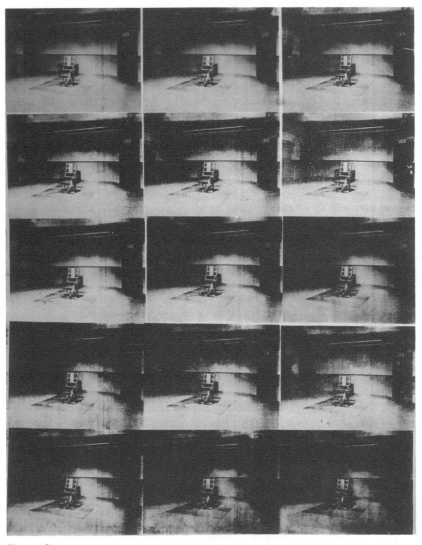

Figure 8

reversals, in tandem with these serial effects, are marshalled in the service of disaggregating the image. There is, I want to say, a strikingly *aniconic* tendency at work here. As the repetition produces a kind of visual stutter from one frame to the next, with Warhol's brilliantly saturated grounds overwhelming the chair's figuration in black, the work becomes progressively abstract and allover in quality. Paradoxically, as a result of this alloverness, the image cannot be confronted head on. The oblique angle at which the chair is set is underscored by the repetition of the frames; and this in turn produces a subtle sloping motion, directing the viewer's attention less to the centre of the picture plane than off screen, as it were.

In a number of other works from the series, including *Silver Disaster*, discussed earlier, this perspective is exploded to monumental scale, with the chair rendered even more marginal to the larger composition. In large part this is because Warhol introduced his "blanks" with the Electric Chairs. These "blanks"—large monochrome panels of the same color— function to offset our relationship to the images viewed. Notice that that placement of the blanks never works to bisect the larger composition evenly; Warhol is not providing us with a binocular perspective, or giving equal visual weight to each element in the diptych, but decentralizes our larger reception of the image as a whole. In 1964, when the series was first shown in Paris, a critic could write of the blue version of this novel composition: "Warhol juxtaposes a monochrome panel with the painting in the same blue. ... The color signals the crime of an absence, become empty, become dead, become the systematic annulment of life. Such a diptych accents the expression of anguish with a moment of truth lived in the absolute."[27] Though such existential turns of phrase are of limited use here, the critic well addresses something of the nullity of the image: it is the nullity of life at the edge of death. And yet the color of *Silver Disaster* in particular inflects our current reading somewhat differently. We should note that Warhol used silver for the first time with the electric chair series, as he also did the blanks. The authors of Warhol's catalogue write that the color suggests cold metal, conduction, associations that work plainly enough with the chair. But in a manner that may have little to do with his intentional design, it seems fitting that the greater part of this field is also the space of a blank screen, like a monitor absorbing and thus pulling at the share of the spectator's attention, or a mirror

Figure 9

withholding the image of the viewer it is supposed to reflect. In either case, vision is partially and tendentiously blocked.

In a regime in which pictures of celebrity and commodities routinely trump meditations on politics, the sovereign's prerogative is to remain outside visual mediation. Warhol will obliquely point to this place with his electric chairs. Let me emphasize, though, that this is *not* simply a politics of simulations—of the roaring emptiness of the signifier—so much as it underscores the deeply material consequences of that which stands in excess of such images, or, to follow Agamben, is *exceptional* to it. To close, I want to dramatize the continuing relevance of the larger issue the electric chairs articulates (Figures 9). Here, then, we might compare two images that are at once horribly familiar and yet hardly familiar enough. Sometime in the late summer of 2004, the poster based on the photograph appeared in the New York subway system and elsewhere. Its crisply buoyant design and jaunty colors were an explicitly negative homage to the Apple Universe and its endless relay between media images and media props. From where I'm sitting, though, the poster brings Warhol's lessons catastrophically up to date. A shadow figure of Abu Ghraib appears as a kind of blind-spot persona—a phantom blankness—stamped out from the very fabric of commodity culture, an advertisement. In turn that blankness is seized by an electrical current, a potential or deterrent threat, itself held out of sight. In the poster's appeal to the iPod's ubiquity, it radically collapses the public language of private capital with the ever more cryptic scene of state authority. And like the "Electric Chairs" before it, it reveals the ways in which an electrified body, a tortured body, is drafted by media in the paradoxically invisible spectacle of sovereign power.

Notes

This text, given as the keynote address for the CRI conference on electricity, represents an abbreviated version of a longer work in progress on problems of power and the media in contemporary art. In it I have drawn on several passages, particularly those on Agamben and Carl Schmitt, which have also found their way into my other research on this topic, as in "My Enemy/My Friend," *Grey Room 24* (Cambridge: MIT Press, 2006). I am grateful to the organizers of the conference for the invitation to present and publish this material. Special thanks are due to Anne Lardeux.

1. Michel Foucault, *The History of Sexuality*, vol. 1 (New York: Vintage Books, 1990) 142.

2. Giorgio Agamben, *Homo Sacer: Sovereign Power and Bare Life* (Stanford, CA: Meridian Press, Stanford University, 1998) 4.

3. Agamben 120.

4. Agamben 15.

5. Carl Schmitt, *The Concept of the Political*, translation, introduction, and notes by George Schwabb (Chicago: University of Chicago Press, 1996) 27.

6. George Schwabb, "Preface," in Schmitt xxii.

7. Warhol quoted in *The Andy Warhol Catalogue Raisonné*, George Frei and Neil Printz, ed. (London: Phaidon, 2002) 181.

8. Swenson, "What is Pop Art?" 235.

9. See Thomas Crow, "Saturday Disaster: Trace and Referent in Early Warhol," and Hal Foster, "Death in America," reprinted in *Andy Warhol: OCTOBER Files*, Annette Michelson, ed. (Cambridge: MIT Press, 2001).

10. Crow, "Saturday Disaster," in *Andy Warhol: OCTOBER Files*.

11. Peter Halley and Gerard Malanga, *Andy Warhol: Little Electric Chair Paintings* (New York: Stellan Holm Galleries, 2002) 8.

12. On the "theater of power" and the performative dimensions of the work, see Peggy Phelan, "Andy Warhol: Performances of *Death in America*," in *Performing the Body/Performing the Text*, Amelia Jones and Andrew Stephenson, eds. (New York: Routledge, 1999) 223–236.

13. On this paradox, see Austin Sarat, *When the State Kills: Capital Punishment and the American Condition* (Princeton, NJ: Princeton University Press, 2001) 205. As Sarat notes, "The public is always present at an execution. It is present as a juridical fiction."

14. On this history in the modern period, an important account is Pieter Spierenburg, *The Spectacle of Suffering: Executions and the Evolution of Repression: From a Preindustrial Metropolis to the European Experience* (London: Cambridge University Press, 1984). Also see the extremely useful review essay on this debate within the 19th-century American context by Michael Madow, "Forbidden Spectacle: Executions, the Public, and the Press in 19th-Century New York," *Buffalo Law Review* 43 (1995): 462–556. Madow outlines the three arguments for why public executions progressively withdrew from public spectacle from the early

19th century forward. "Until recently," he writes, "historians tended to read this sweeping transformation of penal practice as a simple and inspiring narrative of 'progress and reform'" (Madow 492). Referred to as the "Whigghish" account, the changes in public executions in the late 18th to mid-19th century were seen as an achievement of reason over barbarism: writing by Cesare Beccaria and Jeremy Bentham, among others, were mobilized to suggest a growing outcry against the public spectacle of punishment. Madow sees the work of Foucault and other scholars as representing an important rejoinder to this reading: it is social control, and not any ostensible shift in morality or ethics, that underlies the changes in penal technology in the modern period. Finally, the third wave of interpretations (as represented by historians such as Spierenburg) challenge the Foucauldean reading in considering class-based sensitivities to capital punishment and their public spectacles.

15.   See Albert Camus, "Reflections on the Guillotine," *Resistance, Rebellion, and Death: Essays* (New York: Vintage, 1995) 181.

16.   See Spierenburg, *Spectacle of Suffering.*

17.   See Branden Joseph, "Nothing Special: Andy Warhol and the Rise of Surveillance," in *CTRL [Space]: Rhetorics of Surveillance from Bentham to Big Brother*, Thomas Levin, Ursula Frohne, and Peter Weibel, eds. (Cambridge: MIT Press, 2002) 236–252.

18.   Jennifer Gonnerman, "The Last Executioner," *Village Voice*, January 24, 2005.

19.   On Kemmler's execution and its implications for the body, see Tim Armstrong, "The Electrifiction of the Body at the Turn of the Century," *Textual Practice* 5.3 (Winter 1991): 303–325.

20.   See Madow 462–556.

21.   On this history, see Craig Brandon, *The Electric Chair: An Unnatural American History* (Jefferson, North Carolina: McFarland and Company Inc., 1999).

22.   On the temporality of these two Edison films, see Mary Ann Doane, "Dead Time: The Cinematic Event," *The Emergence of Cinematic Time: Modernity, Contingency: The Archive* (Cambridge: Harvard University Press, 2002).

23.   See "Witness to an Execution," Robert Johnson, *Death Work: A Study of the Modern Execution Process*, (Belmont: Wadsworth Publishing, 1998) 169–175.

24.   On debates regarding the broadcasting of executions on television, see Sarat 205.

25. Camus 181.
26. Printz 205.
27. Printz 331.

Bibliography

Agamben, Giorgio. *Homo Sacer: Sovereign Power and Bare Life*. Stanford, CA: Meridian Press, Stanford University, 1998.

Armstrong, Tim. "The Electrifiction of the Body at the Turn of the Century," *Textual Practice* 5.3 (Winter 1991): 303–325.

Brandon, Craig. *The Electric Chair: An Unnatural American History*. Jefferson, North Carolina: McFarland and Company Inc., 1999.

Camus, Albert. "Reflections on the Guillotine," in *Resistance, Rebellion, and Death: Essays*. New York: Vintage, 1995.

Crow, Thomas. "Saturday Disaster: Trace and Referent in Early Warhol," reprinted in *Andy Warhol: OCTOBER Files*, Annette Michelson, ed. Cambridge: MIT Press, 2001.

Doane, Mary Ann. "Dead Time: The Cinematic Event," in *The Emergence of Cinematic Time: Modernity, Contingency: The Archive*. Cambridge: Harvard University Press, 2002.

Foster, Hal. "Death in America," reprinted in *Andy Warhol: OCTOBER Files*, Annette Michelson, ed. Cambridge: MIT Press, 2001.

Foucault, Michel. *The History of Sexuality*, vol. 1. New York: Vintage Books, 1990.

Printz, Neil, and George Frei, eds. *The Andy Warhol Catalogue Raisonné*. London: Phaidon, 2002.

George Schwabb, "Preface," in Schmitt, Carl. *The Concept of the Political*, translation, introduction, and notes by George Schwabb. Chicago: University of Chicago Press, 1996.

Gonnerman, Jennifer. "The Last Executioner," *Village Voice*, January 24, 2005.

Halley, Peter, and Gerard Malanga, *Andy Warhol: Little Electric Chair Paintings*. New York: Stellan Holm Galleries, 2002.

Johnson, Robert. "Witness to an Execution," in *Death Work: A Study of the Modern Execution Process*. Belmont: Wadsworth Publishing, 1998.

Joseph, Branden. "Nothing Special: Andy Warhol and the Rise of Surveillance," in *CTRL [Space]: Rhetorics of Surveillance from Bentham to Big Brother*, Thomas Levin, Ursula Frohne, and Peter Weibel, eds. Cambridge: MIT Press, 2002.

Madow, Michael. "Forbidden Spectacle: Executions, the Public, and the Press in 19th-Century New York," *Buffalo Law Review* 43 (1995): 462–556.

Phelan, Peggy. "Andy Warhol: Performances of *Death in America*," in *Performing the Body/Performing the Text*, Amelia Jones and Andrew Stephenson, eds. New York: Routledge, 1999.

Sarat, Austin. *When the State Kills: Capital Punishment and the American Condition*. Princeton, NJ: Princeton University Press, 2001.

Schmitt, Carl. *The Concept of the Political*, translation, introduction, and notes by George Schwabb. Chicago: University of Chicago Press, 1996.

Spierenburg, Pieter. *The Spectacle of Suffering: Executions and the Evolution of Repression: From a Preindustrial Metropolis to the European Experience*. London: Cambridge University Press, 1984.

Swenson, G.R. "What is Pop Art? Interview by G.R. Swenson," Artnews 62, no. 7 (November 1963): 206.

Extensions et médiatisations du corps scénique : le cas de *La Démence des anges* d'Isabelle Choinière

—◦◦◦—

Elizabeth Plourde

Auparavant les images n'étaient que « représentations », portant le veuvage de la présence même, dorénavant elles véhiculent des « présences » effectives, même si elles ne sont que virtuelles. Naguère, l'image et le langage, le gestuel et le visuel, le proche et le lointain, la mémoire et le temps « réel » semblaient s'opposer. À l'avenir ces catégories verront leurs frontières s'effacer, leurs significations s'enchevêtrer.

Philippe Quéau

L'acteur repositionné : le corps en marge des scènes modernes[1]

Dans la foulée des expérimentations scéniques destinées à subvertir l'ensemble des codes représentationnels et, du coup, parallèlement à l'émergence d'un théâtre dit « postdramatique[2] », théoriciens et praticiens du théâtre se sont relayés tout au long du xxᵉ siècle pour interroger et ébranler l'hégémonie de l'acteur dans le théâtre occidental : Appia l'a décrit en tant qu'agent du mouvement dégagé de l'emprise du texte ; Craig a désiré lui substituer un instrument, la surmarionnette, grâce auquel le metteur en scène parvient à exprimer et à incarner ses idées de manière plus précise ; Meyerhold a quant à lui développé les lois de la biomécanique et Barba, celles du jeu extra-quotidien pour redéfinir son travail corporel.

Constamment interrogée et souvent mise en doute, la fonction de l'acteur est devenue le terreau de réflexions controversées dans une pratique théâtrale qui délaisse le jeu réaliste et psychologique pour mettre en œuvre des esthétiques de plus en plus stylisées où l'acteur n'est plus, à tout prendre, qu'un matériau scénographique au service de la mise en scène. Pousser à l'extrême cette remise en question, c'est-à-dire examiner jusqu'à la nécessité même de la présence de l'acteur dans la représentation, implique un déplacement total de la définition de la théâtralité fondée sur la présence indispensable d'un acteur de chair[3]. Assurément, ce déplacement n'est pas sans entraîner un débat autour de l'essence même de l'acte théâtral, débat que l'utilisation de nouveaux médias en tous genres s'applique aujourd'hui à réactiver avec une insistance remarquable.

Manifestement, les différents artifices associés aux technologies contemporaines permettent de modifier la perception que l'on a du corps de l'acteur sur scène en démultipliant ou en morcelant son image, ou encore en lui octroyant des extensions qui amplifient ses mouvements et sa voix ; en outre et plus radicalement, l'acteur est parfois même remplacé par l'instrument technologique qui, ce faisant, l'élimine totalement de la scène. Certes, ces transformations du corps de l'acteur au moyen de médiatisations variées ne sont pas sans reconduire et renouveler certains idéaux scéniques imaginés par des penseurs et praticiens, tels Maeterlinck, Jarry ou Kantor. L'acteur réifié, métamorphosé en image grâce aux ressources numériques et vidéographiques, permet aux créateurs d'exprimer la vie en empruntant le détour factice de l'invention technologique. Devant le corps scénique instrumentalisé qui résulte de cette ambivalence et, du coup, devant la commotion qu'engendre l'émergence de nouvelles formes de corporéités synthétiques au sein de la représentation, il est légitime de se demander ce que l'on peut encore appeler théâtre.

Électrification et médiatisation :
le corps scénique galvanisé

Depuis quelques années, on constate au Québec une multiplication de pratiques artistiques singulières et très esthétisées, nées de l'hybridation entre les arts vivants (théâtre, danse), les autres disciplines (musique, arts visuels, architecture) et les technologies médiatiques (arts électroniques et télématiques, vidéo, Internet). Forts des libertés que leur procurent les nouvelles formes impures ainsi constituées, les artistes dits du « multi » contemplent le vaste éventail d'avenues potentielles aussi séduisantes qu'inexplorées qui s'offrent à eux, tant sur le plan des possibilités techniques que sur celui de l'invention artistique. Des masques mortuaires de Denis Marleau au Musée d'art contemporain de Montréal (*Les Aveugles, fantasmagorie technologique III*, 2002) aux spectres translucides de 4D Art au Théâtre du Nouveau Monde (*La Tempête*, 2005), en passant par les corps en surimpression de Stéphane Gladyszewski au Festival de théâtre des Amériques (*In Side* et *Aura*, 2005), les scènes québécoises actuelles sont envahies de chimères plus stupéfiantes les unes que les autres, qui doivent beaucoup à la vaste entreprise de médiatisation amorcée par une cohorte aujourd'hui grandissante d'artistes technophiles. S'appuyant sur le postulat que toute pensée artistique trouve les conditions de sa réalisation dans la technique, certains créateurs s'ingénient à entourer les interprètes d'appareillages scéniques de plus en plus sophistiqués qu'ils conçoivent et développent généralement eux-mêmes[4] et dont l'utilisation a pour principale conséquence de redéfinir l'architecture spatiale et la dynamique de la représentation traditionnelle.

L'une des voies privilégiées par la chorégraphe Isabelle Choinière de la compagnie Le Corps Indice, consiste à réduire au minimum l'écart entre l'être humain et la machine en arrimant les interfaces électroniques[5] à même le corps des interprètes. Intermédiaires, prolongements, voire partenaires de jeu, les extensions technologiques convoquées par Choinière dans la performance multimédia *La Démence des anges* (2003) se constituent comme interfaces intimes entre le corps et l'espace, décuplant le potentiel de l'un et bousculant systématiquement l'ordonnancement de l'autre. Comme ce spectacle apparaît emblématique non seulement du phénomène d'électrification du corps, mais aussi d'une certaine forme d'étrangeté scénographique qui découle de l'apparition de corporéités scéniques synthétiques, il importe de mettre au jour les modes de fonctionnement de ce « corps galvanisé » dont Choinière se fait l'architecte, de manière à pouvoir en évaluer les incidences concrètes sur les paramètres représentationnels.

La Démence des anges :
L'interface vestimentaire comme prolongement du corps scénique

Présentée pour la toute première fois à Québec en février 2003 dans le cadre de l'événement d'art multidisciplinaire le Mois Multi, la performance chorégraphique *La Démence des anges* donnait à voir un duo de danse télématique[6]. Reliées entre elles via un réseau d'interconnexions électroniques, deux « danseuses-performeuses » évoluaient simultanément dans des espaces géographiques distincts et plus ou moins éloignés, tout en étant assujetties à une chorégraphie commune. Dans la perspective de transformer les mouvements exécutés par l'une et l'autre en informations quantifiables destinées à être retravaillées, certaines parties de leur corps avaient été artificiellement extensionnées grâce à une combinaison innervée de senseurs qu'elles revêtaient telle une seconde peau, à l'instar d'une « caméra prête-à-porter ».

Au moyen d'une série d'interfaces électroniques, dont le Web, deux dispositifs scéniques et appareillages technologiques de prime abord autonomes se voyaient donc interreliés, et ce, en temps réel. Dans leur espace respectif, les interprètes étaient invitées à se déplacer en décomposant de façon ultra précise les mouvements chorégraphiés, accompagnant leur prestation de modulations du souffle et de fluctuations de la voix. Après avoir été captés par les senseurs, les sons et les mouvements produits par chacune des deux danseuses étaient automatiquement recueillis et traduits en données numériques grâce à un programme infographique.

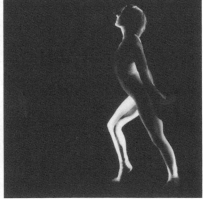

Sur le plan visuel, ces données étaient récupérées pour travailler les images vidéo projetées dans l'espace principal qui, alors, faisait office de matrice vers laquelle les corporéités virtuelles et médiatisées générées par la seconde danseuse convergeaient, rencontrant les corporéités tout aussi médiatisées de la première danseuse. Sur le plan sonore, les informations servaient à alimenter un programme électro-acoustique dont la fonction consistait à créer, en direct et à partir d'une bande sonore préenregistrée de quatre minutes, une « pâte sonore » originale et transformable à volonté. C'est donc par l'intermédiaire de traces virtuelles de la présence de l'autre – et non d'une présence physique véritable – que se construisait le duo chorégraphique.

L'ordinateur vestimentaire comme seconde peau

Dans *La Démence des anges*, le « corps galvanisé » se manifeste techniquement par l'entremise d'un ordinateur vestimentaire conçu expressément pour les besoins de la création par Isabelle Choinière et les membres de son équipe technique. En l'occurrence, il s'agit ici d'une combinaison sensitive à enfiler, parsemée de microphones-capteurs positionnés à certains endroits stratégiques comme le visage, les membres supérieurs et les mains. Ces capteurs permettent de chiffrer les mouvements du corps en termes de pression et de vitesse de déplacement, contrairement aux systèmes de capture de mouvement (*motion capture*) qui, eux, évaluent les mouvements en déterminant la position des objets dans l'espace. C'est à l'aide de ce processus de transduction que s'amorce l'échange télématique d'informations entre les deux espaces scéniques (au moyen de deux régies indépendantes), échange sur lequel reposent l'originalité et le défi de la performance.

Outre son statut de réceptacle qui l'oblige à supporter physiquement les appareils électroniques dont il se fait l'hôte, l'ordinateur vestimentaire de Choinière est aussi conçu pour répondre à des critères pratiques qui en conditionnent l'esthétique. Puisqu'il s'agit de « cartographier » un corps dansant – et donc d'éviter en premier lieu de gêner la chorégraphie –, l'interface cherche à imiter la fluidité des formes humaines féminines en se moulant au corps des performeuses afin d'en épouser la souplesse. En se faisant discret, quasi invisible, l'outil destiné à servir des fins performatives prend ici l'aspect d'une seconde peau – électronique celle-là – superposée, voire greffée à la première. Pour la performeuse qui la revêt, cette peau aux terminaisons nerveuses ultrasensibles engendre une constellation de sensorialités nouvelles dont la reconfiguration corporelle en fonction de zones électroniquement sensibles n'est certes pas la moindre. Ici, contrairement à l'usage habituel que l'on fait du costume de scène dans le domaine de la danse, le vêtement n'agit pas comme écrin à la plastique des performeuses dans une perspective strictement esthétique, mais assujettit plutôt le corps dansant et la chorégraphie à sa propre logique de fonctionnement.

Les fonctions de l'interface et ses conséquences sur les paramètres représentationnels

Comme toute interface artistique qui s'adjoint à l'humain de façon concrète en se positionnant entre sa chair et le monde extérieur, l'ordinateur vestimentaire de *La Démence des anges* est investi de certaines fonctions significatives dont Louise Poissant fait état dans l'ouvrage *Interfaces et sensorialité*[7].

Tout naturellement, Poissant range l'ordinateur vestimentaire dans la catégorie des interfaces qui font office d'**extension**, arguant que celles-ci « allongent et accroissent un sens en permettant de capter et d'enregistrer des éléments de la réalité, [donnant] ainsi accès à d'autres couches de réalité [...] sans cela inaccessibles[8] ». En prolongeant le corps des performeuses d'un organe épidermique électronique à la sensibilité décuplée, l'ordinateur vestimentaire rend possible la récupération d'informations quantifiables, ce qui en facilite l'exportation et les rend conformes aux modalités de transmission qui sont ceux des réseaux électroniques. La rapidité avec laquelle les informations transitent d'un lieu à l'autre avec un minimum de décalage a évidemment pour conséquence de relativiser les paramètres spatiaux propres au média scénique. En simulant la présence humaine au moyen des télétechniques en place, le dispositif scénique concourt à gauchir la notion de proximité sans pour autant la disqualifier totalement, dans la mesure où un véritable réseau d'interactions proprioceptives – quoique médiatisées – lie effectivement les deux performeuses. La dimension *hic et nunc* spécifique à la représentation voit ses assises ébranlées par « l'alternative télématique » qui, tablant sur une bilocation factice, autorise la rencontre de spatialités *a priori* hors de portée en une temporalité unique.

Transcendant leur matérialité propre et le cadre dans lequel ils s'insèrent, les espaces « positif » et « négatif » télescopés se questionnent dans une complémentarité esthétique cohérente, se projetant par-delà les frontières spatiales pour permettre aux corps naturels et synthétiques de se constituer en tant que vases communicants. La performance en scène des interprètes relève donc d'une double présence active : d'une part, une présence performative tridimensionnelle en direct devant les publics respectifs et, d'autre part, une présence virtuelle bidimensionnelle rendue possible par la projection du corps de l'une dans l'espace de l'autre.

Puisque les peaux électroniques de *La Démence des anges* possèdent le pouvoir de s'étirer et de se reconstituer à distance, rien n'interdit plus que le corps puisse excéder ses propres frontières et servir un double propos : parallèlement au discours du geste chorégraphique, qui s'inscrit dans l'immédiateté, le corps se fait vecteur d'échange et s'inscrit aussi dans une dynamique d'interactivité. En souscrivant au redoublement du réel par le virtuel, chaque performeuse est en mesure de percevoir les effets concrets de sa propre dynamique scénique en évaluant le *feedback* audiovisuel que lui renvoie le corps distant. Les gestes produits par celle-ci conditionnent les mouvements de celle-là, les transformations apportées à l'environnement de l'une ont nécessairement des répercussions immédiates sur l'équilibre environnemental de l'autre. Bref, l'Ici englobe l'Ailleurs, le corps acquiert une dimension ubiquitaire que Jacques Polieri n'aurait certainement pas réprouvée. On comprend alors que l'interface extensive oblige à une réévaluation des critères proxémiques de la danse en fonction de rapports d'intimité médiatisés, donc entièrement factices : il ne faut pas perdre de vue qu'il s'agit ici d'un duo de danse dont les partenaires peuvent se trouver à des milliers de kilomètres l'une de l'autre.

***

Comme le théâtre et contrairement aux arts médiatiques en général, la danse est considérée comme une discipline « analogique ». Sa pratique prend appui sur une série de codes et sur un langage qui sont de prime abord non quantifiables. De façon prosaïque, on pourrait dire que les mouvements qui nous sont donnés à voir s'expriment en grandeurs physiques : au mieux, il est possible de décrire les figures de danse en termes de rythme, de vélocité, d'amplitude, de résistance, de vitesse ou encore de trajectoire. Or, l'ordinateur vestimentaire de *La Démence des anges* permet à Choinière de décomposer les mouvements analogiques pour les recomposer suivant un encodage numérique. Par la suite, le nouvel encodage est traité de manière à réifier la figure chorégraphique disloquée sous forme d'une imagerie originale et entièrement synthétique. Il s'agit donc essentiellement de « prendre les empreintes » d'une corporéité tridimensionnelle pour restituer des corporéités bidimensionnelles cryptées.

Tributaires de nouveaux paramètres représentationnels et de nouvelles configurations spatiotemporelles, le corps devient un creuset à l'intérieur duquel s'élaborent de nouvelles formes de corporéités scéniques médiatisées, celles-là écraniques, sonores, lumineuses et vidéographiques. Ce qui donne à penser que l'interface fait ici fonction de *dévoilement*, permettant, toujours selon Poissant, de « révéler des conditions ou des rapports que nous n'arrivions pas à concevoir ou à objectiver autrement[9] » (2003 : 11). Dans ce cas précis, l'extension développée par Choinière catalyse un imaginaire scénique artificiel subordonné à l'imaginaire chorégraphique qui se déploie devant nous. Sous-jacent, cet imaginaire scénique s'actualise par activation. René Berger porte à l'attention que

> jusqu'à nos jours, les images ont toujours eu, et gardé, un *statut analogique*, qui relève de l'*ordre de la représentation*. En revanche, les images de synthèse, pour la première fois, ne renvoient plus au monde tel que nous le connaissons, ou croyons le connaître, mais se moulent sur notre *techno-imaginaire* en formation, au même titre que celui-ci contribue réciproquement à les mouler. L'« étrangeté synthétique » est une dimension de notre nouveau monde[10].

Résultat direct de l'instrumentalisation du corps, cette « étrangeté synthétique » des images corporelles médiatisée ouvre la porte à une remise en question de la pertinence de la présence réelle du corps physique sur scène. Ces simulacres, les doubles projetés de l'acteur, ne suffiraient-ils pas à créer l'acte théâtral grâce à leurs seuls attributs dramatiques ? Dans la foulée des réflexions symbolistes d'Edward Craig sur la surmarionnette et de Maurice Maeterlinck qui rêvait pour son théâtre d'un « être qui aurait les allures de la vie sans avoir la vie[11] », Choinière se risque à remplacer la chair par le signal électrique de matériaux « immatériaux », pour reprendre l'expression chère à Jean-François Lyotard, conférant du coup aux simulacres électroniques ainsi créés une puissance d'évocation égale, sinon supérieure ne serait-ce qu'en raison de l'attrait qu'ils exercent sur l'œil du spectateur, à celle du corps en mouvement.

Parce qu'il lui arrive d'être contraint de se retirer derrière les multiples avatars et *alter ego* qu'on lui adjoint, le rapport du performeur à la représentation se précarise. La technologie servant ici à recréer de façon virtuelle la présence humaine, celle-ci n'est plus, semble-t-il, une condition *sine qua non* de la représentation. Dès l'instant où, comme le signale l'anthropologue Jack Goody, « l'ambivalence des images naît de l'aptitude des images à représenter ce qui est absent, à incarner l'immatériel, bref à tout à la fois être et ne pas être la chose ou l'idée ainsi rendue présente[12] », on peut légitimement se demander si l'image seule suffit à faire acte de présence ; si l'existence essentiellement virtuelle de l'une des deux partenaires ne court-circuite pas l'idée même de duo de danse. Dans cette dialectique du « manifeste » versus le « latent », l'image *in praesentia* serait-elle autre chose que le signe d'une vérité *in absentia*, en l'occurrence celle de l'objet auquel elle réfère ?

***

Paradoxalement, alors que le corps physique cède du terrain sous l'assaut répété des images technologiques de lui-même – plus lumineuses, plus malléables, plus fascinantes que l'objet dont elles ne sont pourtant que la réplique –, les interprètes de *La Démence des anges* se voient pour leur part investies d'une autorité accrue sur la représentation. Le contrôle de certains paramètres scénographiques tels que l'environnement sonore, les changements d'éclairages et les projections vidéo – paramètres qui sont généralement pris en charge par le régisseur –, leur incombe, jusqu'à un certain point, à titre de manipulatrices de l'ordinateur vestimentaire. Par voie de transduction, un simple geste a le pouvoir de déclencher une série d'incidences sur un vecteur représentationnel précis, provoquant un phénomène de transfert sensoriel notable, à la fois pour les performeuses et pour les spectateurs. Par exemple, à partir du moment où le programme électro-acoustique concourt à transformer le mouvement capté en son, le passage d'une sensation à une autre est rendu possible. Dès lors qu'on assiste à la « conversion de n'importe quelle donnée en image, en son ou en texte[13] », l'interface fait fonction d'*agent d'intégration synesthésique*.

Bien évidemment, la conscience des résultats scéniques produits par la conversion d'un langage donné en une graphie différente conditionne l'utilisation que font les interprètes du système vestimentaire. Puisque les données sont traitées en temps réel, les effets de corrélation synesthétique sont perçus de façon directe par les performeuses. Telle rotation du corps appelle tel changement de tessiture sonore ; telle modulation du souffle déclenche telle ondulation de l'image vidéo, etc. Il faut évidemment porter à la liste des bénéfices que confère l'interface vestimentaire la rapidité de l'interaction qui rend possible l'improvisation entre les danseuses, ce qui ajoute à la complexité – mais aussi à l'intérêt de la performance. Dès lors que les performeuses sont tenues de puiser à même le vocabulaire gestuel l'encodage total de la représentation, l'adéquation entre le geste et son effet doit être prise en compte dans le choix esthétique chorégraphique : c'est du reste à ce carrefour que s'opère la mutation des langages et que le sens de l'œuvre émerge. Évidemment, encore faut-il que le spectateur soit avisé des corrélations qui existent entre la performance et le comportement de l'environnement réactif, ce qui, dans le cas de *La Démence des anges*, n'est pas nécessairement acquis. Dans la mesure où les modalités de fonctionnement semblent parfois céder le pas aux effets scéniques manifestes, le potentiel, voire la virtuosité de l'interface tend à se diluer, frustrant le spectateur des repères nécessaires pour apprécier l'ampleur de la gageure.

Le cyborg, creuset de corporéités scéniques nouvelles

De toute évidence, grâce à l'ordinateur vestimentaire, le corps des performeuses se transforme en un véritable « chantier de reconstructions partielles[14] » avec, à la clef, la création d'une entité mi-cybernétique, mi-organique : le « cyborg[15] ». Corps orchestre aux multiples dispositifs d'échange et de régulation, le cyborg se fait courroie de transmission entre le corps physique et le corps synthétique, entre l'espace réel qu'il investit et l'espace virtuel qu'il crée, participant ainsi d'une dynamique du « soi partagé[16] ». Somme toute, nous avons là le parfait exemple de ce que Derrick de Kerckhove désigne comme étant « un corps-assisté-par-ordinateur » [qui] sort de ses limites traditionnelles articulées autour de la peau » pour mieux questionner son environnement de « performeur interfacé ».[17]

Dans le cas de *La Démence des anges*, l'amplification des capacités physiques des interprètes a permis une reconfiguration du corps humain et de ses champs perceptifs : en amont, les paramètres de motricité des performeuses ont été réarticulés pour s'adapter à la nouvelle organicité du corps en mouvement, tandis qu'en aval, on assiste à un investissement tentaculaire de l'espace scénographique par la présence dilatée du cyborg. Ultrasensible et hyperréceptif, celui-ci dépasse largement la vision simplement instrumentaliste à laquelle on l'associe généralement. Par son entremise, le corps est parcouru d'un flux d'énergie qui lui est étranger ; galvanisé, il se fait ombre, lueur, spectre, matière lumineuse, pâte sonore.

Ainsi, qu'elle soit support, prothèse, médiatrice ou encore partenaire de jeu, l'interface vestimentaire, outil de transition et de transformation, œuvre comme agent de changement représentationnel. Forcée de partager son fief avec des technologies médiatiques qui délaissent leur rôle de simple outil interférent pour devenir moteurs du spectacle, révélateurs d'une théâtralité en émergence, voire instance de médiation du sens, la scène se fait lieu de tensions. Corps réels et corps virtuels, performeurs et projections, organique et inorganique, biologique et technologique participent alors d'un même échange.

On l'aura compris, le spectacle abordé dans le cadre de cette étude se situe à l'opposé du mimétisme qui caractérise l'art théâtral depuis Aristote : plutôt que de reproduire une réalité concrète, il réinvente la présence humaine en jouant sur les registres de son incarnation scénique[18]. Dans un contexte où les modalités de représentation du corps humain procèdent de plus en plus de transpositions au moyen de médiatisations diverses, la notion de corporéité scénique tend à s'élargir. En effet, on remarque que, lorsqu'il est « extensionné » par la technologie, le corps de l'acteur-performeur participe d'un changement de paradigme notable ; en donnant naissance à une multitude de corporéités nouvelles – celles-là écraniques, sonores, lumineuses ou encore spectrales – le corps scénique galvanisé témoigne du virage résolument « techno-culturel[19] » qu'empruntent depuis une dizaine d'années les pratiques scéniques québécoises. Du coup, il devient impératif de s'interroger sur les conséquences de cette « présence-absence » physique du corps – et de ses substituts – dans la représentation théâtrale. Manifestement, l'utilisation des nouvelles technologies à la scène permet aux créateurs de transformer le langage du corps qui, aujourd'hui, se libère et révèle une expressivité inédite, voire insoupçonnable avant que l'avènement des technologies du virtuel ne le remette en question. Dans *La Démence des anges*, plus qu'une série d'effets scéniques tributaires de quelques prouesses techniques, c'est une corporéité stylisée qui nous est donnée à penser.

Vers un nouveau discours de la lumière

Les innovations techniques ont de tout temps participé au renouvellement des formes théâtrales. Songeons par exemple à l'invention de l'électricité à la fin du xixe siècle qui, en octroyant aux artistes une certaine forme de contrôle de la lumière, a révolutionné du tout au tout l'art de la mise en scène. Encore aujourd'hui, c'est la problématique de la lumière (et, par extension, de l'électricité) qui s'inscrit en filigrane dans le spectacle sur lequel nous nous penchons. Certes, rien n'est visible sans la lumière, et les éclairages au théâtre ont toujours eu une importance révélatrice majeure. Il n'en demeure pas moins qu'en ce qui concerne *La Démence des anges*, la matière lumière ne se réduit pas à rendre visible : polysémique, polyfonctionnelle et polyvalente, elle fait émerger la théâtralité des corps. À l'heure actuelle, les technologies de l'image autorisent la production d'une matière lumineuse qui se donne à voir elle-même davantage qu'elle ne met en valeur l'acteur et la scénographie : « [l]e photon jadis voué à la mise en valeur des comédiens occupe à présent la scène à lui tout seul[20] », fait à juste titre remarquer Jean-Marie Pradier. Prenant forme dans l'espace scénique tridimensionnel – dont il se fait à la fois l'architecte, le sculpteur et le chorégraphe –, le langage lumineux devient lui-même, en soi et pour soi, perceptible, participant du coup à l'émergence d'un véritable discours de la lumière.

Conclusion

De tous les aphorismes plus ou moins frondeurs que l'on doit à Marshall McLuhan, il en est un qui donne bien toute la mesure du pouvoir d'évocation que recèle le corps scénique galvanisé : « In the electric age we wear all mankind as our skin[21] », disait-il. Passée de métaphore à instrument perfectionné, cette peau porteuse d'humanité conditionne en effet une conscience accrue de nos rapports au monde. L'une des contributions les plus remarquables de l'avènement des médias de la technoculture dans les disciplines artistiques dites « vivantes » aura certainement été de forcer la prise de conscience de l'immense potentiel sensoriel du corps humain... et de toutes ses déclinaisons.

Dans la foulée des idéaux wagnériens d'«œuvre d art total » (*Gesamtkunstwerk*) en rupture avec les notions de forme pure et de cloisonnement des disciplines, et à la lumière des expérimentations menées de front par le Bauhaus (Moholy-Nagy, Schlemmer), les constructivistes et futuristes russes (Meyerhold, Maïakovski), de même que par certains scénographes et architectes visionnaires (Gropius, Polieri), le grand projet de modernité artistique si cher aux artistes sensibles à « l'infiltration médiatique » du xxᵉ siècle pose, avec de plus en plus d'insistance, la question de la théâtralité du corps scénique. Le développement extrêmement rapide des technologies fournit continuellement de nouvelles ressources aux créateurs qui ne cessent pourtant de poursuivre le même objectif artistique que celui qui animait les fondateurs de la mise en scène moderne : celui de créer un langage scénique autonome possédant des moyens d'expression dont les seules limites seraient celles de la créativité de ses utilisateurs. Maintenant que l'intégration des arts médiatiques au théâtre a rendu possible la création d'effets spectaculaires – qu'ils soient hyperréalistes ou, *a contrario*, déréalisants –, sollicitant de part et d'autre une sensorialité décuplée et des schèmes d'intelligibilité en mutation, il nous reste à nous pencher sur le fonctionnement d'un langage théâtral désolidarisé du corps physique de l'acteur, de même qu'à nous confronter aux conditions esthétiques de représentation qui prennent en compte les nouvelles formes de corporéités scéniques qui nous sont données à voir. Beaucoup plus qu'un engouement passager, la technoculture nous oblige à redéfinir nos modes de perception habituels, déconstruits en même temps que le corps s'est disloqué, nous retournant à nous-mêmes pour recoller les morceaux épars de nos sens en déroute.

Crédits du spectacle

La Démence des anges
Chorégraphie multidisciplinaire d'Isabelle Choinière.
Musique originale et son, systèmes musicaux en réseau, développement des systèmes interactifs et programmation en MAX : Thierry Fournier.
Conception des éclairages : François Roupinian.
Conception des images vidéo : Isabelle Choinière, assistée de Jimmy Lakatos.
Conception des costumes : Cheryl L. Catterall.
Conception scénographique : Isabelle Choinière, assistée de Cheryl L. Catterall.
Développement réseau et informatique : Marc Lavallée et Thierry Fournier.
Réalisation vidéo : Jimmy Lakatos et Yves Labelle.
Régie informatique/réseau/son : Maxime Laurin et Guillaume Daoust.
Performeuses en réseau : Isabelle Choinière (lieu principal) et Alyson Wishnovska (lieu distant).
Performance d'art électronique de la compagnie Le Corps Indice, en collaboration avec les Productions Recto-Verso, présentée simultanément à la salle Multi du complexe Méduse et au Café des Arts les 21 et 22 février 2003 à l'occasion du Mois Multi 2003.

Notes

1. L'entrée en matière de ce texte a fait l'objet d'une communication présentée conjointement avec Mélissa Comtois et Hélène Jacques, dans le cadre du colloque d'inauguration du Laboratoire des nouvelles technologies de l'image, du son et de la scène (Lantiss) tenu à l'Université Laval les 30-31 mars et 1er-2 avril 2004.
2. Voir Hans-Thies Lehmann, *Le Théâtre postdramatique*, Paris, L'Arche, 2002.
3. Alain Rey, dans sa définition de la théâtralité, porte à l'attention que « [c]'est précisément dans le rapport entre le réel tangible de corps humains agissants et parlants, ce réel étant produit par une construction spectaculaire, et une fiction ainsi *représentée*, que réside le propre du phénomène théâtral » *Le Théâtre*, Paris, Larousse, 2001, p. 177.
4. Dans une perspective résolument transdisciplinaire, ces artistes manipulateurs de technologies nouvelles, qu'ils soient bricoleurs, ingénieurs ou informaticiens, pour reprendre la terminologie de Louise Poissant (1995, p. 15-16), sont appelés à mettre à profit des connaissances scientifiques,

des habiletés techniques, ainsi qu'un degré d'expertise considérable dans des domaines aussi divers que la programmation informatique, la robotique, l'infographie ou encore l'intelligence artificielle. Pour une mise en perspective des postures épistémologiques en regard de l'utilisation de la technique en art, voir Philippe Pasquier, « L'intelligence artificielle et la création contemporaine en réflexion. La question de la technique », *Parachute*, n° 119, juillet-septembre 2005, p. 152-166.

5. Précisons que le terme *interface* est ici compris dans son acception la plus large, c'est-à-dire comme « l'intermédiaire entre deux systèmes » ou encore le « filtre de traduction entre l'humain et la machine ». Voir Louise Poissant « Interfaces et sensorialité », dans Louise Poissant (dir.), *Interfaces et sensorialité*, Montréal, Presses de l'Université du Québec, 2003, p. 3.

6. Dans les lignes qui suivent, je me permets de reprendre et de prolonger les termes d'une analyse antérieure : « Un ange venu du cyberespace », *Les Cahiers de théâtre Jeu*, « Le corps projeté », n° 108, septembre 2003, p. 132-135.

7. Des interfaces artistiques qui « déterminent, par leurs configurations et leurs possibilités, l'horizon et les contours de l'expérience esthétique, [cependant qu'elles] induisent de nouveaux comportements et, en définitive, de nouvelles sensorialités » (p. 9). Poissant relève cinq fonctions englobantes. Les interfaces peuvent être simultanément extension, dévoilement, agent d'intégration synesthésique – fonctions auxquelles nous nous intéresserons ici en priorité – mais aussi réhabilitation et filtre (p. 10-16). Non exclusives les unes aux autres, ces fonctions témoignent du rôle prééminent des interfaces, qui consiste à « rendre possible et surtout [à] effectuer des passages directs et fluides entre pensée et matière, idée et corps, sensibilité et intelligibilité » (p. 10). Voir Louise Poissant, « Interfaces et sensorialité », dans Louise Poissant (dir.), *Interfaces et sensorialité*, Montréal, Presses de l'Université du Québec, 2003.

8. Louise Poissant, « Interfaces et sensorialité », dans Louise Poissant (dir.), *Interfaces et sensorialité*, Montréal, Presses de l'Université du Québec, 2003, p. 10.

9. *Ibid.*, p. 11.

10. René Berger, « Les arts technologiques à l'aube du xxie siècle », dans Louise Poissant (dir.), *Esthétique des arts médiatiques*, t. I, Montréal, Presses de l'Université du Québec, 1995, p. 83-84.

11. Maurice Maeterlinck, *Œuvres I – Le Réveil de l'âme. Poésies et essais*, Bruxelles, Éditions Complexes, 1999, p. 462.

12.   Cité par Nicolas Journet, « Vérité et illusion de l'image », *Sciences humaines*, « Le monde de l'image », n° 43, décembre 2003/janvier-février 2004, p. 6.

13.   Louise Poissant, « Interfaces et sensorialité », *op cit.*, p. 14.

14.   Charles Halary, « Interfaces intimes. Peau et vêtement en symbiose numérique », dans Louise Poissant (dir.), *Interfaces et sensorialité*, Montréal, Presses de l'Université du Québec, 2003, p. 206.

15.   Selon Ollivier Dyens, « le cyborg n'est pas un corps, mais bien *des* corps en devenir (à plusieurs propriétaires et à plusieurs territoires), des corps qui se prolongent à la fois dans la technologie et dans la biologie, des corps dans lesquels (et sur lesquels) se rencontrent biologie, technologie et culture » : *Chair et métal. Évolution de l'homme : la technologie prend le relais*, Montréal, VLB Éditeur, 2000, p. 136.

16.   Mario Borillo et Anne Sauvageot, *Les cinq sens de la création*, Paris, Champ Vallon, 1996, p. 185.

17.   Derrick de Kerckhove, « Esthétique et épistémologie dans l'art des nouvelles technologies », dans Louise Poissant (dir.), *Esthétique des arts médiatiques*, t. 2, Montréal, Presses de l'Université du Québec, 1995, p. 27.

18.   Le corpus critique qui porte sur les nouvelles technologies insiste beaucoup sur le caractère transgressif des outils médiatiques qui subvertissent les codes des arts vivants. C'est toutefois sans grande résistance que le théâtre semble aujourd'hui admettre que les pratiques du numérique morcellent la scène, fragmentent le corps de l'acteur et déconstruisent les composantes spatiotemporelles de la représentation. Le spectacle retenu montre bien que l'ère de la transgression des langages est révolue et que les technologies de la scène permettent aujourd'hui aux créateurs de développer de nouvelles formes scéniques véritablement signifiantes.

19.   Ce nouveau type de culture, que René Berger a qualifié de « hautement complexe, […] combine le changement des télécommunications, les nouveaux traitements de l'espace et du temps et les mutations linguistiques, épistémologiques et philosophiques, pour susciter l'hybridation de nos systèmes de pensée avec la sophistication toujours plus grande des machines ». Voir « Les arts technologiques à l'aube du xxiᵉ siècle », *op cit.*, p. 77.

20.   Jean-Marie Pradier, « Le *vivant* et le *virtuel* », *Théâtre/Public*, « Théâtre, science, imagination II », n° 126, novembre-décembre, 1995, p. 28.

21.   Marshall McLuhan, *Understanding Media: The Extensions of Man*, New York, McGraw-Hill, 1964, p. 47.

Bibliographie

Berger, René, « Les arts technologiques à l'aube du xxı^e siècle », dans Louise Poissant (dir.), *Esthétique des arts médiatiques*, t. I, Montréal, Presses de l'Université du Québec, 1995, p. 77-87.

Borillo, Mario et Anne Sauvageot, *Les Cinq Sens de la création*, Paris, Champ Vallon, 1996.

Brook, Peter, *L'espace vide*, Paris, Seuil, coll. « Points Essais », 1977.

Couty, Daniel et Alain Rey (dir.), *Le Théâtre*, Paris, Larousse, 2001.

Craig, Edward Gordon, *Le Théâtre en marche*, Paris, Gallimard, 1964.

Dyens, Ollivier, *Chair et métal. Évolution de l'homme : la technologie prend le relais*, Montréal, VLB Éditeur, coll. « Gestations », 2000.

Halary, Charles, « Interfaces intimes. Peau et vêtement en symbiose numérique », dans Louise Poissant (dir.), *Interfaces et sensorialité*, Montréal, Presses de l'Université du Québec, 2003, p. 205-227.

Journet, Nicolas, « Vérité et illusion de l'image », *Sciences humaines*, « Le monde de l'image », n° 43, décembre 2003/janvier-frévrier 2004, p. 6-8.

Kerckhove, Derrick de, « Esthétique et épistémologie dans l'art des nouvelles technologies », dans Louise Poissant (dir.), *Esthétique des arts médiatiques*, t. 2, Montréal, Presses de l'Université du Québec, 1995, p. 19-30.

Lehmann, Hans-Thies, *Le Théâtre postdramatique*, Paris, L'Arche, 2002.

Lista, Giovanni, *La Scène moderne. Encyclopédie mondiale des arts du spectacle dans la seconde moitié du XXe siècle*, Paris/Arles, Éditions Carré/Actes Sud, 1997.

Maeterlinck, Maurice, *Œuvres I – Le Réveil de l'âme. Poésies et essais*, Bruxelles, Éditions Complexes, 1999.

McLuhan, Marshall, *Understanding Media: The Extensions of Man*, New York, McGraw-Hill, 1964.

Pasquier, Philippe, « L'intelligence artificielle et la création contemporaine en réflexion. La question de la technique », *Parachute*, n° 119, juillet-septembre 2005, p. 152-166.

Plourde, Elizabeth, « Un ange venu du cyberespace », *Cahiers de théâtre Jeu*, « Le corps projeté », n° 108, septembre 2003, p. 132-135.

Poissant, Louise, « Éléments pour une esthétique des arts médiatiques », dans Louise Poissant (dir.), *Esthétique des arts médiatiques*, t. 1, Montréal, Presses de l'Université du Québec, 1995, p. 1-23.

Poissant, Louise (dir.), *Dictionnaire des arts médiatiques*, Montréal, Presses de l'Université du Québec, 1997.

Poissant, Louise, « Interfaces et sensorialité », dans Louise Poissant (dir.), *Interfaces et sensorialité*, Montréal, Presses de l'Université du Québec, 2003, p. 1-17.

Pradier, Jean-Marie, « Le *vivant* et le *virtuel* », *Théâtre/Public*, « Théâtre, science, imagination II », n° 126, novembre-décembre, 1995, p. 26-29.

Quéau, Philippe, « Corps virtuels. Croire ou voir », *PUCK, la marionnette et les autres arts*, « Images virtuelles », n° 9, 2003, p. 13-18.

L'image électrique

—ᴥ—

The Electric Picture

Le jeu électrique

Jean-Marc Larrue

L'électricité n'est pas étrangère au triomphe du metteur en scène, à la chute de l'acteur roi, à la disparition de la peinture scénique et du trompe-l'œil, à la redéfinition de l'espace et au renouveau de la dramaturgie. Elle n'y est pas étrangère, mais elle n'en est pas non plus la seule responsable.

Si on peut aisément constituer une chronologie des différentes étapes de la pénétration de l'électricité sur les scènes et dans les salles de spectacles[1], si la documentation et les objets subsistants permettent d'établir une histoire assez précise des appareils et dispositifs d'éclairage électrique utilisés au théâtre, depuis la lampe à arc en 1846 jusqu'à la création du projecteur moderne dans la première décennie du xxᵉ siècle, les effets précis qu'entraînent ces innovations majeures restent difficiles à cerner parce que d'autres facteurs de changement s'y mêlent. De sorte qu'on ne sait pas très bien distinguer les causes entre elles, on ne sait même pas, souvent, distinguer les causes des effets ! La seule certitude est que l'électricité se trouve organiquement liée à la modernité théâtrale, qui éclot dans le dernier quart du xixᵉ siècle, et qu'elle reste difficilement saisissable.

L'implantation de l'éclairage à la lumière électrique s'est effectuée selon trois modalités et à trois moments très distincts. On pourrait presque affirmer qu'il n'y a pas eu un, mais trois avènements de l'électricité au théâtre[2]. Le premier, le plus ancien, correspond à la première utilisation marquante de la lampe à arc sur la scène de l'Opéra de Paris en 1849 à l'occasion de la création du *Prophète* de Meyerbeer. La lampe reproduisait un effet de soleil si saisissant que le procédé a gardé ce nom[3]. La seconde naissance mémorable est celle de la lampe à incandescence conçue par l'Américain Thomas Edison en 1879 à laquelle presque tous les théâtres d'Occident se convertissent entre 1881 et 1890. Enfin, dès 1904, apparaît le premier projecteur à lampe incandescente qui devait imposer une nouvelle conception et une nouvelle pratique de l'éclairage.

En somme, quand on traite de l'électrification de l'éclairage des théâtres – scène et salle confondues –, il faut garder à l'esprit qu'il ne s'agit pas d'un moment de rupture mais d'une lente évolution, étalée sur plus de six décennies, marquée par l'apparition de trois dispositifs distincts, tant dans leur nature que dans leur conjoncture.

Il n'y a donc pas eu de « révolution » électrique au théâtre. L'électrification s'y est accomplie sur une telle durée et de telle sorte que cela n'a pas créé d'effets anomiques, et c'est sans doute pourquoi les praticiens qui ont vécu ces changements en parlent si peu. Quant à la presse de l'époque, elle ne traite généralement de l'électricité qu'en tant qu'attraction spectaculaire – quand un dispositif nouveau permet la création d'un effet inédit et saisissant. Pour la grande majorité des gens, à commencer par les artistes, artisans et concepteurs du théâtre, tout se déroule comme si le passage du gaz à l'électricité, dans la dernière partie du XIXe siècle, s'était fait sans heurt, tout naturellement. On note peu de résistance, peu de manifestations nostalgiques. Tout le monde semble succomber de bonne grâce à la nouvelle lumière, à l'exception notoire, il est vrai, de Henry Irving, le grand tragédien shakespearien qui refusa de convertir son théâtre, le Lyceum de Londres, à l'éclairage électrique et qui s'entêta à jouer devant des becs de gaz jusqu'à la fin de sa vie[4].

Globalement, on peut donc dire que les innovations qu'entraînait la lumière électrique ont d'abord été perçues comme un enrichissement à la pratique, soit qu'elles assuraient une réalisation supérieure ou simplifiée de certains effets, soit qu'elles permettaient de créer les nouvelles images fortes qu'exigeaient les théâtres romantique et postromantique.

Et les lampes à incandescence, qui sont apparues sur les scènes plus de trois décennies après la lampe à arc, n'ont pas bouleversé grand-chose non plus : les premières lampes d'Edison n'étaient pas tellement plus lumineuses que les becs de gaz qu'elles remplaçaient et elles étaient disposées de la même façon, c'est-à-dire selon les quatre positions traditionnelles héritées de l'époque des lampes à huile et des chandelles :

la rampe, les herses, les portants, les traînées[5].

Mais le loup était entré dans la bergerie !

Dans le premier quart du xixe siècle, la chandelle et la lampe à huile avaient été progressivement et irréversiblement délaissées au profit du gaz. L'accroissement de la puissance d'éclairage qui en résulta, si limité fût-il, permettait d'y voir « plus clair » et révéla l'artifice des décors peints qui durent, pour assurer leur pleine fonction illusionniste, être raffinés et précisés – avec un trompe-l'œil et une perspective plus soignés.

Cette transition, sur les scènes, de la chandelle et de la lampe à huile au gaz n'était évidemment pas un phénomène isolé, confiné au seul monde du théâtre. Elle relevait de la quête d'une luminosité sans cesse accrue qui était à peu près généralisée dans la société du xixe siècle, tant pour l'éclairage public que pour l'éclairage privé. Cette plus forte lumière redéfinissait la géographie de la nuit urbaine, comme le rappelle Luc Bureau[6], la repoussait ou du moins la rendait moins étrange, moins hostile, moins dangereuse. On s'étonne cependant que ce besoin d'une plus forte lumière dans la ville se soit également manifesté au théâtre, ce monde crépusculaire où se déploient de temps immémoriaux les « ombres collectives » de l'humanité, pour reprendre la belle expression de Jean Duvignaud[7]. Rien ne permet de penser que cette fatalité de l'inflation lumineuse ait relevé à un moment ou à un autre de son évolution d'une quelconque logique théâtrale ; le besoin accru de clarté relève de causes complexes plus profondes et plus universelles dont on ne saisit pas vraiment tous les motifs et toutes les dimensions. Le théâtre, comme objet et comme espace spectaculaires, ne pouvait pas échapper à cette quête effrénée de lumière.

Goethe, qui dirigea le Théâtre de Weimar pendant près de trente-cinq ans[8], ne fit pas qu'instaurer une réforme profonde de la pratique théâtrale dans l'Allemagne de son temps – étant parmi les premiers à imposer les costumes d'époque[9], à développer le jeu d'ensemble et à défendre l'unité et l'harmonie de toutes les composantes du spectacle[10] –, il exigeait du théâtre ce que d'autres exigeaient des lampadaires : « Plus de lumière, encore plus de lumière[11] ». C'est ainsi que, au fil de ses déménagements et transformations, le Théâtre de Weimar ne cessa d'augmenter la puissance et la richesse – ou complexité – de son éclairage. Dès 1778, Goethe demande à Johann Mieding, qui est à la fois décorateur et éclairagiste au Théâtre de la Cour, d'augmenter de vingt-et-une chandelles et de quatre « lampes de théâtre », le dispositif d'éclairage prévu pour le *Triomphe de la sensibilité* et *Lila*. En 1783, lorsque le théâtre déménage dans la Redoute de Weimar, le système d'éclairage consiste en 26 chandelles à la rampe et 98 pour le reste de la scène. Partiellement reconstruit en 1798, le théâtre est désormais éclairé au gaz[12].

Pourquoi fallait-il plus de lumière au Théâtre de Weimar ? Était-ce parce qu'on ne voyait pas ? Régnier, un artiste de la Comédie Française qui a été l'un des rares comédiens à passer de l'ère des lampes à huile à celle du gaz puis à l'électricité, affirmait en 1887 :

> Mon expérience personnelle me donne à penser que jadis aucun acteur n'eut à souffrir de jouer dans une salle sombre. Cet accroissement progressif du luminaire est pour moi, je le déclare sérieusement, sans valeur appréciable. Il me semble que je voyais, il y a soixante ans, Talma et mademoiselle Mars aussi distinctement que je vois les acteurs maintenant[13].

Le décorateur de Weimar – puisque c'est le décorateur qui s'occupait alors de l'éclairage – s'efforça de faire taire Goethe, il ajouta le plus de becs de gaz qu'il put à la rampe, sur les herses et les portants, il installa des plaques réfléchissantes plus efficaces, mais ce fut en vain et le Maître mourut fâché. Mais Régnier avait raison. Si on a gagné en luminosité en passant de la lampe à huile au bec de gaz, puis du bec de gaz à la lampe électrique d'Edison, cette augmentation de lumière n'a pas été suffisante pour transformer radicalement la perception qu'avait le spectateur du xixe siècle de l'acteur. Il n'y voyait pas beaucoup plus clair, mais il voyait différemment. Physiquement, la réception de la variation de puissance d'une source lumineuse est égale à la racine cubique de cette variation. En d'autres termes, pour qu'un spectateur ait l'impression d'y voir deux fois plus clair, il faut multiplier par huit la puissance de la source lumineuse. Le décorateur de Weimar ne pouvait pas faire cela. Même l'électricité, dans ses premiers temps, ne le pouvait pas non plus, puisque les premières lampes à incandescence ne donnaient en moyenne qu'un tiers de lumière de plus que les becs à gaz qu'elles remplaçaient – elles avaient sensiblement le même pouvoir éclairant qu'une ampoule ordinaire de 25 watts[14] d'aujourd'hui. L'électrification de la scène de l'Opéra de Paris en 1887 a entraîné la pose de 2 008 lampes à incandescence, ce qui donna seulement 12,6 % de luminosité supplémentaire. Pour un spectateur moyen, cette différence était à peine sensible en fait de clarté. Goethe, qui a consacré plus de trente ans de sa vie à l'étude des couleurs[15] et à l'optique, n'ignorait pas ces règles physiques élémentaires. Il est donc peu probable que ses exigences en matière d'éclairage n'aient concerné que la luminosité.

1876 : Bayreuth. Tristan, entouré d'un halo lumineux produit par une lampe électrique à arc, lançait ce qui pourrait bien être le premier slogan symboliste : entendre la lumière[16]. La quête synesthésique débutait. En réalité, Tristan ne bouleversait rien. Son euphorie était celle du temps et elle dura. Trente ans plus tard, Adolphe Appia, admirateur, continuateur et critique de l'œuvre de Wagner, fournit une explication à cette lumière audible dans un ouvrage retentissant de la modernité théâtrale intitulé *La musique et la mise en scène*. Après une référence à Apollon, Dieu du chant et de la lumière, créateur d'harmonie, Appia en vient à l'essentiel : « la lumière n'est pas *d'y voir clair* ; pour les hiboux, *c'est la nuit qui est le jour [...], mais il n'y a pas de lumière la nuit* ». Et si Appia reconnaît qu'on voit clair sur nos scènes, il ajoute aussitôt qu'« il n'y a pas de lumière et c'est ce qui fait défaut sur nos scènes » : on « y voit clair » mais sans lumière[17].

Cette pensée renvoie chez Goethe, comme chez les romantiques, comme chez les symbolistes à une grande métaphore, à cette dimension transcendante, éminemment symbolique de la lumière. Mais le théâtre est un art du concret et toute métaphorique qu'elle soit, cette image doit ultimement se concrétiser. Qu'est-ce qui fait qu'une scène éclairée est lumineuse ou ne l'est pas ? Qu'est-ce qui fait que le spectateur voit autre chose que ce que voit le hibou la nuit ? La réponse est d'une désarmante simplicité : ce qui rend une scène lumineuse, ce sont les ombres qui s'y profilent. Goethe ne réclamait pas une plus forte intensité lumineuse, il voulait des ombres, d'où les nombreuses innovations techniques du Théâtre de Weimar dont il fut l'inspirateur : installation de becs de gaz escamotables dans le plancher surgissant pour augmenter la clarté ou s'enfonçant pour accentuer la pénombre, diminution de la clarté de la salle (sans éteindre tout à fait).

Appia encore :

> […] il n'est pas de plastique, de quelque sorte que ce soit, animée ou inanimée qui ne puisse s'en passer. S'il n'y a pas d'ombre, il n'y a pas de lumière[18].

Sous ce truisme d'apparence anodine se cache une équation théâtralement erronée et désastreuse. Ombre et lumière : nous revoilà plongés au cœur de l'esthétique romantique et de la pensée symboliste, des dualités fondatrices, mais au-delà aussi. Dans les peintures scéniques du xviiie siècle, on voit déjà, reproduite sur la toile, l'ombre provoquée par un soleil invisible sur des colonnes d'un bâtiment ou sur un paysage champêtre. Au xixe siècle, c'est l'ombre même du personnage qui est fixée sur la toile du fond et sur les châssis parce que l'éclairage au gaz n'a pas la puissance requise pour la créer – à partir d'une source unique (comme le soleil). Mais l'ombre peinte reste fixe alors que l'acteur se déplace ! C'est cette dissonance entre l'acteur et son ombre qu'Appia a en tête lorsqu'il évoque la vie de l'ombre, et qu'il affirme : « c'est la qualité des ombres qui exprime pour nous la qualité de la lumière[19] ». La question de l'ombre – on parle indifféremment de l'ombre et des ombres – qui est étrangère au théâtre et qui est une conséquence de la croissance de la luminosité – est pourtant au cœur de l'évolution de la représentation théâtrale jusqu'aux années 1920, c'est-à-dire jusqu'au moment où l'équation d'Appia subit l'épreuve de la réalité... et la perd !

Cette obsession de l'ombre soulève deux questions qui sont directement liées à l'électricité. La première ressort à ce réflexe spontané, qu'on trouve déjà chez Goethe et chez Wagner et qui a tout d'un axiome, c'est-à-dire que la lumière au théâtre doit reproduire ou se comporter comme la lumière naturelle. Que les tenants du réalisme académique chez les Français, du réalisme pictural chez les Anglais, du réalisme sensationnel chez les Américains, que les naturalistes de la fin du siècle aient cette volonté reproductrice, soit ! Pour des raisons différentes et selon des méthodes différentes – encore que cela ne soit pas évident du point de vue visuel –, ils cherchent à reproduire la réalité concrète sur scène. Mais les symbolistes ? Pourquoi des symbolistes ou des sympathisants symbolistes comme Craig et Appia, qui se sont efforcés toute leur œuvre durant de faire du théâtre un univers unique, ayant ses règles propres, ont tant tenu à l'ombre vivante ? se sont tant efforcés à reproduire la lumière du jour dans ce lieu artificiel qu'est le théâtre ?

Il n'y pas de soleil au théâtre, du moins il n'y en a plus depuis qu'il s'est enfermé dans des lieux clos à partir de la Renaissance. Le défi reproducteur qu'on impose au théâtre pendant un siècle, de Goethe à Appia, est dévastateur car, pour produire une ombre dans un espace déjà éclairé, il faut le « suréclairer » ; pour que l'ombre soit de « qualité » comme le veut Appia, il faut augmenter et concentrer la source d'éclairage. Mais quand on augmente la source d'éclairage, tout devient plus visible et l'artifice de la scène, sa magie, son illusion, s'estompe. Quand l'ombre de Tristan se profile sur la toile de fond du théâtre de Bayreuth, ce qui l'amènera à « entendre la lumière », c'est parce qu'une lampe électrique à arc est braquée sur lui, il est surexposé. Nous pouvons difficilement juger de la qualité de l'ombre de Tristan d'après les documents existants, mais quant à la qualité de la lumière, il n'y a aucun doute, elle était mauvaise : elle l'éblouissait.

Encore une fois, la question des convergences incite à la prudence. Il y a les contraintes pratiques de la réalité scénique, l'idéologie, la faisabilité technique ou financière et les choix esthétiques, mais il est clair que, dans cette vaste mutation à laquelle participait l'électricité, la plantation à l'italienne était condamnée. Pour des raisons esthétiques d'abord. L'exigence de l'ombre sur scène – par souci de conformité à la réalité – était incompatible avec un système de plantation à l'italienne dont les trucages illusionnistes devenaient sinon visibles, du moins perceptibles.

Pour les adeptes de la reconstitution historique, chez les romantiques français mais plus encore chez les Anglais de l'époque victorienne – donc au sein de la génération précédant celle des « grands réformateurs » (Antoine, Stanislavski, Meyerhold, etc.) –, la plantation à l'italienne était âprement critiquée parce qu'elle ne permettait pas une juste illustration du résultat de leur travail créatif. On ne pouvait pas en même temps défendre le réalisme des scènes, entreprendre des recherches poussées sur les décors, les costumes et les accessoires d'époque et tolérer l'imposture de reproductions à deux dimensions, tolérer que les remparts du Château d'Elseneur vibrent invariablement au passage d'un Hamlet emporté (ce qu'on ne percevait pas par faible éclairage) ! C'est donc tout naturellement, par nécessité, qu'a germé l'idée de décors construits en substitution aux plantations à l'italienne.

En 1875, Edward William Godwin, le père de Gordon Craig, conçoit les décors du *Marchand de Venise* pour le Prince of Wales Theatre où Ellen Terry, sa femme et la mère de Craig, joue le rôle de Portia. Godwin explique ainsi sa démarche :

> Il est évident que tout devrait être construit en volume, et ainsi nous éviterions la violence faite trop souvent aux esprits artistiques par les fausses perspectives qui apparaissent dans [les décors peints][20].

Cette production du *Marchand de Venise* dans laquelle l'historien anglais Herbert Beerbohm Tree, qui l'a vue, a salué « la première production dans laquelle l'esprit moderne de la mise en scène s'affirma[21] », annonçait déjà l'impasse où la logique réaliste et l'obsession de l'ombre précipitaient le théâtre.

Devant l'impossibilité technique de reproduire en « construit » les différents tableaux de la pièce – parce que l'installation de décors en trois dimensions entre chaque tableau aurait pris des heures –, Godwin avait conçu une place imaginaire autour de laquelle il avait rassemblé les différents lieux dramatiques « réalistes » indiqués par Shakespeare. Bref, pour reproduire la réalité du monde, Godwin avait été obligé de le réinventer. Reste que le décor construit présentait un avantage majeur : il permettait de créer des ombres plus cohérentes que le décor peint, à condition, bien entendu, de disposer d'une source de lumière concentrée et puissante en une même zone, ce qui soulève d'autres difficultés.

Évidemment, Godwin n'a pas fait école auprès des siens. Sa solution « moderne » était prématurée parce qu'inadaptée à la dramaturgie régnante[22]. Toutefois, elle allait parfaitement convenir aux naturalistes et aux symbolistes dont les dramaturgies ne présentaient pas les mêmes contraintes. Ils adoptèrent le décor construit, qu'il représente la réalité ou en suggère une autre.

De cette longue quête de l'ombre il est resté trois héritages majeurs pour le théâtre. D'abord, une meilleure compréhension de l'éclairage, de ses enjeux, de ses limites. Ensuite, un enseignement : la lumière ne sert pas qu'à éclairer, elle est, littéralement, une *dramis persona*. Dès 1884, est publié en allemand ce qui pourrait bien s'avérer le premier manifeste pour un « éclairage artistique ». « Il est maintenant établi que l'éclairage de la scène devrait constituer un aspect au moins aussi important que [...] le drame qui l'accompagne [...][23] ».

Appia, qui préfère le terme *moyen d'expression*, parle même de « scénario lumineux ». Il y a un scénario lumineux comme il y a un scénario dramatique. L'idée est, bien sûr, que chaque production appelle son propre éclairage et que cet éclairage varie en fonction de l'évolution dramatique. Mais ce nouvel « art », l'art de l'éclairage – qui est en fait l'art de l'électricité au théâtre – ne peut pas se déployer dans l'antre de la « vieille bête illusionniste ». Cinquante ans avant le retentissant « [i]l n'y aura pas de décor » d'Antonin Artaud[24], Appia bannit le décor peint, dont l'artifice ne fait plus illusion à cause de l'éclat nouveau de la lumière : il est incompatible avec l'acteur qui, lui, est fait d'un « corps solide ».

> Pour avoir de la lumière sur la scène, il faut renoncer à l'un [le décor peint] ou à l'autre [l'acteur]. En renonçant à l'acteur on supprime le drame et on tombe dans le diorama ; c'est donc la peinture qu'il faut sacrifier[25].

La modernité n'a donc pas renoncé à l'acteur. Mieux encore, elle l'a mis au centre de la création théâtrale ! Le troisième héritage qu'a laissé cette longue quête est justement cet acteur qu'on devra radicalement renouveler. L'acteur s'était accommodé de la chaleur suffocante dégagée par des centaines de becs de gaz – 1800 à l'Opéra de Paris –, il avait accepté de jouer à des températures avoisinant les 40 °C, il avait stoïquement accepté d'inhaler l'air vicié par la combustion du gaz. Cet acteur qui était le maître incontesté de la scène théâtrale, en dépit de son encombrement décoratif et de la pénombre, allait être un élu bien malheureux.

L'éclairage au gaz avait sensiblement augmenté la surface de son aire de jeu, il pouvait s'éloigner de la rampe. Cet espace arraché à la pénombre lui avait permis de gagner en expressivité corporelle, son jeu était devenu plus physique, son geste et son mouvement plus amples : c'est le jeu romantique et c'est le héros romantique, c'est Shakespeare revu par les Victoriens, c'est le Robert Macaire du boulevard, c'est Monte Christo triomphant ! Cette surface agrandie permit aussi la multiplication des scènes de foule dont le public du XIXᵉ siècle était si friand. Quand la lampe à incandescence apparut, l'espace de jeu s'élargit encore, faisant davantage reculer la pénombre, sans toutefois l'abolir entièrement. Et l'acteur put s'éloigner encore plus de la rampe. Quand enfin la scène, éclairée par des projecteurs aux lampes à incandescence, a été libérée des châssis illusionnistes pour accueillir des installations naturalistes ou symbolistes en trois dimensions, l'acteur romantique enfin libéré aurait pu jouer à sa pleine [dé]mesure, s'y mouvoir avec sa fougue, ses émotions, sauter par-dessus les obstacles, courir, escalader, y être, en être. Ne plus avoir l'air, comme disait Appia, d'un « intrus dans le décor », d'un étranger dans son propre univers. Mais ce n'est pas ainsi que les choses évoluèrent. « Le jour où l'acteur, tel un tableau vivant, se trouvera en accord parfait avec l'environnement pictural grâce à l'éclairage, le théâtre aura enfin réalisé la fusion parfaite de tous les arts[26] ».

Mais il y a davantage ! Le besoin inassouvissable de clarté n'a pas cessé, mais s'est décuplé avec la découverte d'Edison, et l'électricité n'a pas cessé de triompher sur nos scènes que nos aïeux trouveraient sans doute bien aveuglantes. L'organisation et la puissance de notre éclairage sont aujourd'hui telles qu'il n'y a plus d'ombre au théâtre – sauf pour des effets spéciaux. Qu'en diraient Goethe et Appia ? On ne sait pas mais, trois quarts de siècle après l'invention d'Edison, Louis Jouvet ne cache pas son dépit : « le théâtre a vu venir l'électricité […], il a perdu sa pénombre et partant un peu de son mystère et de sa magie. […] [L]a lumière [électrique] a fait le vide sur la scène[27] ». D'autres peuvent se réjouir : la lumière théâtrale, en abolissant les ombres, n'est plus un calque de la lumière du jour.

Revenons-en à Appia et au début du triomphe électrique. Il est clair que, dans l'esprit de ce dernier comme dans celui des champions de la modernité, l'acteur « tableau vivant » accordé à un anthropomorphisme scénique idéal ne pouvait pas être ce monstre sacré, indiscipliné et égocentrique, génial par inadvertance, talentueux par accident, jouant d'instinct, sans comprendre, sans savoir, sans méthode, qui avait fait courir les foules du XIXᵉ siècle. Ce nouveau théâtre appelait un nouvel acteur. Pour Jouvet, l'espace scénique traditionnel a été balayé par la lumière électrique comme Hiroshima a été rasé par les radiations. C'est un point de vue, mais de cet incomparable cataclysme résulte un acteur nouveau.

Je vous laisse sur cette esquisse réalisée par Craig en 1909 pour l'acte I de *Macbeth*. Espace épuré et construit, avec ombre et lumière – comme il ne s'en fait plus. Je vous en propose une métaphore : Macbeth n'est pas là, ni Banquo, ni les sorcières, ni Lady Macbeth, aucune de nos « ombres collectives ». Les personnages ne sont pas là parce que l'acteur qui doit les incarner n'existe plus, n'existe pas encore. C'est l'acteur électrique.

Annexe
Chronologie sommaire de l'éclairage au théâtre

1580 : Première utilisation répertoriée des chandelles comme source d'éclairage en Italie.

1780 : Introduction de la lampe à huile en addition aux chandelles.

1807 : Invention de la lampe électrique à arc par l'Anglais Humphrey Davis.

1816 : Invention de la lampe au calcium (*limelight*) par l'Anglais Thomas Drummond.

1816 : Introduction de l'éclairage au gaz : Le Chesnut Street Theatre de Philadelphie est entièrement éclairé au gaz (scène et salle).

1817 : Le Drury Lane Theatre et le Lyceum Theatre de Londres se convertissent au gaz.

1820-1840 : Conversion rapide et généralisée de tous les théâtres d'Occident au gaz.

1837 : Première utilisation au théâtre du *limelight* sur scène pour un effet de soleil – Covent Garden de Londres.

1840 : Invention du régulateur de débit gazier : le « jeu d'orgue », équivalent pour l'éclairage au gaz de la console d'éclairage électrique.

1840-1860 : Généralisation du recours au *limelight* pour effets spéciaux d'éclairage.

1844 :   Modification majeure de la lampe à arc par le Français Léon Foucault : utilisation d'une cloche de verre isolante.

1846-1849 :   Premières utilisations de la lampe à arc pour effets spéciaux – 1840 : Opéra de Paris – *Le Prophète* de Meyerbeer (effet de soleil).

1850 :   Des théâtres commencent à atténuer la lumière dans la salle – Charles Kean au Princess Theatre de Londres.

1864 :   Projection d'images à l'aide de la lampe à arc (Procédé Dubosq).

1876 :   Projection d'images mobiles par la lampe à arc (*La Walkyrie* de Wagner à Bayreuth).

1877 :   Invention du zoom.

1878 :   Invention de la dynamo portative pour la lampe à arc.

1879 :   Invention de la lampe à filament incandescent par l'Américain Thomas Edison.

1881 :   Conversion du Savoy Theatre de Londres au système électrique.

1880-1890 :   Conversion généralisée et fulgurante de tous les théâtres d'Occident (sauf le Lyceum de Londres) à l'électricité.

Disparition graduelle du *limelight* au profit de la lampe à arc

1904 :   L'Américain Louis Hartman, éclairagiste de David Belasco, crée le premier projecteur à lampe incandescente (puissance 50 W) : début de l'éclairage contemporain.

Notes

1. Voir la chronologie sommaire en annexe.
2. Un quatrième temps serait l'avènement de l'électronique, un cinquième, celui des nouveaux médias.
3. « Le soleil du Prophète ».

4. Henry Irving (1838-1905) n'est pas seulement le principal acteur et le directeur du Lyceum Theatre. C'est l'un des plus célèbres *actors-managers* du théâtre victorien et, à ce titre, il contrôle toutes les phases de production de ses spectacles, soignant tout particulièrement leurs effets visuels et leur éclairage. Il a acquis, dans ce domaine (l'éclairage au gaz), une expertise peu commune qui a contribué au succès du Lyceum.

5. M. J. Moynet, *Machines et décorations*, New York, Benjamin Bloom, 1972, p. 104 et ss.

6. Luc Bureau, *Géographie de la nuit*, Montréal, Hexagone, 1997.

7. Jean Duvignaud, *Les Ombres collectives – Sociologie du théâtre*, Paris, Presses universitaires de France, 1973.

8. À la demande de Charles-Auguste, qui prend la tête du gouvernement du Duché en 1775, Goethe assuma la direction du Théâtre amateur de la Cour de 1775 à 1783, avant de prendre celle du Théâtre (professionnel) de Weimar qu'il conserva de 1791 à 1817.

9. Le 6 avril 1779, les acteurs du Théâtre amateur de la Cour créent *Iphigénie* de Goethe, qui dirige cette production. Fait nouveau, les comédiens jouent dans des costumes antiques.

10. Il a conçu le célèbre recueil des « quatre-vingt-onze règles » destiné aux acteurs et aux concepteurs de théâtre : « Regeln für Schauspieler », in Walter Hinck, *Goethe – Mann des Theaters*, Göttingen, Vandnhoeck & Ruprecht, 1982, p. 81-88.

11. La légende veut d'ailleurs que ce soient les dernières paroles prononcées par Goethe sur son lit de mort : « Mehr Licht ! », « Plus de lumière ! ».

12. À cela s'ajoute le recours aux effets spéciaux, tels les clairs de lune, les couchers de soleil, etc. Pour plus de détails sur cet aspect du travail de création de Goethe, voir John Prudhoe, *The Theatre of Goethe and Schiller*, Totowa – New Jersey, Rowmann & Littlefield, 1973, p. 65-84 et 85-108 ; et Jean Delinière, *Weimar à l'époque de Goethe*, Paris, L'Harmattan, 2005, p. 81-105 et 147-154.

13. Joseph-Philoclès Régnier de La Brière (dit Régnier), *Souvenirs et études de théâtre*, Paris, Ollendorff, 1887, p. 87-88.

14. Les lampes à arc étaient beaucoup plus puissantes, mais ne pouvaient être utilisées que pour des effets spéciaux et sur de courtes périodes (avec un éclairage semblable à celui d'un flash d'appareil photographique).

15. Entre 1790 et 1823, il consacre près de deux mille pages aux couleurs et à leurs rapports mutuels. Publiée sous le titre *Traité des couleurs*, sa théorie est fondée sur la polarité des couleurs. Goethe base son système sur le contraste naturel entre le clair et le foncé (totalement absent des études

optiques de Newton). Voir Johann Wolfgang von Goethe, *Traité des couleurs*, Paris, Triades, 1973.

16.   « Quoi ?... Est-ce la lumière que j'entends ?... » – « Wie, hör' ich das Licht ? Die Leuchte, ha ! Die Leuchte verlischt ! Zu ihr ! Zu ihr ! » – « Le flambeau s'éteint !... Vers elle ! Vers elle ! (Hors d'haleine, Isolde rentre à pas pressés. Tristan, incapable de se maîtriser, se précipite vers elle en chancelant. Au milieu de la scène, elle le reçoit dans ses bras, et il s'affaisse, presque inerte.) » Richard Wagner, *Tristan et Isolde*, traduction de Jean d'Arièges, Paris, Aubier-Flammarion, 1974, acte III, scène 2, p. 222-223.

17.   Adolphe Appia, *La Musique et la mise en scène*, t. 2, Berne, Theaterkultur-Verlag, 1963, p. 95.

18.   *Idem.*

19.   *Ibid.*, p. 57.

20.   Sylvain F. Lhermitte, "Le masque de Godwin", *L'Annuaire théâtral*, nº 37 (2005), p. 20 (traduction de F. Lhermitte. Texte original : Edward William Godwin, "Architecture and Costume of *The Merchant of Venice*", *The Mask*, vol. 1, nº 4 (juillet), 1908, p. 75).

21.   Sylvain F. Lhermitte, "Le masque de Godwin", *L'Annuaire théâtral*, nº 37 (2005), p. 20 (traduction de F. Lhermitte. Texte original : Edward Gordon Craig (pseud. John Semar), "A Note on the Work of Edward William Godwin by John Semar", *The Mask*, vol. 3, nºˢ 4-6 (octobre), 1911, p. 75).

22.   L'une des caractéristiques du théâtre romantique et du théâtre postro-mantique est la multiplication des tableaux : en moyenne douze par pièce.

23.   Appia, Adolphe, « De l'éclairage de la scène », *Bayreuther Blätter*, April 1885. Repris en français dans *Œuvres complètes*, t. II, Berne, L'Âge d'Homme, Fondation de la Collection suisse du théâtre, 1983, p. 367-368.

24.   Antonin Artaud, *Le Théâtre et son double*, Paris, Gallimard NRF, 1974, p. 148.

25.   Adolphe Appia, *La Musique et la mise en scène, op. cit.*, p. 58.

26.   Adolphe Appia, *Œuvres complètes*, t. II, *op cit.*, p. 355.

27.   Louis Jouvet, *Le Comédien désincarné*, Paris, Flammarion, 1955, p. 89.

Bibliographie

Appia, Adolphe, *La Musique et la mise en scène*, t. 2, Berne, Theaterkultur-Verlag, 1963.

Appia, Adolphe, *Œuvres complètes*, t. II, Berne, L'Âge d'Homme, Fondation de la Collection suisse du théâtre, 1983.

Artaud, Antonin, *Le Théâtre et son double*, Paris, Hatier, 1975.

Bureau, Luc, *Géographie de la nuit*, Montréal, Hexagone, 1997.

Delinière, Jean, *Weimar à l'époque de Goethe*, Paris, L'Harmattan, 2005.

Duvignaud, Jean, *Les Ombres collectives – Sociologie du théâtre*, Paris, Presses universitaires de France, 1973.

Goethe, Johann Wolfgang von, « Regeln für Schauspieler », in Walter Hinck, *Goethe – Mann des Theaters*, Göttingen, Vandnhoeck & Ruprecht, 1982.

Goethe, Johann Wolfgang von, *Traité des couleurs*, Paris, Triades, 1973.

Jouvet, Louis, *Le Comédien désincarné*, Paris, Flammarion, 1955.

Lhermitte, Sylvain F., "Le masque de Godwin", *L'Annuaire théâtral*, n° 37 (2005), p. 20 (traduction de F. Lhermitte. Texte original : Edward Gordon Craig (pseud. John Semar), « A Note on the Work of Edward William Godwin by John Semar », *The Mask*, vol. 3, n°s 4-6 (octobre), 1911, p. 75).

Lhermitte, Sylvain F., « Le masque de Godwin », *L'Annuaire théâtral*, n° 37 (2005), p. 20 (traduction de F. Lhermitte. Texte original : Edward William Godwin, "Architecture and Costume of *The Merchant of Venice*", *The Mask*, vol. 1, n° 4 (juillet), 1908, p. 75).

Moynet, M. J., *Machines et décorations*, New York, Benjamin Bloom, 1972.

Prudhoe, John, *The Theatre of Goethe and Schiller*, Totowa – New Jersey, Rowmann & Littlefield, 1973.

Réginier de La Brière, Joseph-Philoclès, *Souvenirs et études de théâtre*, Paris, Ollendorff, 1887.

Wagner, Richard, *Tristan et Isolde*, Paris, Aubier-Flammarion, 1974.

Moteur ou manivelle? Incidence du vecteur énergétique dans la captation des images de la cinématographie-attraction[1]

André Gaudreault et Philippe Marion

[…] de nos jours, les plus grandes compagnies de cinéma sont des filiales des trusts de l'électricité. Sans doute n'est-ce pas entièrement le hasard qui plaça la « fée électrique » près du berceau du film, puisque, à peine majeur, il retomba sous sa puissance.
Georges Sadoul, 1948[2]

Pour la cinématographie-attraction, ce paradigme dominant aux premiers temps du cinématographe, l'électricité a constitué bien davantage qu'un simple vecteur énergétique puisqu'elle a, dans une certaine mesure à tout le moins, orienté et déterminé la conception même du filmage. L'électricité a eu, par conséquent, une incidence directe sur certains paramètres de la *monstration* filmique.

En fait, tout semble partir d'un choix aussi binaire que radical : avoir recours, ou non, aux services de la « fée et de la servante » (comme on disait de l'électricité, à l'époque[3]) pour mobiliser l'appareil servant à la prise de vues et celui servant à la restitution des images pour le public. Deux camps se dégagent alors, que l'on peut schématiser comme suit : celui, d'une part, d'Edison, « électricien avant toute chose », comme le précise Sadoul, et fervent utilisateur de l'énergie électrique pour alimenter son appareillage de captation/restitution du réel ; celui des frères Lumière, d'autre part, qui font confiance à la mécanique mue par la seule force humaine. Envisager les conséquences comparées de ces deux options énergétiques, telle est la mission que s'assigne le présent texte.

L'électricité comme paradigme

Insistons d'emblée : le recours à l'électricité dans le cadre de la cinématographie des premiers temps est bien plus qu'un choix énergétique, il relève d'un véritable paradigme. À ce titre, il convient sans doute de se remémorer les propos de McLuhan, qui considérait l'électricité comme *le* média significatif et décisif de son époque, la « galaxie électrique » s'opposant à la « galaxie Gutenberg » :

> La technologie électrique menace totalement l'enjeu que les Américains ont mis dans l'alphabétisme comme technologie d'uniformité appliquée à tous les niveaux de l'éducation, du gouvernement, de l'industrie et de la vie sociale [...]. La technologie de l'électricité est en nos murs et nous sommes sourds, muets, aveugles et inconscients devant sa collision avec la technologie gutenbergienne par et sur laquelle s'est construit le *way of life* américain[4].

À l'époque de ses premiers soubresauts, le cinéma est plongé dans le contexte d'une « culture » de l'électricité. Avant de s'adonner aux vues animées, Edison invente la lampe à incandescence et met sur pied des centrales électriques. En France, les frères Pathé n'hésitent pas, par exemple, à se prétendre électriciens. Et, au Québec, c'est un véritable électricien, Léo-Ernest Ouimet, qui est le premier à s'investir dans le monde de la cinématographie. Certains commentateurs vont même jusqu'à considérer que le cinématographe procède, comme invention, de l'électricité.

Le choix énergétique entraîne des conséquences importantes sur les modalités de captation/restitution du réel et sur le rendu filmique. Mais, plus fondamentalement, l'option électrique s'inscrit dans une conception (une métaphysique, peut-être) de la saisie et de la représentation de l'espace-temps, conception qui participe d'une généalogie et qui s'inscrit dans le prolongement de certaines séries culturelles, comme nous le verrons plus loin. En ce qui concerne le cinéma des premiers temps, le choix de l'électricité ne restera pas sans conséquence.

Pour mieux situer la part de l'option électricité dans les premières captations/restitutions cinématographiques, nous utiliserons une structure antithétique bien connue : celle qui oppose, sur le plan de la sémantique lexicale, l'*électrique* et le *mécanique*. C'est à partir de la distance symbolique qui sépare ces deux pôles que nous distinguerons deux manières franchement divergentes de prendre des vues cinématographiques : celle d'Edison et celle des frères Lumière.

Edison et Lumière : le cas Edison

En matière de cinématographie, il existe, chez Edison, une propension au tout électrique ou, à tout le moins, une volonté claire de privilégier l'électricité comme vecteur ou plutôt comme « média » énergétique. On sait à quel point l'inventeur du Kinetograph peut être considéré comme l'un des papes de l'électricité. Encore aujourd'hui, des sociétés américaines d'électricité portent d'ailleurs son nom.

Son appareil de prise de vues, le Kinetograph, est conçu et exploité d'abord et avant tout comme appareil électrique. Quant à ses *kinetoscope parlors*, salles aménagées pour la consommation des vues animées par le public, elles sont, dans un grand nombre de cas, placées sous la responsabilité et la compétence d'électriciens.

Contrairement à ce que l'on pourrait penser aujourd'hui, puisque l'usage de l'électricité est souvent associé pour nous à la légèreté, ou du moins à la facilité, l'usage de l'électricité chez Edison ne lui a pas permis de profiter d'un dispositif allégé de captation/restitution des images animées. Au contraire ! Lourde et encombrante, la machinerie de la caméra électrique d'Edison, mise au point vers 1890, était presque condamnée à l'immobilité, pour ne pas dire à l'immobilisme. D'où, les premières années du moins, sa fixation à demeure, *in vitro* si l'on peut dire, au plancher du studio goudronné de West Orange, surnommé la « Black Maria », du surnom que l'on donnait alors couramment au fourgon cellulaire aux États-Unis. Afin de pouvoir enregistrer les évolutions de leurs sujets, les opérateurs d'Edison étaient ainsi contraints de prélever, empiriquement, des segments du réel et de les importer dans le studio prévu à cet effet.

Quelques années après la mise au point du Kinetograph et du Kinetoscope, arrivent les frères Lumière, avec un appareil dont la légèreté permettait, comme on sait, la libre circulation des opérateurs de prise de vues. Ceux-ci pouvaient dès lors capter, *in vivo*, les éléments du réel qui les intéressaient, n'hésitant pas à parcourir le monde pour ce faire. Cette différence apparaît clairement dès que l'on étudie le cas d'un même sujet, filmé selon chacune des deux modalités.

Soit, par exemple : *Blacksmithing Scene* (1893), réalisé chez Edison et *Les Forgerons* (1895), produit par les frères Lumière.

Chez les frères Lumière, l'objet filmé est montré dans son contexte, raison pour laquelle il conserve une certaine part d'autonomie ; chez Edison, l'objet filmé a inévitablement subi une certaine part de manipulations, ne serait-ce que parce qu'on l'a transféré dans l'enceinte d'un studio monté de toutes pièces. Si l'on force l'opposition, on trouve : d'un côté, un effet de réel « naturel », en apparence du moins ; de l'autre côté, la construction d'un effet de réel. D'un côté, *prélèvement* et *restitution*, de l'autre, *sélection* et *reconstruction*.

Sur le fond noir des murs de la Black Maria, en l'absence de tout décor, évoluent les sujets : outre les forgerons, on découvre parmi eux des Indiens qui dansent, des boxeurs, des gymnastes, des tireurs de précision… Ce que convoque Edison, dans sa Black Maria, ce sont, on le voit, des genres de *packages* attractionnels, des *packages* déjà préformatés, précontraints, dont le caractère attractionnel et spectaculaire n'a plus à être prouvé, car ils les ont déjà fait, leurs preuves, ailleurs. Sur la scène du vaudeville, dans les parcs d'attraction, dans les baraques foraines, etc.

Au vu de ces films, on est cependant en droit de se poser quelques questions. Pourquoi Edison filme-t-il toujours des sujets spectaculaires, qui sortent de l'ordinaire ? Pourquoi ne filme-t-il pas, simplement, de l'ordinaire ? Serait-ce que l'aspect *novelty* du seul dispositif de son invention ne saurait lui suffire ? Il nous faudra un jour revenir sur ces questions.

L'absence de décor et le détachement des figures sur le fond noir du studio, ajoutés à l'immobilité massive de la caméra électrique et à la lumière savamment domptée, renforcent la mise en évidence des sujets et permettent la focalisation sur eux, sur leurs attitudes et leurs gestes. De cet ensemble émerge une sorte de fonctionnalité dépouillée. Cette concentration sur du matériel animal – le plus souvent humain –, relativement décontextualisé, est à mettre en relation avec le caractère circulaire, cyclique, rythmique, répétitif de la gestuelle montrée. Les sujets choisis supposent, le plus souvent, une suite de gestes et d'actions procédant d'un principe de répétition, qui forment une boucle, une vis sans fin. Voilà qui permet de replacer l'Edison de cette période dans le prolongement de la série culturelle des jouets optiques.

L'esprit de laboratoire semble donc dominer chez Edison. Il s'agit pour lui, on l'a vu, de prélever des composantes du réel, le plus souvent d'un réel spectaculaire, quand ce n'est pas carrément un réel toujours-déjà mis en spectacle, pour les isoler et les ressaisir dans l'espace confiné et préparé du studio, par le truchement d'une captation continue, opérée par sa caméra électrique. Cette « studioïté » transparaît d'ailleurs dans la majorité des bandes edisoniennes d'avant 1895. Pareille volonté de dissocier le mouvement des corps et des objets de leur environnement

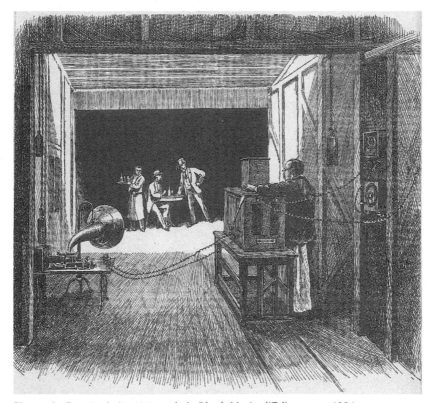

Figure 1. Dessin de l'intérieur de la Black Maria d'Edison vers 1894.

usuel rappelle les préoccupations scientifiques de la chronophotographie développée par Marey (qui, d'ailleurs, était lui aussi un fervent utilisateur de l'électricité, fût-elle emmagasinée dans des piles).

Edison et Lumière : le cas Lumière

Après ce survol des conditions d'un filmage placé sous la coupe de l'énergie électrique, envisageons maintenant les tournages se plaçant d'emblée sous le paradigme « mécanique ». Notons d'ailleurs que, dans l'opposition classique entre le *mécanique* et l'*électrique*, nous attribuons un coefficient particulier au terme *mécanique* : est ainsi considéré par nous comme mécanique toute machinerie mue et animée par la seule force humaine. Passons donc, pour prolonger la comparaison esquissée ci-dessus, du côté des frères Lumière et retrouvons leur volonté de préserver l'inscription de leurs sujets filmés dans le réel. On s'en tiendra à un parallèle entre deux films portant sur à peu près le même sujet, traitant tous deux d'Indiens qui exécutent une danse. Tournée en 1894, un an avant même l'invention du Cinématographe Lumière, la vue *Buffalo Dance* d'Edison présente des Indiens qui agissent comme s'ils étaient concentrés sur leur prestation. Leur danse reste bien au centre du foyer visuel de la caméra, qu'ils n'hésitent d'ailleurs pas à regarder. Rien de plus normal, puisque c'est en quelque sorte pour elle qu'ils se sont déplacés jusque dans l'enceinte de la Black Maria.

Quant à la vue des frères Lumière, intitulée *Danse indienne*, on y remarque le relatif « réalisme » des décors et des accessoires, qui excèdent nettement ce que réclame l'action en tant que telle. Les « personnages » y donnent bien davantage l'impression de vaquer à leur activité, comme s'ils étaient saisis dans une action non prévue pour la caméra. Les Indiens des Lumière semblent ainsi danser « pour eux-mêmes », tantôt ils occupent bien l'espace du champ, tantôt ils le quittent sans paraître s'en préoccuper.

On pourrait dire qu'il se dégage de la vue d'Edison une sorte d'effet chorégraphique, avec la connotation de préparation et de composition que charrie le terme même de chorégraphie. *A contrario*, effet d'improvisation et de spontanéité chez les frères Lumière. Autant les Indiens, de par leur performance physique, semblent être chez Edison des sujets « *agités* », autant ils semblent chez les frères Lumière être devenus des sujets

« *agissants*[5] ». La chose est d'ailleurs attestée par l'appartenance des Indiens d'Edison au monde du spectacle. Ce sont certes d'authentiques Indiens, mais qui font partie de la troupe de Buffalo Bill, et ce qu'ils offrent donc à la caméra, c'est une prestation effectivement chorégraphiée, littéralement. Une prestation doublement précontrainte et préformatée.

Insistons cependant sur le fait que, lorsque nous parlons de *réel*, nous parlons en fait d'*effet* de réel. Dans les faits, on sait que la manipulation peut s'avérer encore plus grande lorsqu'on tourne *in vivo* que dans la situation opposée. Le film des frères Lumière *Danse indienne* offre précisément l'exemple par excellence de cette constatation, tellement il relève d'une concertation, non affichée, des filmés avec le filmeur, comme l'a d'ailleurs déjà montré l'un d'entre nous dans une publication antérieure[6]. Au bout du compte, la différence est de taille, puisque le rendu filmique du tournage en prise directe sur le « réel » donne plus aisément l'illusion d'un réel non retouché.

Il reste néanmoins chez les Indiens des frères Lumière, du moins sur le plan de la manière dont ils semblent « prélevés » du réel (de leur réel), un plus grand taux d'authenticité apparente que chez ceux d'Edison.

Électricité et continuité

La confiance précoce qu'Edison a placée en l'électricité aura donc contribué à produire, nous l'avons dit, une certaine conception du filmage. Mieux, tout se passe comme si le média électricité avait servi de modèle métaphorique à l'activité même de captation de l'espace-temps. « L'électricité produit une lumière durable, fixe, constante, distribuée à profusion », se plaisent à affirmer certains observateurs, tels Beltran et Carré[7]. Plus généralement, l'électricité possède des caractéristiques de fluidité, de régularité, de continuité qui vont déteindre sur les modalités et sur la conception du filmage chez Edison.

Lorsque le Kinetograph capte le réel en mouvement, la priorité est donnée au défilement, à la continuité, au passage rapide (le plus souvent autour de 40 images à la seconde), fluide et régulier de la pellicule. Rappelons en effet que, dans le Kinetograph d'Edison, au contraire de ce qui se passe chez les frères Lumière, la pellicule n'est pas animée d'un mouvement intermittent : elle n'est donc pas véritablement arrêtée dans sa course, elle ne s'immobilise pas au moment de la prise de chacune des poses, de chacune des images, de chacun des photogrammes. La dominante symbolique du système de captation d'Edison, c'est le modèle – réel et métaphorique – de l'électricité : priorité à la fluidité, à la continuité, au flux. Sur le plan de la captation technique, cette priorité au défilement continu va de pair avec la difficulté de « contrarier » ce flux avec un « presseur », pour retenir la course de la pellicule, le temps de la prise d'image. On se trouve ici encore dans la lignée des expériences de *chronophotographie* de Marey.

Un rapprochement s'avère aussi possible avec le système, si cher à Edison, du phonographe basé sur une nécessaire continuité sonore sur le plan de la captation et de la restitution. Tout le contraire que chez les frères Lumière. Le modèle dominant, le système métaphorique de référence n'y est pas la continuité et la fluidité électriques mais l'art de l'arrêt, de l'interruption organisée, ou plutôt *des* arrêts et *des* interruptions organisées. Plus exactement, la représentation du mouvement chez les frères Lumière s'entend comme une suite d'images arrêtées, susceptibles de restituer un effet de mouvement par la vertu du défilement. La série culturelle de référence est ici la *photographie*, non plus la *chronophotographie*, quand bien même celle-ci serait placée en séquence pour donner l'illusion de la continuité de l'espace-temps. Tout se passe comme si la photographie disposait désormais du mouvement comme valeur ajoutée.

Figure 2. Un kinétoscope Edison, la porte ouverte.

Pour les frères Lumière, le concept de base, c'est donc l'*animation* d'images *arrêtées*. Pour Edison, il serait plutôt question d'une *agitation* pelliculaire garantie par le flux du courant électrique.

Circularité et clôture électrique

Revoyons maintenant ce qui précède en fonction du choix de l'électricité, non seulement comme ressource énergétique, mais surtout comme moyen de réalisation. Et l'on sait à quel point ces « moyens de réalisation » – c'est l'une des définitions contemporaines d'un *média* – sont remplis d'imaginaires et de pratiques sociales implicitement incorporées en elles.

Dans sa première période et dans sa période de développement, le Kinetograph d'Edison a donc, en quelque sorte, « un fil à la patte ». Un fil électrique, s'entend. Mû par l'énergie électrique fournie par « the laboratoy's central power plant », comme le précise Philips[8], le lourd appareillage du Kinetograph doit en quelque sorte demeurer dans le rayon du fil électrique qui l'alimente. La contrainte du fil électrique est pour ainsi dire celle du rayon d'un cercle. L'électricité offre la continuité, la régularité et la puissance énergétique, mais elle induit aussi une dépendance, une contrainte de relative immobilité. Ou, s'il y a mobilité, c'est dans un espace à la fois réduit et circulaire.

Le réseau métaphorique du cercle, associé à l'électricité, permet d'ailleurs de relire le contexte et la conception du filmage pratiqué par Edison. Envisageons un peu plus systématiquement quelques déclinaisons de la figure circulaire, souvent associée à la figure de la *clôture*, qui lui est voisine :

– Le Kinetograph est « prisonnier » dans un enclos, doublement prisonnier même : premier enclos, les murs de la Black Maria ; second enclos, la clôture qui enceint la propriété. Cette clôture (au sens propre et au sens figuré du terme) apparaît d'ailleurs dans plusieurs vues, notamment lorsque les sujets prévus (chevaux, cavalcades, performances complexes, animaux « sauvages »...) ne pourraient être aisément confinés dans la Black Maria. Remarquons au passage que ces tournages « extérieurs » sont réalisés alors que le Kinetograph est toujours à l'intérieur de la Black Maria : on a tout simplement ouvert la porte du studio et braqué l'appareil en direction de la cour extérieure.

— La Black Maria tout entière peut pivoter sur elle-même en fonction de la position du soleil pour le laisser y pénétrer et de façon à orienter la lumière de manière optimale. Un panneau mobile permet de laisser entrer la lumière du jour. Un tel dispositif permet notamment de renforcer les contrastes des sujets se détachant sur le fond noir.

— Cette clôture circulaire n'est pas sans rapport avec une autre « circularité » fort connue à l'époque : celle de la piste du cirque. Et ce n'est sans doute pas une coïncidence si Edison invite, dans l'enceinte de la Black Maria, certains spectacles et productions typiques de l'art circaldien (animaux savants, notamment). Le spectacle de cirque et les performances diverses qu'il accueille constituent assurément, nous l'avons déjà constaté ci-dessus, une des séries culturelles qui hantent la conception des vues-spectacles adoptée d'emblée par Edison.

— Notons aussi que cette clôture circulaire est partagée par nombre de jouets optiques, notamment le zootrope. Au côté de la chrono-photographie déjà évoquée, le jouet optique – qui fonctionne d'ailleurs souvent sur la déclinaison ludique des principes chrono-photographiques – constitue une autre série médiatico-culturelle qui converge vers Edison.

— Sur le plan de la réception cette fois, le kinétoscope animé par un moteur de 8 volts se trouve, lui aussi, empreint de pareille clôture circulaire. Les vues du kinétoscope pouvaient commencer et terminer à n'importe quel point de la vue[9] : aucun effort n'est donc consenti pour produire un effet, linéaire, de début et de fin, ce qui était indifférent pour les premiers films (scènes d'acrobates, etc.), mais qui pouvait causer des problèmes dans des films plus narratifs. Prenons, par exemple, la vue d'Edison *Mary, Queen of Scots* qui représente la fin tragique de la reine écossaise décapitée… Imaginons que, dans tel kinétoscope, la bande est installée de telle façon que la vue Edison commence juste après la décollation : la suite des événements présenterait une logique pour le moins atypique… Mais cela n'est pas le cas de la plupart des premières vues d'Edison, qui présentent une action qui se boucle sur elle-même.

Notons encore que, là où la boucle se formait, entre la fin et le début de la bande, les spectateurs du kinétoscope étaient toujours déjà soumis à un hiatus, mais ce *jumpcut* pouvait être atténué par le fait que les sujets étaient confinés dans un espace circulaire et que leur gestuelle adoptait des mouvements et une dynamique eux-mêmes circulaires.

— Sur le plan de la machinerie du kinétoscope elle-même, le principe circulaire est au cœur du dispositif technique, ainsi que le rappelle Sadoul :

> [...] le moteur est une dynamo fonctionnant sous l'action d'une batterie d'accumulateurs. Le courant en passant par des résistances qui peuvent être rendues variables, peut rendre plus ou moins éclairante une lampe dont les rayons illuminent la pellicule plus ou moins opaque. L'œil regarde cette pellicule par un orifice, et l'on voit à travers une fente percée dans un disque circulaire qui tourne, entraîné en même temps que le ruban photographique, avec une telle vitesse que l'œil ne perçoit pas la rotation du disque et suit de manière continue, les photographies successives. La pellicule forme un ruban sans fin[10].

Circularité, clôture, continuité et régularité contrôlée se trouvent donc, une fois de plus, associées au courant électrique.

Résonances de séries culturelles divergentes

Avec la liberté que permet la captation mécanique de son dispositif de filmage à manivelle, les frères Lumière peuvent donc tâcher de capter le monde *in vivo*. Edison, de son côté, vise la reproduction non pas de la *vie* elle-même, mais de « spectacles *vivants* ». Plusieurs déclarations d'Edison vont d'ailleurs dans ce sens. Ainsi déclare-t-il en 1894 :

> [...] je suis persuadé que, dans les années qui viennent, aussi bien par mes propres travaux que par ceux de Dickson, Muybridge, Marey et des autres qui entreront sans doute en lice, des opéras pourront être donnés au Metropolitan Opera de New York, sans qu'aucune modification ait

été apportée à l'original, et ce, avec des artistes et des musiciens morts depuis longtemps[11].

Paul C. Spehr va exactement dans le même sens lorsqu'il commente :

> We should not discuss the Black Maria without recognizing that the films made there, particularly many of the early productions used the work of the chronophotographers as a model. Military men, animals walking, fencers, jugglers, boxers and other moving figures commonly photographed by Muybridge, Marey and Anschütz were familiar to the public and natural choices for Dickson who was in charge of launching Edison's film production. But chronophotography was not the only model he used. The first film shot in the Black Maria, « Blacksmith Scene », is a miniature theatrical production with props, cast and a brief, if elementary, comic plot: the boys drinking while they work[12].

Les frères Lumière semblent partager une conception « *testimoniale* » de la captation/restitution filmique. Comme le fait la photographie, le film atteste que *du vivant* a été capté. Et ce, même si celui-ci peut être entièrement reconstruit et aménagé aux fins d'attraction, comme on l'a évoqué à propos de la danse indienne des frères Lumière. Mais, de manière plus fondamentale, la « clôture » de la Black Maria edisonienne renvoie à une conception *théâtrale*, ou à tout le moins *scénique*, de la matière à filmer, comme en attestent la mise en scène, le noir omniprésent, ou le *black tunnel* utilisé pour renforcer le détachement de la figure sur le fond, en vue de dessiner des contrastes « impossibles à réaliser dans les conditions ordinaires », selon les dires de Dickson, l'assistant principal d'Edison. À noter que ce Dickson était d'abord et avant tout électricien et qu'il manifestait une méfiance avérée à l'égard du tournage à la manivelle, considérant l'entraînement manuel de l'appareil de prise de vues comme peu fiable[13].

Or c'est bien ce même Dickson qui convoque, et cela nous paraît fort significatif, la notion de *dramatis personae* à propos du travail de sélection et de reconstruction opéré au sein de la Black Maria : « The *dramatis personae* of this stage are recruited from every characteristic section of social, artistic and industrial life, and from many a phase of animal existence[14] ».

Au bout du compte, c'est donc une conception non seulement théâtrale mais « fictionnelle » de la captation/restitution qui est mise en œuvre chez Edison. La matière à filmer est considérée comme du matériel construit donnant lieu à des images construites. Tout cela confirme donc que la Black Maria « électrifiée » renvoie aussi aux séries culturelles du théâtre et du cirque.

Alors que les frères Lumière se situeraient davantage du côté d'une linéarité, d'une ligne droite, d'une conception centrifuge du tournage *in vivo*, Edison opterait pour une conception davantage centripète, en adoptant *in vitro* toutes les déclinaisons de la figure du cercle concentrique que nous avons observées jusqu'à maintenant. *Sujets agissants* chez les frères Lumière, *sujets agités* chez Edison. De toute évidence, Edison ne filme pas du banal alors que pour les frères Lumière, il s'agit de donner l'impression que l'on filme du banal.

L'électricité apporte la garantie d'une continuité, d'une fluidité pour que le *show* soit *show*, pour que le *show goes on*. Ainsi le filmage et le choix énergétique convergent-ils sur des préoccupations propres à tel ou tel type, ou mode, de reproduction. Par ailleurs, ce choix énergétique doit s'adapter à l'inscription du Kinetograph et du Cinématographe dans des séries culturelles préexistantes. Soit le cirque, la chronophotographie et le jouet optique pour Edison ; la photographie et sa dimension de testimonialité pour les frères Lumière. Pour ces derniers, le film est une manière de donner du mouvement, et de conférer une épaisseur de vie à l'image captée/restituée, dont la matrice demeure la photographie. Et quoi de mieux pour donner une impulsion de vie que de faire confiance dans le temps *humanisé* du tournage à la manivelle ?

La légèreté de l'appareil Lumière, sa disponibilité *in the fields*, permet à la cinématographie d'embrayer sur une autre dimension et d'instaurer une rupture avec la série chronophotographique dont le Kinetograph est la version ultime. C'est comme si on avait franchi un seuil, comme si on avait fait sauter une barrière, comme si on était passé de l'autre côté du mur. Ou, de la clôture…

Notes

1. Côté québécois, ce texte a été écrit dans le cadre des travaux du GRAFICS (Groupe de recherche sur l'avènement et la formation des institutions cinématographique et scénique) de l'Université de Montréal, subventionné par le Conseil de recherches en sciences humaines du Canada et le Fonds québécois pour la recherche sur la société et la culture. Le GRAFICS fait partie du Centre de recherche sur l'intermédialité (CRI). Côté belge, la recherche dont le présent texte fait état a été réalisée dans le cadre des travaux de l'Observatoire du récit médiatique (ORM) de l'Université de Louvain. Les auteurs remercient Carolina Lucchesi Lavoie pour son aide dans l'établissement du manuscrit final de cet article.

2. Georges Sadoul, *Histoire générale du cinéma*, t. II, Paris, Denoël, 1948, p. 133.

3. Alain Beltran et Patrick A. Carré, *La Fée et la servante. La société française face à l'électricité*, Paris, Belin, 1991.

4. Marshall McLuhan, *Pour comprendre les médias*, Paris, Seuil, coll. « Points », 1968, p. 36.

5. Nous empruntons ici la dichotomie déjà suggérée par l'un d'entre nous, entre « sujets agités » et « sujets agissants », dans un travail mené en collaboration avec Nicolas Dulac sur les jouets optiques. Voir Nicolas Dulac et André Gaudreault, « Circularité et répétitivité dans l'attraction », *1895*, n° 50, 2006, p. 29-52.

6. Voir André Gaudreault, « Cinématographie-attraction et attraction des lointains » : « Quand Veyre est présent pour faire sa vue, sur la réserve indienne de Kahnawake, en banlieue de Montréal, l'habitat et le mode de vie traditionnels ont complètement disparu. L'Indien a perdu une grande part de son caractère exotique. Que faire, face à la cruelle déception que l'on a d'être venu immortaliser, grâce au cinématographe, des Indiens encore à l'état sauvage, lorsque l'on découvre que ceux-ci empruntent nos propres façons de vivre ? Gabriel Veyre est donc contraint, pour obtenir une image exotique, de la mettre littéralement en scène... Ce qu'il fait, sans aucun scrupule, en filmant une image totalement artificielle des Indiens de Kahnawake. Avec, selon toute vraisemblance, la complicité et la collaboration active des Indiens eux-mêmes [...]. Gabriel Veyre filme donc des Mohawks devant un tipi, alors que ceux-ci vivaient, à l'époque, dans des maisons. De plus, le tipi qu'on utilise pour la vue est un accessoire de scène, une représentation grossière de tipi. Il n'a aucun caractère d'authenticité. Ce n'est en fait qu'un vulgaire drap posé sur des pieux. Et

il est trop étroit pour accommoder des personnes. » (in Àngel Quintana (dir.), *Imatge i viatge. De les vistes òptiques al cinema : la configuraciò de l'imaginari turìstic*, Girona, Fundaciò Museu del Cinema-Collecciò Tomàs Mallol/Ajuntament de Girona, 2004, p. 99-100).

7. Alain Beltran et Patrick A. Carré, *La Fée et la servante. La société française face à l'électricité*, *op. cit.* p. 6-7.

8. Ray Phillips, *Edison's Kinetoscope and its Films: A History to 1896*, Westport, Greenwood Press, 1997, p. 39.

9. *Ibid.*, p. 30.

10. Georges Sadoul, *Histoire générale du cinéma*, *op. cit.*, p. 151-152.

11. Cité par Sadoul, *ibid.*, p. 149.

12. Paul C. Spehr, "Edison, Dickson and the Chronophotographers: Creating an Illusion", dans André Gaudreault, François Albera et Marta Braun (dir.), *Arrêt sur image, fragmentation du temps*, Lausanne, Payot, 2002, p. 212.

13. « Dickson was an electrician and didn't like the potential unreliability of hand cranking. » Cette information nous vient de Paul C. Spehr, dans un courrier électronique datant de 2004. Il a, depuis, publié sa somme sur Dickson. Voir Paul C. Spehr, *The Man Who Made Movies: W.K.L. Dickson*, New Barnet, John Libbey Publishing Ltd, 2008.

14. Antonia et W.K.L. Dickson, reproduit dans Ray Phillips, *Edison's Kinetoscope and its Films: A History to 1896*, *op. cit.*, p. 11.

Bibliographie

Beltran, Alain et Patrick A. Carré, *La Fée et la servante. La société française face à l'électricité*, Paris, Belin, 1991.

Dulac, Nicolas et André Gaudreault, « Circularité et répétitivité dans l'attraction », *1895*, n° 50, 2006, p. 29-52.

Gaudreault, André, « Cinématographie-attraction et attraction des lointains », in Àngel Quintana (dir.) *Imatge i viatge. De les vistes òptiques al cinema : la configuraciò de l'imaginari turìstic*, Girona, Fundaciò Museu del Cinema-Collecciò Tomàs Mallol/Ajuntament de Girona, 2004, p. 85 à 102. Collaboration : Églantine Monsaingeon.

McLuhan, Marshall, *Pour comprendre les médias*, Paris, Seuil, coll. « Points », 1968.

Phillips, Ray, *Edison's Kinetoscope and its Films: A History to 1896*, Westport, Greenwood Press, 1997.

Sadoul, Georges, *Histoire générale du cinéma*, t. II, Paris, Denoël, 1948.

Spehr, Paul C., "Edison, Dickson and the Chronophotographers: Creating an Illusion", dans André Gaudreault, François Albera et Marta Braun (dir.), *Arrêt sur image, fragmentation du temps*, Lausanne, Payot, 2002.

Spehr, Paul C., *The Man Who Made Movies: W.K.L. Dickson*, New Barnet, John Libbey Publishing Ltd, 2008.

That's Entertainment. Les lumières de la comédie musicale

―◦◦◦―

Viva Paci

Studio électrique

Une évidence d'abord pour éclairer ce parcours : l'électricité est la condition *sine qua non* du cinéma de studio, sans quoi il n'y aurait qu'un entrepôt vide[1]. La métamorphose du studio, de citrouille en carrosse, dépend de tout un appareillage électrique, et repose avant tout sur les qualités et la puissance transformatrice de l'éclairage[2]. Une scène de *Singin' in the Rain* peut résumer et exalter cette évidence. Don Lockwood, star des films de cape et d'épée du cinéma muet, aux prises avec le passage au cinéma sonore, veut déclarer son amour à Kathy Selden, jeune danseuse de file, à la voix mélodieuse. Mais Don est une « star de studio » et ne sait ouvrir son cœur autrement que dans un décor approprié à accroître la magie du moment, dans un décor *survolté*. Il la prend par la main et l'amène dans un hangar vide :

Don: This is a proper setting.
Kathy: Why, it's just an empty stage.
Don: At first glance, yes. But wait a second. [Il active un interrupteur, et un éclairage aux couleurs rose et mauve éclaire cet espace vide et jusque-là

sombre. Une multitude d'effets électriques s'allument l'un après l'autre en les entourant.]

A beautiful sunset.

Mist from the distant mountains.

Colored lights in a garden.

Milady is standing on her balcony, in a rose-trellised bower... flooded with moonlight. [Il pointe un spot et, bientôt, un immense ventilateur sur elle ; quatre files d'éclaireurs se retournent aussi sur Kathy en s'allumant]

We add 500,000 kilowatts of stardust. A soft summer breeze.

...You sure look lovely in the moonlight, Kathy.

Kathy: Now that you have the proper setting, can you say it?

[la chanson de Don commence...]

L'évolution des techniques d'éclairage artificiel croise bien sûr toutes les autres technologies mobilisées à la création des images en mouvement mais, permettant de produire une luminosité de plus en plus forte, il est possible de dire qu'elle a contribué à la naissance même des studios[3]. Avec plus de lumière et celle-ci mieux dirigée, de nouveaux styles de plans, des choix de cadrages et des mouvements de caméra voient le jour. Et il n'est pas déplacé de mentionner aussi, suivant cette voie, qu'un nouveau rapport au corps de l'acteur apparaît.

Électro-« esthétique de sensualité »[4]

Ce rapport étroit entre éclairage et électricité est au centre de quelques discours de l'un des pères de la théorie du cinéma, Jean Epstein. D'ailleurs, l'éclosion de nouvelles figures grâce à une nouvelle puissance de l'éclairage est un trope qui revient de manière importante dans ses écrits des années vingt, l'enthousiasme pour l'électricité avoisinant ponctuellement celui général pour le *vrai voir* du cinéma. D'entrée de jeu, Jean Epstein saluera les années dix, comme « une époque [marquée par] un style, une civilisation, Dieu merci, *déjà plus au gaz*[5] ».

Epstein, qui écrit sur le cinéma, est visiblement ébloui, et c'est bien le cas de le dire, par la force des lumières sur le plateau de tournage : une lumière qui tiraille les surfaces des choses filmées, en faisant apparaître des nouvelles géographies des corps. Et ces corps, quant à eux, ne sont plus ni ceux de la réalité, ni ceux du théâtre, ni ceux de la photographie. La lumière est souvent célébrée dans les écrits d'Epstein comme le moyen permettant l'épanouissement d'une *esthétique de sensualité*, le moyen qui permet presque d'accéder par là à la pensée de figures sur l'écran. La dimension de son étonnement et de son enthousiasme pour une nouvelle force de l'éclairage est compréhensible quand il écrit qu'au cinéma, les sens du spectateur sont continuellement stimulés, car « s'offre [à lui] la peau d'un visage que violentent quarante lampes à arc[6] ». Et alors un visage secoué par l'électricité (celle de l'éclairage, du tournage en studio, mais aussi celle des lampes des projecteurs toujours plus puissantes) acquiert une autre intelligibilité. « Le visage humain, plein d'âme, s'attaque à l'électricité. La lumière, averse de feu, le cuit et recuit, corrode, mûrit, patine, émaille et peint aux couleurs de la passion. [...] Par touches d'ampères, la pensée s'imprime au front[7] ».

Ce qui se joue ici est l'enthousiasme de la nouveauté : cinéphile de la première heure, et depuis longtemps spectateur, Epstein avait admiré sans doute la grisaille à demi-teinte des *vues* Lumière et les couleurs de carte postale de Méliès. Mais c'était le gros plan éclairé à jour du visage de Sessue Hayakawa dans *The Cheat* (Cecil B. DeMille, 1915) ou celui de Pearl White dans les *Mystères de New York* (Louis Gasnier, 1915) qui le galvanisaient le plus.

Jacques Rancière, à propos d'Epstein (malgré les accents dysphoriques, ce que nous ne partageons pas, de son texte eu égard à « l'école de la photogénie[8] »), retrouve, dans la formulation de cette « grande utopie du temps » (en gros entre 1890 et 1920), une époque « où toutes les pesanteurs matérielles et historiques se trouvaient dissoutes dans le *règne de l'énergie lumineuse*. [...] C'est sous l'empire de cette *utopie du nouveau monde électrique* qu'Epstein aurait écrit [...][9] », de là serait né son idée de cinéma. Toutefois, au cœur même de l'*utopie du nouveau monde électrique* – pour le dire avec Rancière – il reste que, dans les usages techniques, dans les discours et dans les conventions du langage cinématographique, l'éclairage au cinéma, bien qu'absolument nécessaire, demeurera consigné à un rôle seulement fonctionnel, aspirant au mieux à devenir le chiffre d'un style. Pensons par exemple à l'éclairage en contre-plongée sous Max Schreck, à celui zénithal sur Marlene Dietrich, aux latéraux dans le classique noir ou à lumière diffuse de la Nouvelle Vague. Il y a par contre un genre cinématographique qui traverse magnifiquement l'histoire du cinéma. Un genre qui joue avec la lumière, produit de la lumière et naît même de la lumière : la comédie musicale[10].

Il nous semble en effet particulièrement intéressant de considérer l'*électricité* comme une figure de ce genre. L'électricité, cet ensemble de diverses sources d'éclairage artificiel, traverse l'histoire de la comédie musicale et se manifeste souvent comme lieu privilégié pour l'apparition de véritables moments d'attraction dans le film[11].

Ampoules étincelantes : des feux de la rampe à l'écran

Aux origines de la comédie musicale cinématographique, on trouve la tradition du théâtre populaire et du music-hall : le *vaudeville américain*, la *revue*, la *revue spectacle* en particulier. Sans vouloir entrer dans les détails de ces pratiques de la scène[12] et de la relation de filiation qu'elles entretiennent avec la comédie musicale[13], mentionnons un des traits communs de ces types de spectacle, qui est d'avoir su tirer profit du nouvel éclairage électrique au tournant du xxe siècle. Rappelons comment, dans un article de 1937, Louis Jouvet réfléchissait — en tant que grand acteur et metteur en scène — à l'apport de l'électricité aux arts de la scène à la fin du xixe siècle et soutenant que l'électricité avait précisément créé le genre music-hall, et que « seule la lumière électrique, grâce à ses possibilités multiples et illimitées de transformation, pouvait permettre ces mises en scène qui tirent d'elle leurs plus sûrs effets[14] ». Jouvet rappelle comment la lumière électrique était d'abord (environ entre les années 1840 et 1890) employée pour imiter des phénomènes naturels. C'est au music-hall, transitant après par l'Opéra, que la lumière électrique multipliera ses fonctions, tout en étant davantage exploitée et explorée comme une attraction spectaculaire : s'y succèdent les imitations de la lune, du soleil, de l'arc-en-ciel, les rayons de couleurs virevoltant autour des personnages sur la scène, les apparitions de spectres, de fontaines lumineuses ; et encore les machines à faire la pluie ou le beau temps, les aurores boréales, les arcs-en-ciel et les crépuscules, les appareils à faire les nuages ou le brouillard, le vent, la grêle et la gelée. Imitations de phénomènes naturels, certes, mais sans doute très surprenants sur une scène. La lumière électrique est aussi vite introduite comme accessoire : fleurs, bijoux, armures, motifs décoratifs (c'est aux *Folies Bergère* en 1884 que la lampe à arc est introduite dans les accessoires)[15]. Dans la lecture que Jouvet propose, l'usage non réaliste et non naturaliste de la lumière électrique restera une expérience propre au spectacle de music-hall, un usage confiné à la tâche de renouveler sans cesse l'étonnement du public. Dans le music-hall, la lumière s'évadait du cadre de la scène dramatique et n'était pas soumise aux servitudes que la scène aurait pu lui imposer par la narration, libérée de toute contrainte, devenant elle-même un élément essentiel du spectacle.

En même temps qu'il mise sur l'électricité pour édifier ses effets, le spectacle de variétés célèbre très souvent les fastes technologiques du siècle naissant[16]. Par exemple, la *rivista* théâtrale italienne au début du XXe siècle créait souvent des numéros dont les micro-récits se développaient autour de nouvelles technologies telles que le téléphone, le téléphérique et, bien sûr, l'électricité[17]. Quant au cinéma, un cas de « film revue »[18] absolument unique dans le panorama du cinéma italien est celui, peu connu, de *Carosello napoletano* (Ettore Giannini, 1953). Il s'agit d'un film à gros budget, une comédie musicale flamboyante (large format d'image et Pathécolor) où l'on traverse en chanson – accompagnés de chansons très populaires – l'histoire de Naples, guidés par un compère et une commère, comme le veut la tradition de la revue théâtrale. La structure est justement calquée sur le modèle des *riviste* de la première décennie du XXe siècle. Dans ce film, les numéros se succèdent sans articulation narrative forte, mais suivant une ligne chronologique[19]. Un numéro en particulier fait triompher la lumière électrique qui, sur le plan dramatique, devient métaphore de l'amour et s'offre formellement comme moteur du spectacle. L'histoire du film est reconduite peu après les célébrations de l'an 1900, au moment où Sofia Loren et son compère chantent sur une scène de music-hall devant un décor en forme de cœur dont le contour est fait d'ampoules allumées. Le texte de la chansonnette articule la similitude entre l'amour et la lumière électrique : « Nos deux cœurs me semblent deux ampoules électriques ». L'amour passe sans cesse et, surtout, sans se consumer (à la différence des autres éclairages de matières incandescentes ou à gaz qui, il n'y a pas si longtemps, se consommaient), d'un pôle à l'autre, d'un amoureux à l'autre. « Tu t'allumes, je t'éteins, tu m'allumes : tu ne me laisses jamais me consumer. C'est la lumière, c'est la lumière, c'est la lumière électrique » (nous traduisons du napolitain…). Le jeu d'alternance construit dans le texte de la chanson prend forme dans une alternance entre les deux voix, ce qui prédispose aussi à un montage alternant les plans de l'un et de l'autre des interprètes. Dans les plans fixes, ceux pris du « point de vue de l'orchestre », ce mouvement d'alternance se produit dans une série de mouvements internes au cadre, créés par l'intermittence des ampoules étincelantes (ce mouvement interne au cadre suit le rythme du son, se met ainsi en place une synchronie entre image et son). En somme, il n'est pas déplacé de proposer que le rythme d'un montage interne au cadre alternant entre image et son soit, dans ce numéro, l'œuvre de l'électricité.

Suivant une longue tradition, cette relation entre les planches et l'écran, qui est travaillée dans le film d'Ettore Giannini, est toujours très forte sur l'axe Broadway-Hollywood : nombreux sont les films hollywoodiens classiques dont l'histoire se déroule sur les planches et dans les loges d'un théâtre de Broadway. Un détail de nature électrique transite (en plus des acteurs, chanteurs, danseurs, chorégraphes, récits, chansons, etc.), et ce massivement, de Broadway à Hollywood : ce sont les devantures illuminées qui ornent les théâtres et les cinémas. Par exemple, la trilogie MGM sur le grand *impresario* de revues théâtrales Ziegfeld[20] (*The Great Ziegfeld*, Robert Z. Leonard, 1936 ; *Ziegfeld Girl*, Robert Z. Leonard, 1941 ; *Ziegfeld Follies*, Vincente Minnelli, 1946) est ponctuée par cet élément de décor, les étincelantes devantures de théâtre qui deviennent un véritable motif. En passant, ces devantures s'appellent aussi *rampes*[21], tout comme s'appellent *rampes* ces planches antérieures de la scène qui furent le premier élément à être éclairé avec le système électrique dans les théâtres.

Les ampoules d'une rampe, sur une façade de théâtre de musical à Broadway, attirent les masses métropolitaines comme un bonisseur criant à la porte d'une baraque foraine le ferait avec les masses de villageois. Au début de *Ziegfeld Follies* (Minnelli, 1946), depuis l'Olympe, entre Barnum et Shakespeare, le grand *impresario* Ziegfeld (William Powell) regarde les étoiles de la terre, c'est-à-dire ses stars du vaudeville américain, conviées au théâtre Jardins de Paris à Broadway pour sa première grande revue spectacle en 1907, *Follies of 1907*. Le décor et les personnages de cette scène sont en pâte à modeler. Tout est stylisé, sauf un élément qui, même si en miniature et entouré d'éléments stylisés, demeure égal à lui-même et ne peut pas se réduire ni se découper : c'est l'éclairage électrique de la devanture du théâtre.

L'éclairage électrique du quartier de Broadway, les ampoules des devantures des théâtres, les publicités voyantes et agressantes, inondant la fameuse *42nd Street*, font déjà partie du spectacle[22]. Et les comédies musicales cinématographiques amorceront souvent leurs récits avec des images de ce spectacle d'affichage électrique, où Broadway et Hollywood se confondent[23].

Attractions d'un spectacle de sons et lumières : au rythme du corps (de la) lumière

Afin d'observer comment ce « motif électrique » traversant la comédie musicale devient une figure, trois exemples nous serviront de guide, dans lesquels l'électricité prend corps et les corps deviennent des éléments conducteurs qui permettent aux chorégraphies d'habiter l'espace du spectacle. Il s'agit de trois films couvrant un demi-siècle de comédie musicale – ce qui aide à constater au passage la résistance du motif –, de 1933 à 1982 : *Gold Diggers of 1933* (Mervyn LeRoy, 1933), *Singin' in the Rain* (Stanley Donen et Gene Kelly, 1952) et *One from the Heart* (Francis Ford Coppola, 1982). Trois numéros particuliers ont retenu notre attention : il s'agit de fragments du film où se joue un relais constant des corps et de la lumière électrique, devenant tous à la fois décors artificiels et motifs : « Shadow Waltz » (*Gold Diggers*), « Broadway Melody » (*Singin' in the Rain*) et « Little Boy Blue » (*One from the heart*).

Dans *Gold Diggers of 1933*, les chorégraphies sont de Busby Berkeley, et comme la tradition de la Warner de 1933 le veut[24], les numéros extravagants, comme « Shadow Waltz », se trouvent aux limites du film, dans une grande finale en apothéose, à la manière presque du cinéma des premiers temps[25].

Durant ces premières années du cinéma sonore, le public américain était entraîné non seulement dans l'univers fascinant du musical des théâtres de Broadway, fait de luxe (sorte de « thérapie anti-dépression » pour les Américains), de chants et de musique (tant de succès dans les récits conquis au-delà des aspérités et de dures luttes), mais on lui laissait aussi entrevoir quelques avant-goûts du *backstage* avec l'aide des fanzines et des revues populaires de *gossip*. Les premières comédies musicales trouvent à ce propos un territoire fertile dans le récit des difficultés et des péripéties d'acteurs, de ballerines et de chanteurs derrière les rideaux rouges, dans les coulisses, le *backstage* du théâtre, mais aussi dans les chambres d'hôtel des artistes et dans les bureaux des producteurs. En réalité, le récit de cet univers existait déjà au théâtre de Broadway, et débuta probablement en 1919 avec le musical théâtral *The Gold Diggers* de Avery Hopwood, produit par le célèbre David Belasco. La pièce se déroulait dans la maison d'un petit groupe d'actrices et réfléchissait aux relations entre la vie réelle et la vie de scène. Après un énorme succès de quatre-vingt-dix semaines consécutives, *The Gold Diggers* quitta Broadway en tournée et fut représenté encore 528 fois jusqu'en 1923, année à laquelle la première version cinématographique fut réalisée (version muette celle-ci). C'est en 1929 qu'on tourne la première version parlante et en couleurs du film, *Gold Diggers of Broadway*, réalisée par Roy Del Ruth[26] : l'affiche (novembre 1929) en dit : « One hundred per cent Color, an additional feature of *Vitaphone* all-talking pictures, doubles the "life-likeness" of this most vivid and enjoyable of talking pictures[27] ».

L'un des clous du spectacle de *Gold Diggers of 1933* est le numéro « Shadow Waltz » chorégraphié par Busby Berkeley. « Shadow Waltz » commence par un rideau qui s'ouvre sur le couple de chanteurs et danseurs Dick Powell et Ruby Keeler : la caméra suit d'abord un mouvement qui offre au spectateur du film le moyen de quitter la place « assignée » qui le colle au parterre du théâtre, et d'entrer comme ça dans l'espace de la scène, presque sur la tête des acteurs. Ce mouvement de caméra ouvre un passage de l'espace du théâtre à l'italienne, avec sa perspective frontale et obligée, à un lieu magique où la profondeur de la scène devient l'espace d'infinis changements, à géométrie variable, où surgissent des images qui dirigent de manière centripète l'attention et la stupeur du spectateur (surtout du spectateur de cinéma qui peut assumer des perspectives impossibles : pensons aux célèbres très hautes plongées verticales sur les ballerines qui donnent à voir des images kaléidoscopiques et éphémères). Plus aucune action du récit central du film n'a lieu (aucun montage alterné ne nous mène plus dans les coulisses, pour en savoir davantage par exemple sur les réactions des acteurs au succès du spectacle, ou dans la salle pour nous montrer les réactions du public du théâtre) : ces images sont radicalement coupées du reste. Nous pouvons reprendre à notre compte le commentaire de Deleuze quand il dit à propos des images-descriptions : « les descriptions cristallines

[...] constituent leur propre objet, renvoient à des situations purement optiques et sonores détachées de leur prolongement[28] ». Le spectacle se met alors à parader sur une surface (qui n'est plus l'espace profond de la scène du théâtre où l'on est censé être dans la diégèse du film) qui est à considérer comme un plan-tableau délimité par les quatre côtés du cadre cinématographique. C'est alors une surface où le hors-champ n'existe pas, mais les possibilités de métamorphose du cadre sont infinies. Et si le hors-champ n'est plus, c'est qu'il est bel et bien devenu un hors-cadre, c'est-à-dire un espace de travail où les ballerines changent leurs costumes et leurs chapeaux, les aides-machinistes accrochent les énormes passerelles et les techniciens de plateau branchent les fils électriques (nous y reviendrons). Un espace donc qui n'intéresse pas le regard du spectateur, et même se fait oublier du spectateur : au contraire, les images de chaque plan du numéro attirent le regard du spectateur, sont radicalement centripètes.

Ce sont une soixantaine de filles et leurs violons qui, dans des combinaisons fantaisistes, défient la continuité du mouvement et aussi les lois de la gravité en traversant cet espace doublement spectaculaire. Les filles jouent du violon. Elles sont habillées de robes claires, légères, avec des cercles qui transforment les jupons en formes rendues abstraites par des prises de vue en plan très général. Tout à coup, un nouvel élément s'ajoute à la chorégraphie : l'obscurité. Plus aucune dimension n'est perceptible, un écran noir[29] prend la place des formes blanches et presque aveuglantes du plan précédent. Maintenant, les ballerines jouent de leurs violons dont les contours s'allument (on comprend alors, après coup, ce qu'un observateur particulièrement attentif de la scène avait pu remarquer : des fils électriques sont accrochés aux violons...) et déchirent le noir. Les violons se mettent à danser : ils voltigent, montent, descendent, se greffent et se croisent, obtenant les formes les plus extravagantes ; leur son devient littéralement lumière, lumière électrique, corps qui danse, signe abstrait qui crée le spectacle. Un mouvement harmonieux après un instant de désordre visuel, dans le passage du noir à la lumière, regagne la symétrie du plan-tableau : une seule et grande forme de lumière s'imprime dans les yeux du spectateur éberlué. C'est un violon géant de lumière, fait de tout petits traits (qui sont ceux des contours des violons avec lesquels les soixante ballerines jouent encore), qui emplit le cadre noir et sur lequel on joue à l'aide d'un archet de lumière (lui aussi fait de tout petits traits…). Peu après, les lumières se rallumeront doucement et les violonistes électriques souriront fièrement à la caméra, face au spectateur[30] ; un spectateur attiré et capturé dans un état d'*éveil sensible*[31] et qui, nous semble-t-il, doit avoir envie de dire : *Fiat Lux*[32].

Le mouvement et son écriture, celui des ballerines dans le cadre, celui des rampes qui tournent, celui des caméras qui évoluent, et surtout le mouvement de la lumière, deviennent de véritables matières sensibles.

Le deuxième numéro sous observation, « Broadway Melody », numéro de *Singin' in the Rain*, est l'un des cas de « reprise » qui constituent une des bases mêmes du plaisir du spectateur des comédies musicales. « Broadway Melody » avait déjà été en effet le thème musical d'un autre film de la MGM aux débuts du sonore : *The Broadway Melody* (Harry Beaumont, 1929)[33], la chanson accompagnait ainsi les quelques numéros de danse sur les notes de la mélodie. Dans le film de Gene Kelly et Stanley Donen, le personnage Don Lockwood est le protagoniste du numéro homonyme dans une très longue séquence. Dans la diégèse du film, « Broadway Melody » est un numéro que Don Lockwood voudrait monter dans le film revue que prépare son studio, la Monumental Picture. Il s'agit précisément d'une longue séquence d'ekphrasis décrite par le personnage Lockwood au producteur de là Monumental Picture[34]. Le film dans le film est, comme souvent aux premières années du parlant, une collection de numéros indépendants[35]. Le grand studio, nouvellement converti au cinéma sonore, investit énormément dans ce film revue. Le numéro « Broadway Melody » donnerait la touche contemporaine aux autres numéros qui composent le film dans le film. Il raconte la fortune d'un jeune fantaisiste (que Lockwood interpréterait) qui arrive à Broadway et y cherche sa fortune en cognant aux portes de tous les agents et producteurs.

Le texte du thème musical parle des millions de lumières qui clignotent à Broadway : « A Million lights, They flicker there, A million hearts beat quicker there. No skies of gray on that Great White Way. That's the Broadway Melody ». Sur toute la durée du numéro, une similitude formelle est créée entre les corps des danseurs, le décor et les éclairages flamboyants. Ceux-ci deviennent un véritable motif au sein du décor, ce qui pourrait par ailleurs être dit de l'ensemble du film. Cette similitude se construit d'abord sur une correspondance de couleurs entre les habits des danseurs et les ampoules, qui sont la métonymie de tous les théâtres de

Broadway où cette myriade d'artistes de variétés rêve d'entrer. Le principe de similitude devient aussi le principe formel de la composition du cadre. Selon les plans, les rangées de danseurs prennent la place des enseignes lumineuses, leurs mouvements rappellent l'intermittence des lumières d'une rue comme la 42e ; ils clignotent en exécutant des mouvements rapides au rythme des lumières joyeuses de Broadway – avec elles ou à leur place – en occupant l'espace du champ symétriquement aux lumières dans le cadre.

Ce sont ici des corps qui naissent de la lumière, des lumières de la rue de Broadway, de sa mélodie pour le dire avec la chanson : des corps comme autant d'ampoules colorées, des corps qui alternent avec les lettres faites de lumières que les danseurs tiennent à bout de bras… c'est l'ABC de la comédie musicale.

Le dernier exemple est celui d'*One from the heart*, le sommet de l'extravagance[36] du fameux studio de Francis Ford Coppola, l'American Zoetrope[37]. Composée et interprétée, entre autres, par Tom Waits, la bande-son, présente du début à la fin dans ce film, commente, influence et organise les actions mêmes des personnages, qui, quant à elles, se déroulent dans un décor extrêmement artificiel, fait d'enseignes lumineuses et de néons (re)présentant la ville de Las Vegas. Les décors très fastueux sont construits intégralement dans le studio Zoetrope, entre maquettes et reconstruction à l'échelle 1 à 1.

Le récit du film se déroule dans deux univers. Un premier univers où, de manière réaliste, un couple se dispute et se sépare le jour où lui, à l'occasion d'un anniversaire du couple, achète une maison avec les épargnes des deux ; et un second univers où chacun des deux personnages se laisse emporter dans une autre histoire, une autre relation, une autre vie, une autre manière d'être dans le monde, où ils dansent, chantent et… où ils font partie du décor[38]. Une séquence en particulier semble assurer la transition entre ces deux univers, ces deux régimes du film. C'est la première rencontre entre Frannie (Teri Garr) et Ray (Raul Julia), son futur amant. Il s'agit d'un très long plan-séquence, dont le cadre est chaque fois sculpté, ciselé par des arabesques de lumières (comme on peut ciseler de l'or avec des pierres précieuses). La caméra entre et sort avec agilité du magasin au trottoir (c'est la beauté du studio) épousant dans un mouvement continu les champs et les contre-champs. Ce sont les lumières de la ville, les lumières de ce décor électrique représentant la ville de Las Vegas, qui dessinent les arabesques lumineuses, et ce sont ces lumières qui se réfléchissent précisément dans la vitrine. Cette vitrine (dans laquelle Frannie apprête une publicité pour son agence de voyages, faisant rêver les passants de destinations exotiques) est en elle-même un décor électrique qui signifie cette fois un voyage à Bora Bora et sert de raccord entre les deux zones, les deux univers du film. Comme un filtre entre les moments plus narratifs (que nous suggérons de qualifier par *spectaculaire diffus* plus que par narratif) et les moments de *spectaculaire pur*.

Les deux personnages en deçà et au-delà de la vitrine sont encadrés, cadrés et recadrés par une multitude de rangées de lumières colorées qui clignotent, se superposent, se réfléchissent les unes sur les autres par l'entremise de la surface de la vitrine. Même si nous pouvons reconnaître ici et là une enseigne publicitaire ou la devanture d'un casino parmi ces ampoules colorées, puisque leur assemblage en brouille les contours et les fonctions originaires de panneau publicitaire-signalétique, nous pouvons faire nôtre cette remarque bien plus ancienne que ce film :

> la publicité lumineuse [...] jaillit par-delà le monde de l'économie, et ce qui se veut publicité devient illumination. C'est ce qui arrive quand les commerçants se mettent aux effets lumineux. La lumière reste la lumière et, quand en plus elle a des reflets de toutes les couleurs, elle sort alors des voies qui lui ont été désignées par ses commanditaires[39].

Ces ampoules colorées échappent ainsi à leurs multiples rôles indiciels. Cet éclairage ne dit plus seulement qu'il y a un éclairage imposant dans cette Las Vegas débridée, recréée en studio ; ni qu'à Bora Bora nous te promettons, cher client, une excitation et une fête haute en couleur comme tu n'en as jamais vu ; ni ne cherche, en dernier lieu, à figurer de manière réaliste la rhétorique d'une vitrine promotionnelle ayant comme but de ne pas laisser passer le badaud sans qu'il se retourne et regarde. « Dans l'empire des ampoules électriques, la compétence du chef de la publicité a ses limites et les signaux qu'il envoie changent subrepticement de signification[40] ». Ces sources lumineuses, tout en gardant une fonction d'éclairage de la scène, deviennent donc parties du décor et dessinent, avec les corps des personnages et au même statut qu'eux, de nouvelles formes.

En somme, prolongeant une vague métaphore électrique, histoires d'électrons et de niveau d'énergie, nous pourrions dire que les personnages, en partageant le cadre avec cette surcharge d'éclairage festif, se remplissent d'énergie et sautent, dans les séquences successives, dans l'autre régime où circule plus de puissance, où « chaque décor atteint à sa plus grande puissance, et devient pure description de monde qui remplace la situation[41] ».

Le numéro « Little Boy Blue », où les voix de Hank (Frederic Forrest) et de Tom Waits s'entremêlent à celle de Leila (Nastassja Kinski), est l'accomplissement de ce régime de spectacle pur qui alimente certains moments du film. On y voit série de plans assez courts qui s'enchaînent sans aucune hiérarchie syntaxique. L'un après l'autre, dans une suite paratactique, ces plans fonctionnent comme autant de feux d'artifice, d'apparitions étincelantes et éclatées qui captivent le spectateur comme un mirobolant kaléidoscope ou un délirant numéro de Busby Berkeley (dans *42nd Street* ou dans *Dames*, par exemple). Or, le cadre ne renvoie plus à la construction d'un espace diégétique qui serait le théâtre d'actions et d'une certaine continuité narrative avec ce qui précède et ce qui suit. Ici, ce sont des formes colorées, faites de lumière, d'ampoules et de tubes néons, de passerelles flamboyantes et de feux de la rampe où la figure des personnages, Hank et Leila, est tantôt cadrée entièrement avec une posture qui cherche chaque fois à suivre la disposition des lumières dans le cadre, tantôt découpée de sorte qu'on voit les détails du visage, et enchâssée quelque part dans cette mosaïque éphémère que les lumières construisent. « Le décor n'est pas intégré à la mise en scène pour devenir un des éléments constituants, il en est le moteur[42] ».

De très gros plans des deux visages, regardant à la caméra, échappent sans cesse à la linéarité d'un découpage narratif, laissant la place à des fragments d'attraction spectaculaire. Mais au-delà de ces plans, c'est par le choix d'un éclairage fantaisiste que même les moments les plus narratifs (le couple qui se dispute, par exemple) sont plongés dans un régime *spectaculaire*.

Suivant la lecture de Gilles Deleuze[43], on comprend mieux certaines comédies musicales si on envisage que le cœur du film n'oscille pas entre le narratif et le spectaculaire, mais passe du spectaculaire au spectacle, de la scène à la danse sur la scène. Et sur les planches de cette « scène », où le spectacle de la comédie musicale se met en exposition, les personnages dansent avec les éléments de la scène et avec le décor.

L'éclairage dans *One from the heart*, les décors faits de cascades lumineuses, comme dans un couloir de Casino, fonctionnent telle une matière conductrice capable de créer une continuité de style et d'affects entre les moments spectaculaires, quoique encore narratifs (ce que nous appelions plus haut le *spectaculaire diffus*), et les moments de *spectacle pur*, comme ceux où les personnages perdent tout lien possible avec l'action, et chantent et dansent emprisonnés dans un labyrinthe surchargé de tubes néon et secoués par des lumières intermittentes.

Dans ces moments de spectacle pur, les corps sont transformés en éléments du décor, et les décors sont devenus des corps ; les lumières agissent sur les expressions des visages des personnages[44], mais elles imposent aussi des gestes et même des poses aux corps des personnages. Chaque élément du cadre, de l'ampoule à l'épaule, semble partager une même matière électrique[45].

Can't Sing Without a Spotlight

Un peu parce que ses origines puisent dans le spectacle populaire (et que celui-ci a toujours su s'adresser de manière effrontée et directe pour bien accrocher ses spectateurs), un peu parce qu'elle multiplie les stimulations sensorielles (en ajoutant son, couleur, formats, cuisses dévêtues alors que les normes moralisatrices faisaient école à Hollywood), un peu parce qu'elle a toujours misé sur la valorisation des aspects techniques au cinéma (entre prises de vue sous l'eau et mouvements de caméra générant de la stupeur chez le public de l'époque, et toute notre admiration pour le chef opérateur et les machinistes), la comédie musicale a finalement eu une très longue relation créative avec l'éclairage électrique.

Tantôt support nécessaire au tournage, tantôt élément du décor, mais plus souvent véritable motif, l'électricité traverse l'histoire de ce genre. Souvent, des zones du cadre attirent soudainement l'attention du spectateur à cause d'une lumière qui s'allume et dirige l'attention : n'oublions pas qu'un danseur de tip-tap, figure ontogénique de la comédie musicale, fait toujours son entrée en scène porté par un *spotlight* circulaire ou ovale[46]. L'électricité contribue non seulement à renforcer les effets de rythme synchronique entre l'image et le son, à composer le cadre de manière attrayante et imprévue, mais travaille en somme à augmenter cette construction d'une *esthétique de sensualité* dont la comédie musicale nourrit son spectateur.

Capturé par un de ces numéros électriques, le spectateur pourrait retrouver dans des mots de Jean Epstein, même s'il les écrivait bien avant la naissance des images qui nous ont intéressées ici, une belle tournure pour exprimer ses émotions :

> Entre le spectacle et le spectateur aucune rampe. [...] Un visage, sous la loupe, fait la roue, étale sa géographie fervente. Des cataractes électriques ruissellent dans les failles de ce relief qui m'arrive recuit aux 3 000 degrés de l'arc. [...] Projeté sur l'écran j'atterris dans l'interligne des lèvres[47].

Notes

1. Soulignons d'entrée de jeu que les réflexions sur l'électricité et le cinéma ne sont pas légion... C'est plutôt par l'intermédiaire de quelques études de cas de la *lumière* dans la photographie de cinéma que les relations qui nous intéresseront dans ce texte entrent parfois en ligne de compte dans les études existantes. On pourra consulter : Fabrice Revault D'Allonnes, *La Lumière au cinéma*, Paris, Cahiers du cinéma, 1991 et Jacques Loiseleux, *La Lumière en cinéma*, Paris, Cahiers du cinéma, 2004. Du côté résolument technique : Jean Brismée, *Lumière et son dans les techniques cinématographiques*, Kraainem, Éditions MPC, 1987.

2. S'il est question de studio, le son joue un rôle essentiel aussi. Une liaison étroite entre son et éclairage électrique – comme figure – remonte aux origines du cinéma sonore. Renommée pionnière dans le domaine du son, la Warner propose, l'année suivant *The Jazz Singer* le *first all talking picture*, un titre bien symptomatique : *Lights of New York* (Bryan Foy, 1928).

3. Pour un ample portrait de la relation entre la technologie utilisée et le produit fini, voir Barry Salt, *Film Style and Technology: History and Analysis*, London, Starword, 1992. Pour les relations en particulier entre le style hollywoodien et les systèmes de production tenant compte des pivots technologiques, voir David Bordwell, Janet Staiger and Kristin

Thompson, *Classical Hollywood Cinema*, New York, Columbia University Press, 1985.

4. Nous reprenons et modifions ici l'expression d'Epstein *Esthétique de sensualité*, titre d'une section de « Le cinéma et les lettres modernes », dans *La Poésie aujourd'hui, un nouvel État d'intelligence*, Paris, Éditions de La Sirène, 1921, repris dans *Écrits sur le cinéma 1921-1947*, vol. 1, Paris, Seghers, 1974, p. 69.

5. Jean Epstein, « Le sens 1bis » [1921], dans *Écrits sur le cinéma 1921-1947*, *op. cit.*, p. 85. C'est nous qui soulignons.

6. Jean Epstein, « Esthétique de sensualité » [1921], *ibid.*, p. 69.

7. Jean Epstein, « Langue d'or » [première version dans *La Revue mondiale* n° 23, 1er décembre 1922], dans *Le Cinématographe vu de l'Etna* [1926], dans *Écrits sur le cinéma 1921-1947, op. cit.*, p. 143. La puissance des lampes à arc employées dans les studios ne cessera de fasciner les pères de la pensée sur le cinéma. En 1926, dans plusieurs articles parus dans le quotidien *Frankfurter Zeitung*, Siegfried Kracauer revient quelques fois sur ces lampes (leur nom n'y est pas pour rien : *lampes de Jupiter...*). Voir par exemple : « Monde du calicot » (sur les studios UFA à Neubabelsberg) et « Les lampes de Jupiter restent allumées » (sur *Le Cuirassé Potemkine*, Eisenstein, 1925), dans Siegfried Kracauer, *Le Voyage et la Danse. Figures de ville et vues de films*, textes choisis et présentés par Philippe Despoix, Saint-Denis, Presses universitaires de Vincennes, 1996.

8. À propos de « l'école de la photogénie », et des nouvelles configurations de pensée qui y sont proposées, avec une attention particulière à des questions d'historiographie du cinéma, voir nos articles : « La persistance des attractions », *Cinéma et Cie. International Film Studies Journal*, n° 3, Summer 2003, p. 56-63 ; "The Attraction of the Intelligent Eye: Obsessions with *Vision Machine* in Early Film Theories", in Wanda Strauven (ed.), *The Cinema of Attractions Reloaded*, Amsterdam, Amsterdam University Press, 2006, p. 119–136.

9. Jacques Rancière, *La Fable cinématographique*, Paris, Seuil, 2001, p. 10.

10. Il va aussi de soi qu'une avancée technique autre que l'éclairage électrique de studio habite les chromosomes mêmes de la comédie musicale cinématographique, soit l'enregistrement du son sur le même support que l'image. Sur cette question, les références sont très nombreuses : on pourra consulter, par exemple, Robert G. Allen et Douglas Gomery, *Faire l'histoire du cinéma*, Paris, Nathan, 1993 ; Martin Barnier, *En route vers le parlant*, Bruxelles, Céfal, 2002 ; Rick Altman, *Silent Film Sound*, New York, University of Columbia Press, 2004.

11. Il s'agit ici d'une piste que nous avons suivie dans notre thèse de doctorat, *De l'attraction au cinéma*, Université de Montréal, 2007.

12. Pour un excursus rapide, voir Michel Corvin, *Dictionnaire encyclopédique du théâtre*, Paris, Larousse, 1998 ou Agnès Pierron, *Dictionnaire de la langue du théâtre*, Paris, Larousse, 2002. Plus précisément sur le music-hall, qui peut être le contenant de revues et de variétés, voir Jacques Feschotte, *Histoire du music-hall*, Paris, Presses universitaires de France, 1965 et Dominique Jando, *Histoire mondiale du Music Hall*, Paris, Jean-Pierre Delarge éditeur, 1979.

13. Voir Rick Altman, *La Comédie musicale hollywoodienne. Les problèmes de genre au cinéma*, Paris, Armand Colin, 1992.

14. Louis Jouvet, « Éloge de l'ombre », *Arts et métiers graphiques*, 1937, numéro spécial « L'homme, l'électricité, la vie », cité et reproduit dans *Alliage*, n°s 50-51, 2001, p. 39. Dans la version électronique de la revue *Alliage*, l'article de Jouvet est indexé comme « L'apport de l'électricité dans la mise en scène au théâtre et au music-hall », (www.tribunes.com/ tribune/alliage/50-51/Jouvet.htm [dernière consultation mai 2011]). Nous avons toutefois examiné l'année complète 1937 de la revue *Arts et métiers graphiques* (sauf en cas de manques non signalés dans la collection), et n'avons pas trouvé ce numéro spécial « L'homme, l'électricité, la vie ». La référence donnée dans *Alliage* pourrait alors être erronée. Nous tenons à préciser que, comme le titre de l'article de Jouvet l'introduit, le texte déploie un certain mépris envers l'avènement de l'éclairage électrique dans la mise en scène théâtrale. Dans ce texte, Jouvet propose, presque de mémoire dirait-on, une courte histoire de l'éclairage au théâtre, et exalte les qualités de l'éclairage et des machines électriques seulement dans leurs usages au music-hall. Par exemple : « en 1886 […] l'électricité […] remplaça définitivement le gaz. En 1887, cinquante théâtres en Europe en étaient dotés. On se borna d'abord à suivre la tradition de l'éclairage au gaz : même distribution, mêmes jeux de lumière. Mais bientôt, on comprit qu'on pouvait tirer des effets particuliers du nouveau fluide. En 1892, les ballets de Loïe Fuller furent une révélation. La danseuse, revêtue d'une ample robe blanche ou grise, évoluant sur un fond noir, était éclairée de feux multicolores et mouvants. Des machinistes, placés à différents endroits de la salle, dirigeaient sur elle la lumière d'un projecteur qu'ils tenaient de la main gauche, cependant que, de la droite, ils faisaient tourner un disque de verre divisé en secteurs de couleurs variées. On s'enthousiasma : cet emploi nouveau de la lumière électrique devait être une source d'inspiration qui bouleverserait la mise en scène. En fait, les

éclairages de Loïe Fuller, comme les décors transparents, sont restés une expérience isolée qui ne pouvait rien apporter au théâtre, et dont seul le music-hall a profité. »

15. Voir la passionnante histoire d'une boîte mythique par Jacques Pessis et Jacques Crépineau, *Les Folies Bergère*, Paris, Seuil, 1990.

16. On pense évidemment au Marinetti apodictique : « Le théâtre des variétés est né avec nous de l'Électricité, il n'a heureusement aucune tradition, ni maîtres, ni dogmes et il se nourrit d'actualité rapide ». « Il teatro di varietà », in Umbro Apollonio (dir.), *Futurismo*, Milano, Gabriele Mazzotta Editore, 1970, p. 178, c'est nous qui traduisons.

17. Selon Jacques Feschotte (*Histoire du music-hall, op. cit.*), il existait en Italie une tradition des *varietys* (en italique dans son texte, p. 20), née vers la fin du xixe siècle d'un compromis entre les cafés chantants (à fréquentation surtout bourgeoise) et les formes de spectacle très populaires (comme le spectacle forain, de cirque – tradition italienne importante, voir les familles Togni, Orfei, etc. – ou les chansons romancées). Ce type d'institution s'appelait (le lieu contenant, comme le spectacle qui y prenait place), selon Feschotte (qui ne donne pourtant pas de sources documentaires, et à quoi de notre côté nous n'avons pas trouvé d'indications plus précises) Teatro delle Attrazioni (les majuscules sont les siennes).

18. Les « films revues » obtinrent une énorme popularité à partir des toutes premières années du parlant comme *The Hollywood Revue of 1929* (Riesner, 1929). Ce type de *florilège* ne s'éteindra pas après la première période du cinéma sonore : la MGM en fera un véritable genre : de *The Hollywood Revue of 1929*, en passant par *Ziegfeld Follies* (Minnelli, 1946), à la série de « morceaux choisis » *That's Entertainment* (Jack Halley, 1974 ; Gene Kelly, 1976 ; Bud Freidgen et Michael J. Sheridan, 1994).

19. Sur le contexte des productions de la sorte, même si celui-ci est exceptionnel par son faste et son grand déploiement, voir François Giacomini, « Quand Naples défiait Hollywood. Le film musical Italien », dans Jean-Pierre Bertin-Maghit (dir.), *Les Cinémas européens des années cinquante*, Paris, AFRHC, 2000, p. 215–226.

20. Ziegfeld était le plus important producteur de musical à Broadway. En plus du très populaire *Snow Boat*, *Woopie* et de *Rio Rita* (qui passeront aussi tous à l'écran), les spectacles les plus mirobolants de Ziegfeld sont les *Follies*, dont il proposera plus de vingt éditions de 1907 (la première au théâtre Jardins de Paris à Broadway, *Follies of 1907*) au dernier *Ziegfeld Follies* théâtrale en 1931 (il y en aura d'autres par la suite, mais financées

par d'autres producteurs). Voir Gerald Mast, *Can't Help Singin'. The American Musical on Stage and Screen*, Woodstock/New York, The Overlook Press, 1987 ; sur les raisons du déclin du spectacle de scène à la Ziegfeld, voir Gerald Bordman, *American Musical Theatre. A Chronicle*, New York, Oxford University Press, 1978. Le film *The Great Ziegfeld* (Robert Z. Leonard, 1936) est, quant à lui, une sorte de *biopic* de trois heures qui trace l'histoire merveilleuse de ce personnage : son chemin vers la gloire, les déboires, et le déclin (y compris le krach de 1929 dont il ne se relèvera jamais, mourant en 1932) ; et par sa figure, on peut retracer aussi l'histoire d'un pan entier du monde du spectacle de nos jours disparu. L'intrigue de *Footlight Parade* (Lloyd Bacon, 1933) peut être considérée comme l'épilogue de l'histoire de tous les Ziegfeld de Broadway.

21. *Le Robert* nous dit de *rampe*, dans son acception architecturale : « dispositif présentant une suite de sources lumineuses, pour l'éclairage des devantures, des façades ».

22. Dans *The Great Ziegfeld*, quand Florence Ziegfeld rencontre la chanteuse – qui deviendra sa deuxième femme – et la courtise sur le balcon, il regarde à l'horizon les lumières électriques de Broadway comme on regarde un panorama attrayant ; le dialogue entre les deux souligne de toute évidence cet aspect. « Don't you love the lights of New York? For me, they're more beautiful than any landscape ». « More beautiful than the mountains? ». « Yes, I think so. » Après, il lui demande si elle a froid, et elle se dévoile disant qu'elle est très bien ; reprenant ses esprits, elle dit ensuite : « I mean, the electric signs fascinate me : Wrigley's Chewing Gum. Fleischmann's Yeast. Ziegfeld's Follies ». De toute évidence, les ampoules coloriées des cieux de Broadway permettent aux publicités de tout rang de s'égaler. Exactement en même temps (nous sommes, dans l'histoire du grand impresario de musical, peu avant le krach financier de 1929), de l'autre côté de l'océan, Siegfried Kracauer semblait éprouver quelque chose de très proche en fixant le ciel de la métropole moderne : « Feu d'artifice figé, ornement liquéfié ; ainsi brûle la publicité lumineuse au-dessus des grands boulevards. Une jungle de couleurs, des rugissements viennent des cimes, des serpents bleuâtres bondissent, jouant à se poursuivre. » « Publicité lumineuse » [1927], dans Siegfried Kracauer *Le Voyage et la Danse, op. cit.*, p. 67.

23. Comme exemple de scène d'entrée triomphale, celle d'Al Jonson et Ruby Keeler dans un cinéma d'Hollywood, mise en scène dans *Show Girl in Hollywood* (Mervyn LeRoy, 1930), ou celle de stars de cinéma de 1927 inventées dans *Singin' in the Rain* (Donen et Kelly, 1952), reprennent

tous les traits (le milieu, la disposition des éléments dans l'espace, la dépense électrique...) des entrées dans les grands théâtres de vaudeville de New York.

24. Pour récapituler, en 1933, en plus de *Gold Diggers of 1933* (Mervyn LeRoy), la Warner produit, sous le maître chorégraphe Busby Berkeley : *42nd Street* et *Footlight Parade* (les deux réalisés par Lloyd Bacon), suivis en 1934 de *Wonder Bar* (Lloyd Bacon) et de *Dames* (Ray Enright) : toujours avec Berkeley aux commandes des numéros de chorégraphie (à la mise en scène, à la création des chorégraphies et à leur réalisation cinématographique).

25. Sur le cas des films des premiers temps qui se terminent en apothéose, voir par exemple Noël Burch, *La Lucarne de l'infini. Naissance du langage cinématographique*, Paris, Nathan, 1991. En particulier, nous trouvons un lien entre la comédie musicale et le cinéma des premiers temps lorsque Burch – dans ses périodisations toujours un peu apodictiques – affirme qu'après 1905 « généralement en apothéose, [le film nous montrera] le charmant sourire de la jeune première enfin vue de près » (p. 188).

26. Ces informations sur les diverses migrations de *Gold Diggers* sont tirées du chapitre sur la « Comédie spectacle » de Rick Altman, *La Comédie musicale hollywoodienne, op. cit.*

27. Voir le matériel synchrone apparu sur *Photoplay* entre 1926 et 1933 : affiches, découpures de journaux, magazines et comptes rendus, que Miles Kreuger présente dans *The Movie Musical from Vitaphone to 42nd Street. As reported in a great fan magazine*, New York, Dover Publications, 1975.

28. Gilles Deleuze, *L'Image-temps*, Paris, Éditions de Minuit, 1985, p. 166.

29. C'est une marque du style Berkeley : des plans noirs (ce sont des plans qui montrent le studio dans la noirceur totale) qui préparent l'apparition stupéfiante qui va suivre. Dans *Gold Diggers of 1935*, le numéro « Lullaby of Broadway » s'ouvre sur une image noire : une minuscule tache blanche qui, par un mouvement continu en avant se transforme dans le visage éclairé de Winifred Shaw qui – telle une *talking head* – chante. L'imaginaire est vraiment extravagant pour les années trente, on dirait presque celui de *L'Homme à la tête en caoutchouc* (Méliès, 1901) ou de *The Big Swallow* (Williamson, 1901).

30. On pourra consulter la lecture de Patricia Mellencamp sur les relations entre corps, technologie et sexualité, dans le numéro « Shadow Waltz ». Patricia Mellencamp, « Sexual Economics: *Gold diggers of 1933* » [1995], in Steven Cohan (ed.), *The Hollywood Musicals. The Film Reader*, London/ New York, Routledge, 2002, p. 65–76. Se trouvent, dans cet article aussi, des échos des écrits de Kracauer, surtout de « L'ornement de la masse »

[1927]. Voir aussi les informations très intéressantes que Mellencamp reprend de Carolyn Marvin : en 1884, la *Electric Girl Lighting Company* « offered "to supply illuminated girls" for occasions and parties. These "fifty-candle power" girls were "fed and clothed by the company" and could be examined in the warehouse by prospective costumers seeking waitresses or hostesses. Electric girls, their bodies adorned with light, made appearances at public entertainments as "ornamental object" and performed electrical feast in revues » (p. 70) ; elle cite Carolyn Marvin, « Dazzling the Multitude: Imagining the Electric Light as a Communication Medium », in Michel Gurevitch et Mark R. Ley (dir.), *Mass Communication Review Yearbook*, Newbury Park, Sage, 1987[1986], p. 260.

31. Nous empruntons l'expression « éveil sensible » de Jean Starobinski, *Trois fureurs*, Paris, Gallimard, 1974, surtout le chapitre « La vision de la dormeuse ». Jean-Loup Bourget l'avait déjà remployée dans le cadre d'une réflexion sur la comédie musicale dans « Le Musical Hollywoodien. Rêve, cauchemar, satire », in Franco La Polla et Franco Monteleone (dir.), *Il Cinema che ha fatto sognare il mondo. La commedia brillante e il musical*, Roma, Bulzoni, 2002, p. 219–229.

32. Ce *fiat lux* réfère en même temps à diverses apparitions stupéfiantes et lumineuses durant le numéro, dont la dernière, l'électrique violon géant, n'est que l'apothéose.

33. *Broadway Melody* (Harry Beaumont, 1929) est à la source de toute une série de *The Broadway Melody: Broadway Melody of 1936* (Roy Del Ruth, 1935), *of 1938* (Roy Del Ruth, 1937), *of 1940* (Norman Taurog, 1940).

34. Un aspect particulièrement cocasse de cette ekphrasis est qu'une fois terminé cet insert, le destinataire – le producteur – dit à Lockwood : « I don't see very well » (alors qu'évidemment le spectateur vient de voir le résultat éclatant de cette description).

35. Pensons aux films : *Broadway Melody* (Henry Beaumont, 1929) ; *Hollywood Revue of 1929* (Riesner, 1929) ; *Glorifying the American Girl* (Millard Webb, 1929).

36. *Extravaganza*, ce mot mi-anglais mi-italien, et par-là même très exotique, était un des termes les plus souvent employés dans la rhétorique des bandes-annonces des flamboyantes comédies musicales des années trente et quarante. Par exemple, il revient dans les bandes-annonces d'époque des films Warner de 1933 et dans la série MGM sur Ziegfeld, déjà cités : *The Biggest Extravaganza of the Year*. Un lien solide avec les gloires de la

comédie musicale est tissé dans ce film de Coppola par le choix de confier à Gene Kelly la supervision de numéros de danse dans le film.

37. *One from the heart* est l'un des premiers films à avoir employé massivement, en production et en postproduction, les nouvelles technologies vidéo de l'époque : le film est pré-tourné et pré-monté en vidéo. Le numéro de la revue *American Cinematographer* de janvier 1982 est intégralement dédié au film. Ce film musical très ambitieux fut le flop commercial le plus criant de l'année 1982 (nous informe John Baxter, dans son travail de reconstruction des aventures de la génération de la New Hollywood, dans la biographie de *George Lucas*, New York, Harper Collins Publishers, 1999) et coûta la fermeture du studio American Zoetrope que Coppola, avec le concours de la Warner Bros, avait ouvert près de San Francisco en 1969. Seul rescapé de cette faillite le *bus – electronic cinema*, minisalle de montage vidéo.

38. L'organisation des figures dans l'espace du cadre, dans les numéros de Busby Berkeley par exemple, qui met en place une véritable « tapisserie » humaine était une constante du genre classique. La bande-annonce d'époque de *Dames* (Ray Enright, 1934), par exemple, présentait à l'aide de caractères cubitaux : « A tremendous Warner Brothers Musical », et après avoir fait la liste des films dus à Berkeley, dit de *Dames* : « Different from Anything ever presented on the Screen » « [...] as never before. See the Most Amazing Musical ensembles yet created by Busby Berkeley. *The tapestry of Girls*. The "Eyes for you" number with *350 Ruby Keeler's*. The Tunnel of living beauty. Six other indescribable routines filmed to the tune of 5 new songs hits. »

39. Les liens étaient trop frappants pour passer sous silence ces quelques lignes même si, de toute évidence, nous les extirpons ici de leur contexte. Il s'agit de commentaires des années vingt que Siegfried Kracauer dédie à moult aspects de la métropole moderne. « Publicité lumineuse » [1927], dans Siegfried Kracauer, *Le Voyage et la Danse*, *op. cit.*, p. 66.

40. *Idem.*

41. Gilles Deleuze, *L'Image-temps*, *op. cit.*, p. 85.

42. Deleuze cite ici un article de Tristan Renaud à propos de Vincente Minnelli ; voir *L'Image-temps*, *idem*.

43. Gilles Deleuze, « Du souvenir aux rêves (troisième commentaire à Bergson) », dans *L'Image-temps*, *op. cit.* Cela aide à dépasser une des idées classiques de l'analyse de la comédie musicale, proposée et longuement exploitée par Alain Masson (dans *Comédie musicale*, Paris, Stock, 1981). Dans la lecture de Masson, les personnages passent du *narratif* au

spectaculaire quand ils passent des scènes parlées aux scènes chantées et dansées dans le film. Cette césure n'aide pas toujours à comprendre le sens et la fonction de la mise en scène souvent débordante dans les décors, et vouée à la dépense et à l'*over-acting*. Oui, certaines comédies musicales, comme celles de Warner ou de MGM mentionnées dans la première partie de ce texte, se déploient suivant le mouvement alternant du narratif au spectaculaire. Mais celle-ci de Coppola, tout comme celles de Baz Luhrmann par exemple, suit beaucoup plus ce mouvement du spectaculaire au spectacle sur la scène, autrement dit du spectaculaire diffus au spectaculaire pur.

44. Ce qui au fond est toujours une des retombées de la collaboration entre l'éclairagiste, le directeur photo et les maquilleurs. À titre d'exemple, pensons aux cas, déjà cités plus haut, de la formation du personnage par l'éclairage avec les faisceaux en légère contre-plongée sur les yeux de Max Schreck, le rendant effrayant (*Nosferatu*, Murnau, 1922) ou à la cascade de lumière zénithale, légèrement de droite à gauche, sur le visage de Marlene Dietrich qui devient la marque de sa prestigieuse présence dans le cadre.

45. Comme plus tôt dans cette section, quelques tournures évoquent étrangement la fine lecture de Kracauer sur les enseignes publicitaires : « Dans ce fourmillement, on peut encore distinguer des mots et des signes, mais ces mots et ces signes sont ici détachés de leurs buts pratiques, leur entrée dans la diversité colorée les a fragmentés en morceaux brillants qui s'assemblent d'après d'autres lois que les lois habituelles. La fine pluie de réclames […] se mue en constellations dans un ciel étranger », dans « Publicité lumineuse » [1927], *op. cit.*, p. 66.

46. Une courte série de répliques de *The Broadway Melody* (Harry Beaumont, 1929) peut bien illustrer cela. Quelques minutes avant la première de la grande Revue, un chanteur déguisé en soldat romain, entouré de ballerines, s'exclame : « Electrician! A little more this way with that spotlight […]. Hit me with it and keep it here ». Le faisceau lumineux se déplace. Dans un autre coin de la scène, l'un des régisseurs de plateau crie : « Hey, put that spotlight over here on this girl. » Et le soldat : « The spotlight goes here. *I can't sing without a spotlight.* »

47. Jean Epstein, « Le cinéma et les lettres modernes », dans *Écrits sur le cinéma 1921-1947, op. cit.*, p. 66.

Bibliographie

Allen, Robert G. et Douglas Gomery, *Faire l'histoire du cinéma*, Paris, Nathan, 1993.

Altman, Rick, *La Comédie musicale hollywoodienne. Les problèmes de genre au cinéma,* Paris, Armand Colin, 1992.

Altman, Rick, *Silent Film Sound*, New York, University of Columbia Press, 2004.

Barnier, Martin, *En route vers le parlant*, Bruxelles, Céfal, 2002.

Baxter, John, *George Lucas*, New York, Harper Collins Publishers, 1999.

Bordman, Gerald *American Musical Theatre. A Chronicle*, New York, Oxford University Press, 1978.

Bordwell, David, Janet Staiger and Kristin Thompson, *Classical Hollywood Cinema*, New York, Columbia University Press, 1985.

Bourget, Jean-Loup, « Le Musical Hollywoodien. Rêve, cauchemar, satire », in Franco La Polla et Franco Monteleone (dir.), *Il Cinema che ha fatto sognare il mondo. La commedia brillante e il musical*, Roma, Bulzoni, 2002.

Brismée, Jean, *Lumière et son dans les techniques cinématographiques*, Kraainem, Éditions MPC, 1987.

Burch, Noël, *La Lucarne de l'infini. Naissance du langage cinématographique*, Paris, Nathan, 1991.

Corvin, Michel, *Dictionnaire encyclopédique du théâtre*, Paris, Larousse, 1998.

Deleuze, Gilles, *L'Image-temps*, Paris, Éditions de Minuit, 1985.

Epstein, Jean, *Écrits sur le cinéma 1921-1947*, vol. 1, Paris, Seghers, 1974.

Feschotte, Jacques, *Histoire du music-hall*, Paris, Presses universitaires de France, 1965.

Giacomini, François, « Quand Naples défiait Hollywood. Le film musical Italien », dans Jean-Pierre Bertin-Maghit (dir.), *Les Cinémas européens des années cinquante*, Paris, AFRHC, 2000.

Jando, Dominique, *Histoire mondiale du Music Hall*, Paris, Jean-Pierre Delarge éditeur, 1979.

Jouvet, Louis, « Éloge de l'ombre », *Revue des Arts et Métiers Graphiques*, numéro spécial « L'homme, l'électricité, la vie », 1937, cité et reproduit dans *Alliage*, nos 50-51, 2001, http://www.tribunes.com/tribune/alliage/50-51/Jouvet.htm.

Kracauer, Siegfried, *Le Voyage et la Danse. Figures de ville et vues de films*, textes choisis et présentés par Philippe Despoix, Saint-Denis, Presses universitaires de Vincennes, 1996.

Kreuger, Miles, *The Movie Musical from Vitaphone to 42nd Street. As reported in a great fan magazine*, New York, Dover Publications, 1975.

Loiseleux, Jacques, *La Lumière en cinéma*, Paris, Cahiers du cinéma, 2004.

Marinetti, Filippo Tommaso, « Il teatro di varietà », in Umbro Apollonio (dir.), *Futurismo*, Milano, Gabriele Mazzotta Editore, 1970.

Marvin, Carolyn, "Dazzling the Multitude: Imagining the Electric Light as a Communication Medium", in Michel Gurevitch and Mark R. Ley (eds.), *Mass Communication Review Yearbook*, Newbury Park, Sage, 1987[1986].

Masson, Alain, *Comédie musicale*, Paris, Stock, 1981.

Mellencamp, Patricia, "Sexual Economics: *Gold diggers of 1933*" [1995], in Steven Cohan (ed.), *The Hollywood Musicals. The Film Reader*, London/New York, Routledge, 2002.

Paci, Viva, « La persistance des attractions », *Cinéma et Cie. International Film Studies Journal*, n° 3, Summer 2003, p. 56-63.

Paci, Viva, "The Attraction of the Intelligent Eye: Obsessions with *Vision Machine* in Early Film Theories", in Wanda Strauven (ed.), *The Cinema of Attractions Reloaded*, Amsterdam, Amsterdam University Press, 2006.

Paci, Viva, *De l'attraction au cinéma*, Thèse de doctorat, Université de Montréal, 2007.

Pessis, Jacques et Jacques Crépineau, *Les Folies Bergère*, Paris, Seuil, 1990.

Pierron, Agnès, *Dictionnaire de la langue du théâtre*, Paris, Larousse, 2002.

Rancière, Jacques, *La Fable cinématographique*, Paris, Seuil, 2001.

Revault D'Allonnes, Fabrice, *La Lumière au cinéma*, Paris, Cahiers du cinéma, 1991.

Salt, Barry, *Film Style and Technology: History and Analysis*, London, Starword, 1992.

Starobinski, Jean, *Trois fureurs*, Paris, Gallimard, 1974.

Électrifications

—⁓—

Electrifications

Electric Origins:
From Modernist Myth
to Bolshevik Utopia

—⟨ΘΛΘ⟩—

Anindita Banerjee

In November 1920, Vladimir Il'ich Lenin issued a slogan identifying electricity as the only remaining step in Russia's path to Communism: "Communism is equal to Soviet power plus the electrification of the entire country" (*Kommunizm est' sovetsksaia vlast' plius elektrifikatsiia vsei strany*). The declaration signified the Communist Party's approval of a plan forwarded by GOELRO, The State Commission for the Electrification of Russia (*Gosudarstvennaia komissiia elektrifikatsii Rossii*). Lenin's statement, which until recently adorned the central power station in Moscow, remains in collective memory as the moment when electricity was officially named by the state as prime technological instrument of utopia.

The proposition seems daring in light of the fact that, compared with that of the West, mass electrification in Russia at the time could only be called a pipe dream. By the first decade of the 20th century, electricity in industrialized nations such as Germany and the United States had come to signify both mundane household technology and massive force of social change. Commercial promotion and cheap mass distribution of inventions such as Edison's light bulb and the Siemens Company's dynamos had radically transformed everyday life. Lenin's belief that a utopian state must necessarily be "electrified," in fact, stemmed from personal experience of the transformative effects of electricity in Western Europe: travelling through Germany in 1908, he noted that electrical technology would evolve into "the strongest instrument of capitalist economy" in the age to come.[1]

While electricity rapidly evolved into the chief index of progress and prosperity in the West, revolution and civil war only served to slow down the tentative and uneven course towards technologization that had begun in Russia at the turn of the 20th century. A report of the Bolshevik government shows that as late as 1919, the number of electric stations in Soviet Russia and the United States was 220 and 5221, respectively; consumption of electricity in kilowatt-hour per capita was 16 and 500.[2] Historian Jonathan Coopersmith confirms that even after World War One compelled the Tsarist government to recognize the importance of electrical technology for the first time, efforts to promote and distribute it remained "extremely slow"; after 1917, "electricity production dropped sharply and did not regain pre-Revolutionary levels until the mid 1920s."[3] Assessing Lenin's call for electrification against the infrastructures available for actuating a technological utopia, Richard Stites comments that the Bolshevik leader's "visionary speculation" was equally a "desperate measure designed to make the economy work and the Soviet regime survive."[4]

In a context where most of the population had no direct access to electric power and little experience of its beneficial effects, Lenin's slogan displays a remarkable way of bridging the disjuncture between utopian vision and material reality. While couched in the seemingly infallible language of a mathematical proposition ("is equal to," "plus"), the slogan, rather than indicating how electricity will improve living and working conditions, represents it as abstract catalyst of political authority (Soviet power) and ontological transformation (Communism). The peculiar conflation of neo-positivist and neo-romanticist perceptions of electricity from which Lenin's slogan derives its force remains conspicuously unexamined in macrohistories of electrification in Russia. GOELRO is usually assessed as prelude to the massive industrialization drives and five-year plans conceived under Stalin.

The vision of electricity as synthetic source of mystical vitalism and material change is not a product of Bolshevik utopianism alone. Lenin's slogan represents the culmination rather than the starting point of a unique epistemic and figural continuum whose source may be discerned in a corpus of modernist narratives of creation. It was in such narratives that the two opposing connotations of electric power were first unified and amplified into a grand utopian paradigm. The modernist myth of electric origin is best explained through the analogy of an electrical circuit comprised of the positive pole of the anode and the negative pole of the cathode. When separated, the two remain inert, but once conjoined they produce a blinding spark. The anode, conventionally called the "male" part of the circuit, corresponds to the positivistic understanding of electricity as a naturally occurring energy; in the anodic mode, electricity is a rationally explicable source of power that can be mechanically harnessed and used in ways that are materially manifest. In contrast, the "female" cathode represents a distinctly non-rational approach towards electricity that views it as a mysterious organic or supernatural power; incommensurable with cognition and not subjugated by human prowess, electricity in this mode is a sacred repository of magic and miracle. Martin Heidegger's concept of technology provides a rich frame for further apprehending the anodic and cathodic attitudes to electricity and assessing the tremendous symbolic power generated by their synthesis. According to Heidegger, technology is understood as either *instrumentum*, "a means," or *episteme*, "knowing in the widest sense." Only from the conjuncture of the two, he argues, can the "essence" of technology be revealed. Bringing together *episteme* and *instrumentum* opens up the latent possibilities of revelation in both, leading to an understanding of *techne* as *poesis*: something that "creates" or "brings forth."[5]

The promise of *poesis* underlies the connection between modernist myths and Lenin's formula for collective salvation. The following sections trace how this continuum came to be codified, disseminated, and perpetuated in the Russian cultural imagination through intertextual and intermedial channels. Using material from journalism and advertisements, popular philosophy and aesthetic theory, pulp fiction and high modernist literature, policy statements and propaganda, this essay demonstrates that the vision of Communism through electrification re-signified and remediated the modernist notion of electric origin.

The two opposing perceptions of electricity conflated in Lenin's slogan had existed for a considerable time in Russian cultural discourse, but only as components of mutually exclusive epistemologies. Just as Lenin became the icon of the national electrification drive in Soviet Russia, in the 18th century the figure of Mikhail Lomonosov was inalienably bound with a rational perception of electricity as tractable natural phenomenon. In an age when it was widely perceived as elemental, irrational force, Lomonosov, who experimented with capturing lightning just as Benjamin Franklin did, published several seminal essays between 1745 and 1756 explaining electrical phenomena in terms of the physical sciences.[6] Russian admirers of Enlightenment thought subsequently eulogized the scientist by depicting him as a modern-day Prometheus who brought electricity to humankind instead of fire. Echoing d'Alembert's characterization of Franklin as a man who "tore lightning from the heavens and the scepter from the tyrants,"[7] famed intellectual and social activist Alexander Radishchev wrote that "Lomonosov could produce flashes of lightning and repel lashes of thunder" (*Lomonosov umel proizvodit' elektricheskuiu silu, umel otvrashchat' udary groma*).[8] Early in the 19th century, in contrast, a diametrically opposite view of electricity began to dominate the imagination of the Russian aristocracy and intelligentsia. Inspired by Romantic and neo-Platonic views imported from Western Europe along with the cult fashion of Galvanism and Mesmerism, this view consisted of privileging electricity as occult and psychic phenomenon. As an incident in Leo Tolstoy's *Anna Karenina* (1873–1876) demonstrates, such a perception persisted even after Edison's invention of the incandescent lamp. In a charged moment of ideological and sexual confrontation, Levin, the pragmatist hero of the novel, accuses his beloved of indulging in table-turning and mediumism; his rival Vronskii retorts, "We acknowledge the existence of electricity, even though we do not know it; why can't you admit there may be other sorts of energy that we have not yet named?"[9]

A single innovation, Edison's light bulb, coincided with the advent of mass media in Russia to transform the very mode of thinking about electricity. In the 18th and 19th centuries, only cosmopolitan aristocrats or isolated scholars travelling abroad could know about or speculate upon the latest scientific theories and technological inventions. Starting from the 1880s, in contrast, numerous illustrated journals made such information accessible to a wide social spectrum, especially in urban centers with a burgeoning middle class. In Russia as in the West, Edison's incandescent light bulb began to serve as the universal metonym for the emergence of the technological age. The two most popular science journals of this time, *Around the World* (*Vokrug sveta*) and *Nature and People* (*Priroda i liudi*), literally adopted the electric bulb as their emblem. The former includes Edison's lamp on its cover; the jacket of the latter depicts a landscape with electric wires criss-crossing the sky. An image of the electric bulb appeared at the head of a column in *Vokrug sveta* that reported on the latest scientific discoveries and technological inventions. Specialized periodicals sprang up to inform the amateur reader about electrical energy. The first issue of *The Journal of Latest Discoveries and Inventions* (*Zhurnal noveishikh otkrytii i izobretenii*) in 1900 offers two free supplements about "electricity in domestic use." All through the same year, the illustrated weekly *Niva* carried numerous articles and pictures of the special pavilion on "Electricity" that was erected at the World's Fair in Paris. It also devoted an issue to the newly electrified Paris subway system.

As the above examples illustrate, media enthusiasm in Russia about the transformative effects of electricity closely echoed that in the West. But the resemblance ends there, because electricity did not leave the domain of utopian speculation to become an object of everyday reality in Russia as it did in Germany and the United States. Coopersmith, while acknowledging that individual engineers and investors at various times pushed the cause for adopting the new source of energy, describes how a rigid centralized system of promoting and developing new technologies in Tsarist Russia prevented the widespread adoption of electric lighting and communications, except in a few isolated urban landmarks. In addition, the imperial government did not deem new power technology strategically important—as compared to the railways, for instance—until it was proven otherwise in the First World War.

Thus, although readers of newspapers and magazines were well aware of the potentials of electric power and lured by advertisements of foreign firms selling electrical trinkets, including lights, phonographs, and radios, the same advertisements show that domestic electrical appliances would remain prohibitively expensive and inaccessible to most of the populace. An electric lamp advertised in *Niva* in 1910, for example, costs forty rubles; an electric "Edison" phonograph, seventy-five. As for electrification in public space, the limited import of generating equipment and its very selective use failed to dispel the illusion that electric lighting was as immaterial as electricity itself.[10] An interesting compendium of advertisements in *Niva* in 1900 illustrates the glaring gap between imagination and implementation of electricity in early 20th-century Russia. Three different varieties of lamps appear on the same page. The most prominent, occupying about a quarter-page, declares, "Light for the Twentieth Century: Kerosene Lamp *Orsa*." The next box also advertises a kerosene lamp manufactured by the Moscow firm "The Triumph." Compared to the previous two, the least significant in size and strength of rhetoric is an advertisement for the "Electric Lamp" at the bottom of the page. It promises to be odourless and safe but nevertheless is exorbitantly priced and available at only one outlet in Petersburg. At the threshold of the 20th century, the smelly kerosene lamp remains a far more accessible and tangible technology in the Russian city than the alien, elitist miracle of electric light.

Borrowing the parlance of our times, it may be said that electricity enjoyed a peculiar "virtual existence" in Russia. Although its images pervaded the media, its applications remained purely hyperbolic and deferred to an unspecified future. As discussed earlier, the representation of electricity as mystical animating force had existed for a far longer time and bore little relation to indigenous developments in technology and industry. Such a perception resurfaces in turn-of-the-century mass media as an alternative to the absence of concrete electrical technology. The public, unable to experience the miracles wrought by electrification and to afford electrical trinkets, is offered parapsychological applications of electricity available to all and sundry. The same large-circulation newspapers and magazines that speculate how electrification would transform Russia also resurrect views about electricity as indefinable vital essence and agent for transforming the consciousness. In 1899, *Priroda i liudi* published a report of the "miraculous" powers of a "Miss Volta," who cured the public with her personal electrical "aura."[11] A short sketch in *Niva* speculated upon the powers of a pair of magic healers who could light cigars and lamps from the "electrical tips" of their fingers.[12] Through the 1910s, the Petersburg *Stock Exchange News* (*Birzhevye vedomosti*) carried at least ten daily notices from clinics specializing in electrotherapy for mental problems. Classified columns in practically every newspaper announced mesmeric séances, aided by electric shock, in prominent homes.

But journalism offered only limited space and scope for speculation. Detailed, elaborate narratives about electricity and electrification began to be articulated in millenarian philosophies and radical aesthetic agendas underlying burgeoning modernist movements. An acute awareness of Russia's backwardness, in which kerosene still reigns as the fuel of the impending 20th century, forms the backdrop of anxiety for this trend. Consequently, the second, readily available manifestation of electricity embodied in Miss Volta and the biological cigar-lighters, shock therapy and mesmeric séances, forms an integral part of the vision of how electricity would transform Russia. Indeed, the synthesis of its mechanical and metaphysical potentials was often presented as a uniquely "national" insight into the same power technology that the West had reduced to blind progress and frivolous consumerism.

A prime example of the above phenomenon may be found in the writings of Nikolai Fedorov, a millenarian philosopher who profoundly influenced Russian modernist thinkers. Fedorov chose electricity as the chief instrument for the plans articulated in his monumental work *Philosophy of the Common Task* (*Filosofiia obshchego dela*, 1906–1913). In order to avert the Malthusian nightmare of overpopulation and food shortage, he suggests numerous "rationally extrapolated" applications of electrical technology that range from planting lightning rods for summoning rain from the heavens to an elaborate scheme of using electrodes to change the earth's axis and convert Siberia into arable farmland.[13] While the technological fantasies in Fedorov's work resonate with the actual plight of agrarian Russia—especially the devastating famine of 1891—the eschatological appeal of his project rests on a different conception of electricity. Electric currents, he proposes, should simultaneously be used for galvanizing the remains of the dead collected from all over the world. Resurrecting common ancestors would re-establish the genealogical connections between all men and usher in an egalitarian worldwide "Christian Brotherhood." Electricity for Fedorov is thus the only futuristic technology that would sustain the human race by fulfilling both its spiritual and physical needs; it is the chosen medium for inaugurating a new age in which the estranged epistemologies of "western rationality" and "eastern faith" would be brought together for the common good.[14]

Philosophy was not the only sphere in which the mechanistic and mystical potentials of electricity were synthesized to form a colossal myth of salvation. Zinaida Hippius, a founder of the Symbolist movement profoundly influenced by Fedorov's cosmogonic model of resurrection, lends a further dimension of gendered intimacy to its figuration as bridge between binary epistemological and cultural categories. She represents an electrical circuit as a set of sexual opposites in her 1901 poem, "Electricity" ("Elektrichestvo"). Anode and cathode, while separate, stand for unresolved dichotomies between noumenon and phenomenon, flesh and spirit, death and life, the past and the present. Their coming together at the end of the poem constitutes at once an explosive orgasm—denoted by *razriadka*, the same term as electrical discharge and catharsis—and transcendence from duality. The resulting spark causes instantaneous death to the entities of anode and cathode, but also ushers in the blinding light of Resurrection ("*I smert' ikh budet svet*").[15]

A pair of unusually correlated texts—one written by an obscure popular author, the other by the chief ideologue of the Russian Symbolist movement—invoke an additional dimension to the connotation of electricity as agent of physical resurrection and psychic transfiguration in the imminent future. Vladimir Shelonsky interweaves the two aspects in a novel titled *In the Future World* (*V mire budushchego*, 1892).[16] This work is modeled on a traditional *voyage imaginaire*, with one crucial difference— the spaceship that transports an eclectic group of scientists and philosophers to the North Pole runs on electric power. Such a substitution of the magic carpet with a futuristic machine is hardly remarkable, but a matrix of spiritual allusions transforms this tale of adventure on an electric ship into a uniquely Russian allegory of Resurrection. The protagonists choose electricity as the only force strong enough to match the ultimate objective of their quest: *Polnoch'*, or the "Midnight Land." According to scholars of utopian folklore, the term originated in a 16th-century legend of fugitive Old Believers who wandered about in Siberia looking for an undiscovered section of the Arctic where nobody ever grew old.[17] By enabling humans to reach the mythic space, electricity in effect becomes a technological means to achieve immortality. The author ascribes the conception of the project to a Russian electrical engineer, Kirill, who incarnates both sophisticated scientist and peasant magus. Kirill, rather than his European and American companions, solves the problem of constructing a battery that can store enough electrical energy to last the duration of the journey: after much trial and error, he receives a dream revelation that gold is the only appropriate medium for trapping electricity.

Shelonsky's narrative bears remarkable resemblance to a work composed by the Symbolist poet and aesthetic theorist Andrei Bely. His short story of 1904, "The Argonauts" (*Argonavty*), operates on three levels of symbolic representation. The plot, like Shelonsky's novel, consists of a perilous journey in an electrical spaceship. Its passengers call themselves "Argonauts"—an obvious allusion to the myth of Jason seeking the Golden Fleece—and choose an engineer who also possesses prophetic powers as leader of the group. This Russian engineer uses gold to construct and propel the fantastic vessel, trapping large amounts of electricity in its golden scales, and leads the group into a magical space where their bodies turn into golden rays. The story also contains an autobiographical subtext that transforms it from fiction into an episte-mological and aesthetic manifesto. It narrativizes the quest of the literary group "Argonaut" that Bely founded.[18]

Both texts focus on the connection between two key elements: electricity and gold. Electricity represents the technical means to embark on the journey. Gold not only serves as the physical medium for conducting and storing electricity but also stands for the ultimate objective of the quest—a form of rapture in which the body becomes immortal and, in Bely's story, metamorphoses from matter to energy. These works demonstrate that visionary mechanical applications of electricity could not be separated from the second, mystical strain in which contemporaneous media perceived and represented it. Images of electricity rendering humans immortal and transforming physical bodies into transcendental energy evoke the stories about Miss Volta, biological cigar-lighters, and shock-induced otherworldly experiences pervading newspapers and magazines. The association of electricity with gold, moreover, attests to a new category of speculation about purported parapsychological applications of electricity that came into vogue in Russia in the late 1890s. Alchemy—which means transmutation—involves creating gold by transforming base metals through fire. This ultimate substance, medieval scientists believed, was a panacea for solving all ills including old age and death. The writings of some 19th-century parapsychologists who hailed electricity as the magic fire that alchemists had been unable to craft were first translated into Russian at the turn of the 20th century and attained considerable popularity. One of them, the celebrated Victorian mesmerist William Carpenter, contended that electricity would unlock the secrets of transubstantiation, not only by turning metals into gold but also by changing the body to an immortal spirit. Carpenter's book, translated in 1901, created wide ripples.[19] *Issues of Philosophy and Psychology (Voprosy filosofii i psikhologii)*, a prestigious scholarly publication, printed an article on galvanic reanimation in which the author specifically recommends golden electrical circuits.[20]

The image of an electric spark as the simultaneous moment of destruction and transfiguration began to permeate public discourse in Russia in the decades leading up to the Revolution. The term "electrifying" appears in Russian journalism as metaphor of the unrest consuming intellectuals and proletariat alike. "The political atmosphere is electrified," writes Nikolai Shelgunov, a public intellectual and leftist activist. "Everyone's heightened consciousness will explode into a single electric discharge" (*V politicheskoi atmosfere elektrichestvo … vozbuzhdennoe sostoianie vsekh razorvetsia v edinuiu razriadku*).[21]

The shock of an electric current was the perfect metaphor for articulating the mortal blow the first generation of the avant-garde wished to deliver to existent social and aesthetic hierarchies. Velimir Khlebnikov, the most original and complex representative of Russian Futurism, developed this theme by synthesizing positivistic and mystical perceptions of electricity in a completely new paradigm: rejecting the classical myth of Prometheus recuperated in Enlightenment figurations of Lomonosov, he turns to archetypal Slavic beliefs to articulate its special relevance in Russia. In Russian folklore, lightning was long perceived to be the divine agent that generated the universe from chaotic matter. The God Perun is believed to have animated and spiritualized the earth's dead flesh by touching it with his sword of heavenly fire, the pre-Christian *logos*. According to Afanas'ev, whose research on Slavic mythology exerted a decisive influence on Khlebnikov's imagery, lightning was long perceived to be the divine agent that generated the universe from chaotic matter. The God Perun is believed to have animated and spiritualized the earth's dead flesh by touching it with his sword of heavenly fire.[22] Correspondingly, Khlebnikov eschews the term "electricity" in favour of the archaism *molniia*, meaning lightning, in the numerous instances of imagining its future forms and functions.

In a letter to fellow-Futurist Alexei Kruchenykh, Khlebnikov defines modern electric power as the reincarnation of primordial lightning. He outlines its tremendous potential for reconstituting not just material life but *logos* itself. Futurist language, he contends, is an "electrical discharge" (*razriad*) because it breaks down stratifications of "high" and "low," "intellectual" and "folk" diction—a leveller of social difference through the metaphor of language.[23] The implications of this vision are fictionalized through a narrative poem composed between 1915 and 1921—a period beginning before the Revolution and ending after the Civil War—in which electricity forms the basis of an elaborate cosmogonic myth. Khlebnikov casts the ancient deity Perun as feminine "lightning sisters," *Sestry molnii*, who become "the only Gods" of the future.[24] The story of creation revolves around the premise that a radical transformation of the environment—such as that posited by a Marxist revolution—would remain meaningless until the "talking sword" (*govoriashchaia mech'*) of electricity kindles the human spirit.[25]

In Khlebnikov's mythopoesis, lightning is the power animating the New Man, who is portrayed as both technician and poet whose mechanical or artistic creations remain lifeless until fired by the electric spark of inspiration. Lightning is the feminine "muse" (*zhena poeta*) that injects life into unborn words and populates vast future construction sites that exist only as blueprints in the imagination.[26] Such feminization of electricity stands out in the very masculinist cult of the machine associated with Futurism. But Khlebnikov's bipartite model of electricity rests upon a synthesis. Masculine power technology is complemented by, and indeed dependent upon, a feminine creative and animistic impulse that hearkens back to both folk mythology of creation and what I term the "mystical naturalization" of technology that can be found in both Fedorov's philosophy and Hippius' poetry.

It is the enduring mystical perception of electricity—which imbued it with an unsullied aura of the virginal, non-corporeal, divine, and miraculous— that aided its survival as one of the few icons of true utopian thought in the years of civil war and privation that followed 1917. The continued absence of electricity from everyday life further contributed to its potential for becoming the only untainted myth of salvation. The worst years of War Communism were also the period when the government first began to valorize mass electrification, with Lenin's official declaration marking the culmination of the movement. With universal access to electric power still a purely utopian dream, however, more synergy than divergence can be observed between modernist mythologies of creation and Bolshevik rhetoric about instantly modernizing Russia. Indeed, Khlebnikov would pronounce in 1920 that "electricity is now the only force that can conquer tears."[27]

In the economic and social devastation following the Civil War, while the actual production of electricity plummeted, speculation around its magical power for resuscitating both body and soul flourished in the creative imagination. The writings of Andrei Platonov, an engineer and author, underscore how the metaphysical aspect of Lenin's slogan superseded and even undermined the material promises of electrification. Platonov began his involvement with the Bolshevik electrification plan at the level of local politics in his provincial hometown Voronezh in the Tambov region. In 1921, Platonov composed a pamphlet titled "Electrification" (*Elektrifikatsiia*). The rhetoric of this ostensibly "informational" essay, however, closely mirrors the continuum of representing electricity in modernist creation myths. While it contains many exegeses about how electrification will bridge the rift between town and country, radically improve both industrial and agricultural labour, and change the quality of life for workers and peasants, it also describes the Revolution as a cosmic event, a lightning discharge (*razriad molnii*), an "explosion" (*vzryv*) that has changed the world. Along with expressing hope that electricity will save historically deprived sections of Soviet society, Platonov also proclaims that it is the new instrument for transforming the consciousness. Not only would electrification provide shorter working days and domestic comfort to workers, but it would also produce a complete change in the intangible "essence" (*sut'*) of the proletariat.[28]

In sharp contrast to this initial figuration of the Bolshevik electrification drive stands a short story Platonov wrote after five years of actual participation in GOELRO, working as an electrical technician among the starving masses in the Russian countryside. Written in 1926, the short story "Homeland of Electricity" (*Rodina Elektrichestva*) recuperates the same continuum of modernist creation myths and Bolshevik utopian vision delineated above—but in a profoundly ironic mode. What results is a searing deconstruction of the gap between utopian rhetoric and existential reality.

The story is set far from urban and even provincial technological centers; it unfolds literally in the middle of nowhere—a perfect topology for critical enactment of utopia. The inhabitants of an unnamed Russian village, ravaged by war and famine to the extent that their bodies are literally shrinking, are ready to receive any succour available. Paradoxically, the lack of equipment and information—the village is simply allotted a broken-down generator with no fuel supply—places them in a pre-GOELRO time warp when electricity simply did not exist in its mechanical manifestation. Their perceptions and representations of electrification, therefore, are rendered through a literalization of the myth of electric origins. The "dead" generator, far from eliciting the villagers' wrath, is regarded by them as an animate, supernatural, feminine being that women compare with a miracle-working icon of the Madonna. Veneration of this new God takes place through repetition of Party policies, such as incantation in the hope of miracles. "Now life will be mighty and beautiful, and there will be eggs for everyone" (*Teper' zhizn' budet moguchei i prekrasnoi, i khvatit vsem kurinogo iaitsa*), the village head sings, paraphrasing the promise made to the downtrodden in the Hymn to the Third International: "Now life will be mighty and beautiful, and there will be bread for everyone" (*Teper' zhizn' budet moguchei i prekrasnoi, i khvatit vsem khleba*).[29] Pre-modern folk eschatology, rather than revolutionary zeal or technical knowledge, lies at the basis of this eccentric association of electrification and eggs. Equipped only with a broken dynamo and no fuel, famine-ravaged peasants fail to understand that electrification is meant to revolutionize agriculture. Instead, they regard the non-functioning generator as repository of life in its most cosmic manifestation. Eggs represent the fountainhead of creation in Slavic mythology, in which the world is said to have originated from a "cosmic egg" (*mirovoe iatso*), a symbol that later evolved into colourful eggs of Resurrection shared at Easter.[30]

The narrator-protagonist of Platonov's story, a mechanic summoned from town to help the villagers, constitutes an alter ego of the author. Caught in the rift between rhetoric and reality, his subjective perceptions also begin to literalize the paradox of rural electrification—the ambitious principal goal of GOELRO.[31] Full of "official" zeal, he arrives at the village only to find himself in a parallel universe. At first he is sceptical about the villagers' adoration of the generator, but in the absence of infrastructure, he begins to accord it the same anthropomorphic, or deistic, status. In order to provide the necessary energy for starting the dynamo, he first attempts to fuel it with grain liquor—a profane waste of the plentiful "bread" promised in the Third International—and then coaxes out his own "vital energy" (*energiia zhizni*) to start the recalcitrant machine ("*mashina*" in Russian is grammatically feminine). Following the directives of the local council, he attempts to educate the villagers about the new-fangled source of energy. But scientific, mechanistic explanations completely fail their purpose, and the protagonist finally resorts to the same metaphysical terms as Futurists in an earlier era. Citing folkloristic myths of creation, he sums up the definition of electricity: "It is *molniia*, lightning ... the spirit of the Gods" (*Eto molniia ... dusha bogov*).[32]

Electricity in early-20th-century Russia serves as a rich and powerful illustration of the role imagination plays in transforming technology from commodity to cultural metaphor. Electricity was the most marvellous artefact of the technological revolution for both epistemological and material reasons. It symbolized the end of mechanistic explanations of reality that had dominated scientific thought since the 18th century. Unlike gas or steam, its production was impervious to empirical observation: electricity was a form of energy itself rather than a generator of energy. In the West, however, this mystique dissolved quickly as it developed into a palpable instrument of modernity and most celebrated metaphor of the ongoing techno-economic revolution. In Russia, despite the fact that cosmopolitan journalists and visionary intellectuals recognized its potential, electricity did not begin to transform material life and production systems until the late 1920s.

The unique "Russian" formula for new life through electrification arose from the absence of both first-hand knowledge and technological infrastructure—two conditions that Howard Segal identifies as imperative for a viable model for technological utopia.[33] As demonstrated in this essay, in the absence of the two conditions, the cultural imagination recuperated 19th-century perceptions of electricity, conflated them with mechanical applications recognized in the early 20th century, and emphasized its potential of cosmogony and poesis rather than its ability to transform the environment. The bivalent semiotic paradigm for perceiving and representing electricity proved particularly conducive for Russian utopian visions both before and after the Revolution, because it corresponded with historically entrenched tendencies to construct national identity in explicit opposition to the West. The dual paradigm of electricity as vitalist force and energy source developed into a full-blown alternative, "non-western" model of modernity in Russian cultural discourse, and was disseminated prolifically through the intertextual and intermedial channels outlined above. Assessments of Bolshevik utopianism are usually circumscribed by the chronological boundaries of the Revolution and the discursive boundaries of propaganda. The symbolic power of electricity, however, demonstrates more continuity than disjuncture between pre-Revolutionary and Soviet visions of the promises of technology to transform life and art.

Notes

1. Vladimir Il'ich Lenin, "Zapisnye knigi 1907–1911" ["Notebooks 1907–1911"], *Polnoe sobranie sochinenii v 45 tomakh*, (Moscow, Gosudarstvennoe izdatel'stvo politicheskoi literatury, 1958–70, vol. 22) 233.

2. L. Dreier, *Zadachi i razvitie elektrotekhniki* [*Objectives and Development of Electrical Technology*] (Moscow: Gosudarstvennoe izdatel'stvo, 1919) 8.

3. Jonathan Coopersmith, *The Electrification of Russia, 1880–1926* (Ithaca: Cornell University Press, 1992) 121.

4. Richard Stites, *Revolutionary Dreams: Utopian Visions and Experimental Life in the Russian Revolution* (New York: Oxford University Press, 1989) 46.

5. Martin Heidegger, "The Question Concerning Technology," *The Question Concerning Technology and Other Essays*, trans. and ed. William Lovitt (New York: Harper, 1977) 4–5, 12–13.

6. Mikhail Lomonosov, *Trudy po fizike* [*Treatises on Physics*], *Polnoe sobranie sochinenii* vol. 3, ed. S. I. Vavilov (Moscow: Akademiia nauk, 1952) 3–40.

7. Quoted in Egon Friedell, *A Cultural History of the Modern Age: The Crisis of the European Soul from the Black Death to the World War* vol. 2, trans. Charles Francis Atkinson (New York: Knopf, 1930–1932) 183.

8. Alexander Radishchev, *Puteshchestvie iz Peterburga v Moskvu* [*Journey from Petersburg to Moscow*] (Moscow: Khudozhestvennaia literatura, 1964) 203.

9. L. N. Tolstoy, *Anna Karenina*, *Polnoe sobranie sochinenii v 14 tomakh* vol. 8, ed. V. G. Chertkov et al. (Moscow: Khudozhestvennaia literatura, 1951) 60.

10. Coopersmith 142.

11. "Miss Volta," 4.

12. "Biologicheskoe elektrichestvo" ["Biological Electricity"], *Niva* 5 (October 1894): 762.

13. Nikolai Fedorov, *Filosofiia obshchego dela* [*Philosophy of the Common Task*] vol. 2, eds. V. A. Kozhevnikov and N. P. Peterson (Farnborough: Gregg International, 1970) 252–260.

14. Fedorov, *Filosofiia* vol. 1, 475 and 30–31.

15. Zinaida Hippius, "Elektrichestvo" ["Electricity"], *Stikhotvoreniia*, ed. L. A. Nikolaeva (St. Petersburg: Akademicheskii proekt, 1999) 111.

16. Vladimir Shelonsky, *V mire budushchego* [*In the Future World*] (Moscow: I. D. Sytin, 1892).

17. A. Klibanov, *Narodnaia sotsial'naia utopia v Rossii* [*Folk Social Utopia in Russia*] (Moscow: Nauka, 1977) 231.

18. Andrei Bely, "Argonavty" ["Argonauts"], *Rasskazy* (Munich: Fink, 1979) 30–41.

19. William Carpenter, *Mesmerizm, spiritizm i prochee: s istoricheskoi i nauchnoi tochek zreniia* (St. Petersburg: S. Volkov, 1901), trans. of *Mesmerism, Spiritualism, &c., Historically & Scientifically Considered* (New York: D. Appleton, 1877).

20. S. S. Glagolev, "Gal'vanizm i bessmertie" ["Galvanism and Immortality"], *Voprosy filosofii i psikhologii* 19–20 (1894) 1–19, 1–26.

21. Nikolai Shelgunov, *Vospominaniia* [*Memoirs*] (Moscow: Gosudarstvennoe izdatel'stvo, 1923) 142.

22. A. N. Afanas'ev, *Poeticheskie vozzreniia slavian na prirodu* vol. 1 [*Poetic Views of the Slavs on Nature*], ed. Iu. P. Kuznetsov (Moscow: Indrik, 1995) 125–135.

23. Velimir Khlebnikov, *Neizdannye proizvedeniia* vol. 4 [*Unpublished Works*], eds. N. Hardziev and T. Grits, *Sobranie sochinenii* (Munich: Fink, 1971) 367.

24. Khlebnikov, "Sestry molnii" ["Lightning Sisters"], *Sobranie sochinenii* vol. 2, ed. Dmitrii Chizhevskii et al. (Munich: Fink, 1968) 155–170.

25. Khlebnikov 158.

26. Khlebnikov 170.

27. Khlebnikov, commentary on "Sestry molnii," 268.

28. Andrei Platonov, *Elektrifikatsiia* [*Electrification*] (Voronezh: Proletarskaia literatura, 1921) 5–7.

29. Platonov, "Rodina elektrichestva" ["Homeland of Electricity"], *Izbrannye proizvedeniia*, ed. M. A. Platonova (Moscow: Ekonomika, 1983) 40, 42.

30. Afanas'ev 227.

31. Coopersmith 163.

32. Platonov, "Rodina Elektrichestva," 36, 40.

33. Quoted in Coopersmith 142.

At the End of the Hydro Rush: On the (De)integration of Canada's Electric Power System[1]

Karl Froschauer

Introduction

The all-Canadian vision of the 1960s and 1970s to interconnect utilities and to integrate large northern hydro projects into a federal electrical power system[2] has over time become fragmented into several provincial-continental visions. Why did the policy initiatives to interconnect such utilities within larger Canadian networks fail? National and regional initiatives failed despite joint federal-provincial studies showing them to be economically advantageous and environmentally less detrimental than leaving each province to develop its own system; nevertheless, provinces developed their remote hydro-electric resources early for their own ends, mainly for industry and export, and often with little regard for the Canadian interest.[3] Surprisingly, in a nation that used to take pride in being bound together by national infrastructures, in the free trade years of 1989 and 1995, even before regional or national transmission or coordinated generation plans were in place, Canadian governments allowed electricity trade reciprocity to be included in free trade agreements and increased their efforts to integrate provincial transmission systems with US utilities so that provincial electricity surpluses have been put to continental, rather than Canadian, use.

This paper breaks out of the mould of the usual analysis of a single provincial case in the area of electricity policy studies by addressing interprovincial relations, and by both theorizing and demonstrating how during Canada's *hydro rush* (1960s–1990s), extensive federal and provincial initiatives to integrate some of the world's largest hydroelectric projects into national or regional power networks failed because of federal and interprovincial conflict. As one would expect, other countries' history of electricity development is not merely repeated in each province, but rather, Canada's own social, political, and economic development history has left its imprint on Canada's hydroelectric policy and its peculiar outcome.

Informed by Canada's development history, insights of the new Canadian economists, such as Janine Brodie (national policies and regional outcomes), Michel Duquette (centralized energy policies and defensive continental integration), and Laura Macdonald (locations of resistance in an era of fragmenting state sovereignty), allow an understanding of Canada's national, regional, and continental power system integration in the context of federal–provincial and interprovincial conflicts. Because development of hydroelectric power is the responsibility of the provinces and export that of the federal government, research findings in support of my argument (that Canada planned to *integrate* but subsequently *de-integrated* control of its electricity infrastructure) originate from both federal and provincial institutions. I will cite research originating from a number of sources: original archival material, including cabinet records, correspondence, memoranda, and records of private and public utilities; reports of national and regional electricity policy initiatives; reports from Natural Resources Canada, the National Energy Board, the Canadian Electricity Association, and Statistics Canada; select provincial case studies; select provincial regulatory commission documents; documents from major utilities; and relevant books.

Preliminary Explanation

Why did federal and provincial policy initiatives to achieve national and regional integration of power systems fail? Why did the provinces first integrate and then start to dismantle the structure of their electricity supply activities in favour of stronger transborder integration with electricity business activities of utilities belonging to US regional transmission grids? These failed federal-provincial policy initiatives and these policy reversals (from *integration* to *de-integration*) came about because Canada's peculiar path of de-centralized and continentally-biased development of hydroelectric infrastructure bears the imprint of Canada's constitutional division of powers and its development history. Therefore, theoretical explanations of why Canada's hydro expansion took this path should be informed by the history of previous federal and provincial infrastructure policies and their outcomes.

For instance, the historical perception of some provinces that being subjected to federal policies is akin to "internal colonialism" has in turn motivated them to escape the "heavy burden of federalism" by committing their industrial strategy to the logic of foreign markets.[4] For example, provinces holding this view tend to react to federal electricity policy by escaping into a kind of *defensive provincial continentalism*, such as developing extra generating capacity for the US market. In addition, building a federal electricity infrastructure in Canada requires some form of cooperative centralization of planning and authority to coordinate, interconnect, and maintain the interdependent stages of electricity production. Unfortunately, provinces saw such centralization as an infringement on their sovereignty within Canada, as denying them development possibilities, and as internal colonialism to be overcome by provincial continentalism.

In addition, regional political differences tend to arise over "where" the electricity generating facility will be built, "where" surplus capacity is available and allocated regionally, and "where" administrative authority should be held.[5] Other issues arise as well: Which province would get most of the construction jobs? Where would the electricity be sold— the neighbouring provinces or to the United States or both? Similar to planning federal infrastructures, initiating *regional* power systems requires that groups of provinces formulate policies, coordinate an extra-provincial authority over regional electricity policy, and establish a consensus about financing, ownership, risk sharing, and profit sharing. In Atlantic, eastern, and western policy initiatives, such issues were not resolved; therefore, like the attempt to create a national grid, the regional integration of provincial power systems failed.

At the onset of the hydro rush, provincial governments, utilities, and analysts had assumed that new supplies of electricity would bring more comprehensive industrial diversification.[6] Therefore, to advance this process, provincial government involvement initially included allocation of Crown rights to hydro sites and natural resources (even whole watersheds) for private-sector development, often to developers invited from abroad. In time, government involvement tended to change from merely allocating natural resources, including water-power rights, to intervening directly in the production of hydroelectricity to create private accumulation conditions in several regions and for a variety of industries.[7] This rationale, similar to that of Dales, popular before and during the hydro rush, is that if hydro plants are built first and then an industrial market is created for the hydroelectricity, new supplies of electricity will provide the most powerful catalyst in the promotion of diversified manufacturing.[8] Until the 1990s, industries in general supported such public sector pre-building of plants because it provided them with public *electricity at or below cost*, whereas private sector electricity was supplied with *added-in profits*.

Another reason why provincial governments became more directly involved in all functions of electricity supply was that it allowed them to support the risky ventures of opening northern regions by starting economic development with the installation of major hydro facilities, such as those in the James Bay region and in the Nelson, Peace, and Churchill river areas.[9] As will be shown, these power sites, remote from urban markets, were envisaged in 1962 by John Diefenbaker's government as part of an integrated national system but were developed during the *hydro rush* primarily to serve provincial policy interests. These northern hydro generating plants are still among the largest hydro power projects in the world,[10] and at the time of their construction part of the political justification in building them was future industrial need in the provinces and electricity import needs in the United States—the California "power hunger" in British Columbia and New York's and New England's electricity needs in Québec were common themes.[11]

Because public resistance, both at the federal and provincial level, could not stave off the contentious electricity export agenda and the acceleration of continental integration, resistance to Canadian hydroelectric capacity growth destined for export became international. Opponents at the

Table 1. Integration of Power Systems.

Year	Integration of power systems that is initiated at the national and regional level and is actually carried through at the provincial level
1903	Ontario government by way of the "Act to Provide for the Construction of Municipal Power Works and the Transmission, Distribution and Supply of Electrical and Other Power and Energy" created the Ontario Power Commission. (Nelles 1974, p. 245).
1961, 1970s	In 1961, Walter Dinsdale, Prime Minister Diefenbaker's minister of Northern Affairs and National Resources, and David Cass-Beggs, president of the Canadian Electricity Association, propose a National power network—or trans-Canada electrical interconnection which includes planning electrical power development and transmission on a national basis. This federal-provincial national power network initiative fails. In the 1970s, during the oil crisis period, the provinces initiate a national power network that also fails. (Cass-Beggs 1960; Dinsdale 1961; NEB 1992a, pp 2.1–2.12).
1960s to 1980s	Several federal and provincial initiatives to integrate provincial power systems into Atlantic, eastern, and western regional networks fail. (NEB 1992, pp. 3.1-3.40).
1961	BC government under the authority of BC Hydro integrates the power systems of the public BC Power Commission, the private BC Electric, and the Wenner-Gren BC Development Co. into a provincial power network.
1961	Manitoba government forms the Manitoba Hydro-Electric Board by merging two provincial utilities: the Manitoba Power Commission and Manitoba Hydro. Distribution of electricity to the inner area of Winnipeg is carried out by the municipally owned Winnipeg Hydro.
1963	During the Quiet Revolution, the public Hydro-Québec (established in 1944) takes over private electrical utilities to integrate the power system within the province.

| 1974 | Newfoundland buys most Churchill Falls shares and Brinco's remaining water rights. The Churchill Falls plant, however, remains integrated for the length of a 65-year power contract with the Hydro-Québec power system. |
| 1970s to 1990s | Provinces obtain approval from the National Energy Board and the federal cabinet to build international power lines and to export electricity to the US. |

provincial level were unable to fend off the agenda of continuing export and the accelerated integration with the United States, in part because the NEB hearings across the country were practically stopped when free trade took effect.[12] Therefore, with that venue of protest difficult to pursue and the federal government increasingly losing sovereignty over energy policy, groups (e.g., the Cree with respect to James Bay) have taken their opposition outside Canadian borders to FERC (Federal Energy Regulatory Commission) hearings in Washington.

Having explained the *failure* to create a national electricity policy and regionally planned hydro networks, I will now provide evidence, first, of the outcomes of the initiative to develop national and regional power systems, and then the emergence, expansion, and restructuring of primarily hydro-based provincial power systems (see Table 1).

National Policy Initiatives

In the 1960s, new long-distance transmission technology offered the potential for creating a major force for interprovincial integration of provincial power systems and providing Canadian economic advantages.[13] In the 1960s and 1970s two initiatives to formulate a federal power grid policy were undertaken, one by the federal government and one by the provinces. Both failed. The Diefenbaker government in 1961 suggested that large blocks of anticipated surplus electricity from remote northern hydroelectric projects in Newfoundland, Québec, Manitoba, and British Columbia could be made available to the more industrialized areas of Canada. Influencing the Diefenbaker government, David Cass-Beggs, president of the Canadian Electrical Association, envisaged a national power grid as a common carrier to transmit that energy.[14] Diefenbaker's cabinet discussed plans for the creation of a national power grid from Vancouver, British Columbia, to Corner Brook, Newfoundland, invited all premiers to participate in discussion, set up a federal-provincial working committee (including most of Canada's electricity elite), hosted a first ministers' meeting in 1962, and engaged engineering consultants to assess the benefits of such a national grid as opposed to individual provincial electricity networks. The Diefenbaker government emphasized a new electricity strategy based on northern and peripheral development,[15] with the surplus mostly directed to Canada's industrial centre.[16] The Lester B. Pearson cabinet revised Diefenbaker's national grid policy in 1963 by devising a national-continental policy, which could be read as supportive of either position or both.[17] More supportive of the continental position than Diefenbaker, Pearson's Liberal government adopted an electricity policy that allowed the continental integration of electricity networks to begin, favouring electricity exports for up to twenty-five years.[18] Mitchell Sharp, Pearson's minister of trade and commerce, emphasized early development of *large* low-cost northern power sources for export opportunities and of interconnection with US utilities, and relegated the national power grid to secondary status.[19]

The following year, 1964, Sharp told his cabinet colleagues that "the various provinces and private interests were proceeding in a completely unco-ordinated manner in developing energy facilities."[20] In fact, the more powerful provinces pursued strategies that militated against formation of a federal power grid. Ontario pursued the nuclear power option; British Columbia expected the benefits from its Columbia River project to finance the Peace River development[21] and dreamed of exports to California from Peace River plants; Québec became involved in the development of Churchill Falls with Brinco (British Newfoundland Company) and planned in the 1970s to become the "Kuwait of the North"; and Manitoba hoped to export power to the United States from the Nelson River plants over federally-financed power lines.[22] Insisting on constitutional grounds that hydroelectric development falls under provincial rather than federal jurisdiction, Québec in particular did not participate in the 1960s federal-provincial national power grid discussions and subsequently denied Labrador the right to wheel (transport for a fee) electricity across Québec transmission lines.[23] Among the provinces, the issue of whether provincial transmission lines that would become part of the national power grid should be co-operatively, federally, or provincially owned remained unresolved.

In 1967, when the Ingledow report, commissioned by the Diefenbaker government and favouring a federal power network, was released, the Nelson River (Manitoba) and Churchill River (Labrador) projects—in part developed for export to the United States rather than to supply the federal power grid—had already moved ahead as independent initiatives.[24] Such early development of northern water power for long-term exports and southward interconnection with the United States made interprovincial connections a secondary concern.

Nevertheless, in 1974 during the oil crisis, the provinces themselves, including Québec, undertook a second initiative to develop a federal power grid. The Interprovincial Advisory Council on Energy (an independent advisory body composed of provincial government officials to consider energy issues) and engineering reports cited replacement of oil generation by less costly hydro generation, the reduction in capacity reserve, the diverse use of the same generators in different time zones, and the security of supply as benefits of a federal power network.[25] However, in 1978, this second initiative for a federal power grid failed, for a number of contentious issues remained unresolved: the unwillingness of provinces to delegate at least some authority to an extra-provincial body, provincial veto rights over federal grid projects, federal-provincial jurisdictional ambiguities over interprovincial electricity trade, the sharing of costs and benefits, the co-ordination of international electricity trade, and the type and location of new generating facilities (NEB 1992a, 2.12). The same year, the advisory council suggested that a federal power grid was premature and that regional initiatives appeared more promising (NEB 1992a, 2.11). Thus, first the federal government and then the provincial governments went through considerable efforts to develop an integrated national power system but postponed its development and recommended a more modest integration of several provincial power systems into a number of regional grids.

Regional Power Grid Initiatives

According to several engineering studies, integrating several provincial power systems to form regional networks was technically feasible and economically and environmentally advantageous, for instance, by substituting non-renewable oil- or gas-fired electricity generating facilities in some provinces with renewable hydroelectric generation, which is abundant in Labrador, Québec, Manitoba, and British Columbia (EPIC 1996, 14, 78–79; NEB 1992a). A substantial degree of coordination of planning between utilities—mainly in generation facility planning, operations, and maintenance—to reduce investment requirements is needed so system development and operations are optimized (EPIC 1996, 78; NEB 1992a). However, just as with a national system, a political consensus is required for decisions on the establishment of an extra-provincial regional authority to arrange such interprovincial substitution of non-renewable energy sources, on the management of such a network, on the location and timing of new generating facilities, on the ownership of the transmission system, on the export of hydroelectricity to the United States, and on the degree of transborder integration, if any, with the United States, if such regional initiatives are to be successful. Three groups of provinces undertook initiatives to develop regional power systems in the 1970s and the early 1980s: Québec, Newfoundland, and other Atlantic provinces considered an eastern grid; New Brunswick, Nova Scotia, Prince Edward Island, and the federal government negotiated a Maritime grid; and British Columbia, Alberta, Saskatchewan, and Manitoba investigated the potential for a western grid.[26] All these initiatives foundered because of the failure to find the necessary consensus.

In the mid-1970s, with petroleum prices escalating, most utilities in Atlantic Canada, isolated from major sources of hydroelectric power, were highly dependent on oil-fired generation. In 1975, the premiers of the four Atlantic provinces agreed with the Premier of Québec to identify energy surpluses, such as surplus hydroelectricity from Québec, in the region as replacements for the least efficient oil-fired generating units in the region. The study by the Committee on Interconnections between Québec and the Atlantic Provinces found there would be economic and technical benefits at little cost to the participating provinces; yet in 1976,

Québec, preferring to sell surplus power to the United States, made no sales of the types suggested to the Maritime provinces.[27] As a result, Newfoundland planned to reopen the problematic Churchill Falls power contract (underpriced for sixty-five years at 2.8 mills per kWh—equal to $.0028 kWh—and exported at up to ten times the purchase price).[28] Therefore, all provinces participating in the Eastern grid initiative decided to take part in the second initiative to develop a national power grid under discussion at the time.

In the proposal for a Maritime grid, another regional grid under consideration from 1976 to 1979, the federal government negotiated with New Brunswick, Nova Scotia, and Prince Edward Island to establish the Maritime Energy Corporation jointly to research, plan, co-ordinate, and own the entire Maritime bulk generation and transmission system.[29] Disagreements arose over financing, federal or provincial control of the Point Lepreau nuclear plant in New Brunswick, the priority of the Fundy tidal project in Nova Scotia, the ownership of transmission lines, the interconnection of the provincial power systems, and federal compensation payments for some loss of provincial autonomy over electricity policy.[30] The election of an anti-nuclear government in Prince Edward Island, the question of proportionate sharing of risks, and New Brunswick's fears that joining a Maritime grid might limit its benefits from its external sales to Québec and the state of Maine, further complicated discussions.[31] The Maritime Energy Corporation was not established.

In 1979, Alberta, Saskatchewan, and Manitoba agreed, after British Columbia withdrew (because it felt interconnection was insufficiently beneficial to the province), to the Western Electric Power Grid study and considered, among other undertakings, the replacement of coal-fired thermal plants with hydroelectricity from the Nelson River in Manitoba.[32] The study projected savings of $150 million from western grid interconnection. These initiatives were postponed in 1982 and failed to be realized for several reasons: the collapse of the Alberta and Saskatchewan "oil boom" of the 1970s into the "oil bust" in the early 1980s reduced commitments of new provincial governments to a common power grid, the employment benefits in constructing generating facilities accruing to Manitoba rather than to Saskatchewan or to Alberta, Manitoba's proposed reclaiming of its generating capacity sooner than initially anticipated, the scepticism of utilities about regional benefits, and Manitoba Hydro's signing of a contract with Northern States Power of Minneapolis for its Limestone power project in 1984. The western grid was not developed.

The federal and provincial governments continued to opt for more exports rather than for greater integration of surplus capacities on a Canada-wide or inter-provincial regional basis. There remains, to this day, in Canada both provincial resistance to federal "centralizing" national plans and an inability among the provinces themselves to decide co-operatively on the kind of extra-provincial authority that, as an alternative, would control either a federal grid or regional power grids involving more than one neighbouring province (not always on equal terms, as in Newfoundland's Churchill Falls contract with Hydro-Québec). At the same time as national coordination of provincial power systems planning failed and interprovincial coordination remained weak, the provinces expanded their power systems to serve industry and to continue exports, thereby strengthening their integration with US regional power grids.

Provincial Power System Expansions

Provincial governments by (supposedly in the public interest) pursuing their own electricity policies took over private utilities, especially at the beginning of the *hydro rush* in the 1960s, to bring together generation, transmission, and distribution and vertically integrated these activities in public utilities, but in the 1990s started to *de-integrate* the provincial electrical power systems. To gain a better insight into these policy reversals (such as that from *integration* to *de-integration*), I will discuss the provincial governments' changing involvement with the provincial electricity supply in several areas of problematic interactions: (1) the initial entrusting to the private sector of establishing power systems based primarily on hydro power, (2) the expectation of easy access to the US electricity market, (3) the restructuring pressures as repercussions from electricity trade reciprocity with the United States, and (4) the resistance by Canadian communities to hydroelectric development and, more specifically, to exports.

Privatization Reversals

Provinces hold Crown rights to the use of water flow in rivers and, therefore, many provide licences that allocate user rights to water powers (rapids, waterfalls) to private or to public investors for the production of electricity. Relying predominantly on hydro rather than fossil fuels for generation, governments *initially* entrusted the private sector with establishing all required stages of the hydro power systems, but *then* governments progressively took over most of the system to integrate the functions of the provincial electricity supply.

In each province with major hydroelectric resources, nationalization (or better provincialization) of hydroelectric dam sites occurred after initial provincial government lease or sale of water powers to the private sector for development did not achieve the provinces' goals. In 1906, the Ontario government took the first steps in providing energy to Ontario's small-town industry from Niagara Falls.[33] Elsewhere, such government interventions to provide service by public hydro commissions in rural areas and to remote industries began in Québec and British Columbia in the 1940s and in other provinces mostly from the 1950s to the 1970s.

In Ontario, the first province to re-appropriate privatized water power, initially two US owners had speculated on the power franchise they held on the Ontario side of Niagara Falls to gain higher profits by monopolizing the water power rights from 1887 to 1901 and, by not constructing hydroelectric plants on the Canadian side of the falls, had delayed small-town Ontario manufacturers' transition from steam to electricity for fourteen years.[34] Although the province had subdivided the power rights, all three private utilities operating at the falls—the Canadian Niagara Power Company, the Ontario Power Company, and the Electrical Development Company (the only Canadian-owned company)—preferred to vertically integrate their plants in Ontario with their US transmission lines to US industrial markets. Southern Ontario manufacturers pressured the government to set up the public Ontario Power Commission (1906) and demanded the rerouting of some of Niagara's power to Berlin (now Kitchener) instead of to Buffalo and the integration of the many separate units (generation, transmission, distribution) to form the public Ontario power system.[35] Likewise, the Québec government sold or leased hydro sites to mostly private Anglophone and US owners from 1887 onwards, but in 1944 and 1963 the province took over major private utilities because they had not sufficiently equalized prices and had failed to provide industrial energy to strengthen economic growth in several regions of Québec.[36] Before Hydro-Québec appropriated and integrated most of the private utilities in 1963, René Lévesque, minister of natural resources at the time, had emphasized the urgency of furnishing low-cost energy to the Abitibi, Gaspé, and Bas-Saint-Laurent regions and stressed that at the time Anglophone utilities employed too few Francophones.[37] During 1953, the Newfoundland government granted all remaining hydro rights, including those of the Churchill River, to the private British Newfoundland Corporation (Brinco) in return for an investment guarantee of a minuscule $1.25 million in each five-year period.[38] Brinco, however, sold Churchill Falls power, not to Newfoundland or to new industries based in Labrador, but to Hydro-Québec as part of a long-term contract, separating most hydroelectricity from application to raw materials in Labrador. In 1974, when Brinco wooed Hydro-Québec to buy power from its next project, Lower Churchill (or Gull Island), the Newfoundland government, to develop the power systems more in the interest of Newfoundland, intervened and bought back all water rights in Labrador from Brinco at a cost of $160 million.[39] British Columbia's initial privatization began in November 1956, when Swedish industrial promoter Axel Wenner-Gren obtained hydro, mineral, and forestry development rights extended over the "watershed of the Peace River and tributaries above Hudson Hope and the watershed of the Kitcheka River and its tributaries" and the partial watershed of the Parsnip River.[40] The subsequent buy-back of hydro power rights was authorized on August 1, 1961, when the BC Legislature approved the Power Development Bill, which included the acquisition of the Wenner-Gren group's Peace River Power Development Company and BC Electric. In the trend towards public ownership, several provinces followed a similar pattern of reversing privatization, as their goals were different from those of private power companies who failed to provide one or more of the integral functions of electricity supply because they found them insufficiently profitable.

In addition, the hydroelectricity-based industrial development goals fell short of policy expectations. In fact, the strategy of pre-building capacity and promoting secondary "industrialization by invitation" failed to achieve both the quantity and quality of industrial development that had been anticipated;[41] therefore, provincial and federal governments approved increasing exports of additional amounts of surplus electricity to the United States. For instance, in Québec, initially, during the Quiet Revolution, Rene Levesque saw hydroelectricity supporting the rise of emergent industrialists within Québec to enable Quebeckers to become "masters in their own house"; then in the 1970s and 1980s, Robert Bourassa, supportive of US electricity policy, saw Québec's becoming the "Kuwait of the North" or "*l'Alberta de l'Est*,"[42] and for the first decade of this millennium, the Lucien Bouchard government envisaged Québec's becoming a "major energy hub of North America."[43] Similar patterns are evident in other provinces. To facilitate exports in the 1970s and 1980s, despite public resistance, the federal cabinet and the National Energy Board legitimated this process by approving more and higher-volume electricity export licences.

As export difficulties remained, electricity became part of the free trade agreements with the United States and Mexico. However, such reciprocity in continental electricity trade had repercussions that brought US electricity policy reforms to Canada. Such neoliberal reforms, spawned earlier in Britain, were to bring competition to generation, to wholesale marketing, and, potentially, to retailing electricity, but it soon also brought US regulations, or "orders" as they are called by the Federal Energy Regulatory Commission (FERC) in Washington, DC, to the opening of Canadian transmission lines to US suppliers. This policy is intended in the United States to open transmission line access to electricity suppliers but is also intended, in effect, to break up private US "for profit" electricity monopolies that are vertically integrated, and so, as a result of the provinces' increasing export dependence, has meant that public Canadian utilities providing "power at cost" (in some provinces, including costs of high-risk nuclear generation) must deal with this regulatory policy. Because of this US policy, and despite the decline in electricity exports to the United States (EPIC 1996, 81, 87; EPIC 1988, 36, 45), Canadian utilities wishing to sell electricity in a changed US electricity market have been required to apply to obtain "power marketing status" from FERC; however, under reciprocity and US policy, which requires administrative separation of transmission from other functions, export-dependent Canadian utilities have been forced to restructure.[44] This functional separation of electricity industry activities, it was hoped,

Table 2. Chronology of De-integration Acts and Policies.

Year	Acts and policies influencing de-integration
1980s	British government applies electricity market reforms. The system of England and Wales is exposed to the full menu of possible reforms: vertical de-integration, horizontal de-integration and competition in generation, competition in supply, re-regulation, and privatization (change in ownership)(Surrey 1996, p. 11).
1989	Canadian electricity provisions included in the Canada-US Free Trade Agreement (FTA) and become effective 1 January 1989.
1990	FTA results in amendment of Canadian NEB Act to reduce electricity export regulations, such as export "permits, which **will not require a public hearing** or Governor in Council approval; blanket permits, granted for a duration of up to sixteen years, allow utilities, such as Hydro-Québec and BC Hydro, to sign their own short-term (three to five year) contracts with US customers without prior approval by the NEB (*EPIC 1996*, p. 27; Priddle 1989, p. 5; NEB 1994a, p. 19).
1992	US Congress passes the Energy Policy Act to provide The Federal Energy Regulatory Commission (FERC) with the "power to order transmission-owning utilities to provide access and wheeling to others" (NEB 1994a, pp. 17–18).
1995	Electricity provisions included in North American Free Trade Agreement (NAFTA) become effective 1 January 1995.
1996	Natural Resources Canada and the Canadian Electricity Association report that Canada's NEB "has no jurisdiction over imports of electricity" nor over the wheeling (transport for a fee) of electricity between provinces, that is "when power from one province simply enters the grid of another province, there is no federal regulation" (*EPIC 1996*, pp. 26–7).

1996–7	FERC issues "rules that prohibits owners and operators of monopoly transmission facilities from denying transmission access, or offering only inferior access, to other power suppliers in order to favor the monopolists' access." As a first step "not corporate divestiture" (privatization), but strict administrative separation (unbundling) "of wholesale generation and transmission services is necessary to implement non-discriminatory open access transmission," so wholesale customers can shop for competitively-priced power. US FERC Order No. 888-A (issued 24 April 1996 and 3 March 1997), pp. 1, 3, 5, 31.
1996–99	Provincial governments' amendments to their electric utility acts coincide with US FERC's transmission and de-integration policy. Provincial utilities (who usually are or have become members of US regional transmission groups), (1) apply for and receive power marketing status in the US from FERC, (2) de-integrate generation, transmission and distribution functions, (3) and announce their open transmission system policies.

would allow private electricity producers to generate electricity, possibly to supply the most lucrative markets, and potentially to undermine public generation. In other words, provinces have succumbed, in part, to US pressures to *de-integrate* the various stages of electricity supply, because US energy policy requires that provincial utilities exporting to the United States must break up their vertically integrated corporate structures, and that transmission and marketing of electricity should be exposed to competitive market pressures.[45]

To retain and enhance access to the US electricity market in the 1980s and 1990s, Canada has included electricity in the provisions of the free trade agreements and has restructured major utilities and re-regulated the transmission system in keeping with the demands of these agreements and with US regulatory requirements (Table 2).

Provincial Continentalism

Provincial continentalism is a political term to describe those who advocate closer integration of the Canadian and US economies through free trade, energy-sharing, and other such policies. In recent decades, advocates of a closer integration of the US and Canadian economies have won out over those who preferred a more national approach to Canada's economy and a multilateral approach to Canada's trading relations. In the 1980s, the Mulroney Progressive Conservative government adopted the "free market" orientations of Britain and the United States, which culminated in the Canada-US Free Trade Agreement (FTA) and within a few years the North American Free Trade Agreement (NAFTA), which includes Mexico.[46] Electricity was included in the provisions of these free trade agreements. Soon after signing the FTA, Canada's National Energy Board (NEB) *deregulated* export licensing in Canada; however, the US Federal Energy Regulatory Commission (FERC) increasingly *regulated* not only the US electricity industry but also Canadian vendors selling electricity in the United States, and it influenced provincial regulation over transmission services offered in Canada.

How did this come about? Because Canada's National Energy Board has no jurisdiction over electricity imports from the United States or over the wheeling of electricity through provincial transmission lines,[47] and so in this area, provincial utilities are increasingly subject to US wheeling and US *de-integration* policy. Although Canada's NEB "advises the federal government on the development and use of energy resources," certifies international and interprovincial power lines, and provides permits and licences for export, the board regulates neither imports from the United States ("has no jurisdiction over imports of electricity") nor the wheeling (transport for a fee) of electricity between provinces; that is, "when power from one province simply enters the grid of another province, there is no federal regulation."[48] To reduce export regulations, the National Energy Board Act, as amended in 1990, "will not require a public hearing or Governor in Council [federal cabinet] approval" but will grant long-term blanket permits that allow utilities to reduce the number of export applications reviewed by the NEB. Such blanket permits, granted for a duration of up to sixteen years, have allowed utilities, such as Hydro-Québec and BC Hydro, to sign their own short-term

Table 3. De-integration Chronology of Provincial Power Systems and Utilities.

Year	De-integration of generation, transmission, and distribution in the electrical power systems of several provinces
1996–7	"On January 1, 1996, the Electric Utilities Act came into effect in Alberta." It proposes a new market-oriented structure; "under the new structure, the functions of generation, transmission and distribution will be treated separately for accounting, regulatory and functional purposes." Transmission and distribution systems remain monopolies regulated by the Alberta Energy and Utilities Board (*EPIC 1996*, p. 31).
1996–7	BC Hydro, in keeping with the de-integration policy, establishes BC Power Supply, and BC Hydro Transmission and Distribution as distinct and separately accountable business units. In 1996, BC Hydro opens access to its transmission system to Alberta and to states in the US (*EPIC 1996*, p. 31). Until agreement is reached in September 1997, BC Hydro's chair, Brian Smith, makes concessions to meet FERC requirement on weekly visits to FERC until BC's open transmission services and tariffs equal those south of the border. Powerex, BC Hydro's power marketing arm obtains an NEB permit valid until 2008, and permit exports from all points across the country (CEA 1999, p. 10).
1996–7	In 1996, Manitoba Hydro joins the Mid-Continent Area Power Pool; the same year, Manitoba Hydro announces the formation of "disctinctly accountable business units: Power Supply, Transmission and Distribution, and Customer Service." The Manitoba Hydro Act, 1997, (1) accommodates US regulatory requirements for allowing power suppliers access to wholesale electricity customers on the interconnected Manitoba and mid-continental grid; (2) increases the authority of Manitoba Hydro to conduct more business activities in the US electricity market; and (3) permits the building of future hydro plants solely for exporting electricity to the US (Manitoba Hydro 1997).

1996–7	In 1996, the Québec government unveils "Energy at the Service of Québec," its new energy policy, stating that the "Act respecting the Régie de l'énergie" (December 1996) will regulate generation, transmission, and distribution of electricity," in particular its division TransÉnergie "broadens access by its customers to transmission systems peripheral to Québec." 1 May 1997, Hydro-Québec opens "the wholesale market and the electricity transmission system to third parties". Hydro-Québec's subsidiary, Hydro-Québec Energy Services (US) applies to FERC in Washington to sell in the US and since November 1997 "has been licensed to sell electricity at market based prices in the United States" (Hydro-Québec 1997, p. 1).
1998–9	The Ontario government proclaims the Ontario Energy Competition Act (Bill 35) in October 1998 which proposes that on 1 April 1999 Ontario Hydro be broken up into a generating company (Ontario Power Generating, OPG), a transmission and distribution services company (Ontario Hydro Services Company, OHSC), and a transmission network operating unit. Ontario Hydro plans to reduce the provincial market share of OPG (which owns all of Ontario Hydro's 78 generating stations with 30,000+ MW) from 85 percent to 35 percent by the year 2010, while placing no limits on exports over upgraded OHSC-owned transmission lines to markets outside the province and to the $300 billion per year US market. On 1 January 1998 the Toronto Hydro Electric Commission is formed as a "partner" in Ontario's competitive marketplace (CEA 1999, p. 26).

(three- to five-year) contracts with US customers without prior approval by the NEB.[49] As a result, provinces deal more directly, and under less Canadian regulation, with US customers and, in the absence of federal electricity transport and restructuring policy, provincial utilities are increasingly subject to US wheeling and *de-integration* policy (see Table 3).

Resistance

With sovereignty over electricity policy fragmented between the federal and provincial governments—under conditions of increasing electricity trade reciprocity with the United States, with Washington increasing its influence over transmission policy in Canada—and the National Energy Board hearings eliminated for export permits to ease "free trade" in electricity the 1990s, the sites of resistance to building hydroelectric projects for export and continental electricity trade now include locations not only inside but frequently outside Canada. Resistance to Canadian electricity policy in locations outside the country is part of the internationalization of resistance as Canadian federal sovereignty over electricity policy is weakened.

Until the late 1980s, when federal public hearings were held in cities across the country before electricity was licensed for export, the continuing transfers of electricity to the United States faced public resistance by First Nations Peoples, who are most affected through flooding of large areas of land by large hydroelectric developments. Such resistance by First Nations Peoples, as well as by environmentalists and others, took place to avoid or mitigate extensive environmental impacts from dam projects, which "include the effect on the local climate, vegetation, fish and wild life caused by the creation or expansion of a reservoir and the construction of a dam and generating station. Water levels and flows are affected above and below the dam, as are the nutrient content and temperatures of water bodies."[50] Along with environmentalists, others, including representatives of political parties, fishermen, neighbouring provinces who wished to obtain some of the electricity destined for export, those affected by transmission lines, and other concerned groups expressed their concern about building additional capacities for export.

In protests near the proposed mega-project sites, in provincial courts, at provincial public hearings, and at hearings by FERC in Washington when Canadian utilities presented their case to attain power marketing status in the United States, First Nations representatives, environmental groups, some labour unions, and other groups have made known their resistance to hydro developments. The northern locations of the large hydroelectric projects are in the homes of First Nations, who resist, in part, because they bear most of the environmental impact of hydro projects built for electricity export. Therefore, they have challenged such developments in the provincial courts, made their case until the late 1980s at public hearings of the NEB, while it was still located in Ottawa (it is now located in Calgary) and held hearings across the country, and in the 1990s, they have challenged export policy at FERC hearings in Washington, DC. For instance, in November 1997 Grand Chief Matthew Coon Come objected to selling power in the uncertain short-term US Northeast electricity market, saying, "We did not sign the James Bay and Northern Quebec Agreement so they could export Great Whale River electricity to the United States and play on the energy spot market."[51] The Innu Nation in Labrador protested at the power site itself in March 1998 against Premier Bouchard's and Premier Tobin's exclusion of them from their considerations about building the $12 billion Lower Churchill Falls project.

Conclusion

Unlike in other countries (e.g., France) where the federal government has the primary influence over electricity policy, in Canada over the last hundred years most aspects of decision-making of the hydroelectric infrastructure has come primarily under provincial and secondarily under federal government influence.[52] Federal government influence extends only to a weakened interprovincial and international trade policy in electricity. This is in contrast to the early 1960s, when in order to plan the national power network, the federal government invited and held federal–provincial meetings with all premiers (except Québec's) and the electricity elite (including utility executives, energy ministry officials, and experts from across the country), and provincial utilities provided electricity network information to engineering consultants, who carefully researched the benefits of planning and building a nationwide electricity supply and compared it to each province's developing its own system. However, despite considerable cooperative efforts in planning, policy formulation, analysis of existing power systems, federal government subsidies for regional studies, and negotiations, both national and regional initiates to integrate provincial power systems in Canada through extra-provincial authority failed politically. Provincial utilities, as Québec and other provinces have done, have come to trade electricity across provincial-US state boundaries (at times at the expense of a neighbouring province) by simply treating their neighbouring province similar to US states as potentially profitable external markets.

The new Canadian political economy approach provides significant insights into understanding the national, regional, and provincial nature of Canadian infrastructure development. What this approach makes evident is that the social, political, and economic legacy of Canada has left its imprint on Canadian national development. The tensions over federal policy initiatives with Québec and other provinces, the Constitutional authority over resource development held by the provinces, the legacy of uneven industrial development, and trade relations with the powerful US neighbour are reflected in Canada's history of electricity policy.[53] In Canada, attempts to initiate large-scale electricity network integration on a national, or even regional, scale failed because such electricity policy formulations in Canada have a history of tensions between federal and provincial governments and between neighbouring provinces (e.g., the Labrador transmission dispute).

The federal and provincial policies of encouraging *larger* generating plants for *longer* exports, however, did not mean that access to US electricity markets was assured. In fact, access difficulties to markets in California, New York, and other US states; the protectionism of US coal interests involved in electricity production; and the cancellation of Québec-US utility contracts contributed to provincial support for the free trade agreements. With free trade, what had started with electricity exports to US utilities became re-conceptualized as electricity trade reciprocity in transborder regional power networks. After the FTA was signed, US electricity market reforms made the US market more suitable for *smaller* generating plants and *shorter* exports—the opposite of what provincial governments had planned for and Québec and Newfoundland are still planning for in the Lower Churchill project. In the 1990s, free trade, reciprocity in electricity trade, and the export agenda resulted in closer integration of the US and Canadian electricity networks. This continentalism, dominated by the US economy, would be consistent with reduced involvement by Ottawa. However, subsequent to the Ontario electricity blackout in 2003, which originated in the US and

Quebec's desire in 2006 to meet Kyoto requirements, the recent history of attempting to integrate electricity systems inter-provincially remains highly relevant.

Notes

1. Although the focus is on (de-)integration, all tables and research findings differ; a more extensive version of the ideas in this article can be found in the book by K. Froschauer (1999), *White Gold: Hydroelectric Power in Canada* (Vancouver: UBC Press).

2. This concept is defined by the Energy Resources Branch of National Resources Canada and the Electricity Association of Canada: "The electric power system in Canada consists of three interrelated functions: the generating system which produces power, the transmission network which conducts the flow of power from the point of generation to the point of distribution, and the distribution system which delivers the power to consumers. In most provinces, all three of these interrelated functions are provided by one or a few major electric utilities" (EPIC 1996, 89). As this article argues, major utilities are being *de-integrated*; therefore these interrelated functions are incorporated into different business units or successor companies whereby the structure and mode of operation of utilities has drastically changed. Each unit is to operate according to the profit mode, with the transmission system operating like a regulated network of roads allowing the reciprocal wheeling of electricity by different sellers of this energy commodity.

3. Cass-Beggs 1960; Dinsdale 1961; Ingledow 1966 and 1967; Macdonald 1974; NEB 1992a, 2.1–3.40.

4. Duquette 1995, 409.

5. Brodie 1997, 240.

6. Dales 1957.

7. Offe 1975.

8. Dales 1957, 182.

9. Bourassa 1973, 1981, 1985b.

10. EPIC 1996, 17, 67–68.

11. Bell 1961; Bourassa 1981, 84–85.

12. EPIC 1996, 26–27; Priddle 1989.

13. Hughes 1974; Ingledow 1966 and 1967; EPIC 1996, 89.

14. Cass-Beggs 1960.

15. Brodie 1997, 254.
16. Cass-Beggs 1960; Dinsdale 1961.
17. House of Commons, 8 October 1963.
18. Canada, Cabinet Conclusion, 24 September 1963.
19. House of Commons, 8 October 1963.
20. Canada, Cabinet Conclusions, 22 August 1964.
21. Canada, Cabinet, 9 March 1962.
22. Premiers' Conference 1962; Canada, Cabinet, 9 March 1962; Bourassa 1981, 1985.
23. Canada, Cabinet Conclusions 16 February 1962; *Le Devoir* 5 May 1965.
24. NEB 1992a, 2.5.
25. NEB 1992a, 2.8.
26. NEB 1992a, 3.1–3.24.
27. NEB 1992, 3.6–3.12.
28. Hydro-Québec, Power Contract 12 May 1969, 16; *Vancouver Sun*, 10 March 1998.
29. NEB 1992a, 3.12–3.24.
30. NEB 1992a, 3.19.
31. NEB 1992a.
32. NEB 1992a, 3.1–3.3.
33. Froschauer 2005.
34. Froschauer 2005.
35. Froschauer 2005.
36. Bolduc 1979, 265.
37. Bolduc 1979, 268–269.
38. Brinco 1972, 1.
39. Smith 1975, 376.
40. Wenner-Gren 1957.
41. Dales 1957; Naylor 1975, vol. 2, 276.
42. Bourassa 1981, 8.
43. Hydro-Québec 1997, 2.
44. BCUC 1996, 2.
45. US, FERC 1997, 3–5.
46. Watkins 1997.
47. EPIC 1996, 26–27.
48. EPIC 1996, 26–27.
49. Canada, NEB 1994a, 19; EPIC 1996, 26–27.
50. EPIC 1996, 33.
51. Coon Come 1997.

52.   Thomas 1996, 255.

53.   It appears that in common market policies under free trade, the US tends to pursue a nineteenth century axis politics—where other countries are expected to rotate about the axis of the most powerful—rather than attempting multilateral equality (including rotating presidencies and democratic legitimation) for the twenty-first century which European countries in their common market attempt in their international relations. *Der Spiegel* 1999, No. 30, p. 148.

Bibliography

BCUC, see British Columbia.

Bolduc, A., C. Hogue and D. Larouche. (1979). *Québec, un siècle d'électricité*, Montréal : Libre Expression.

Bourassa, R. (1973). *James Bay*. Montreal: Harvest House.

Bourassa, R. (1981). *Deux fois La Baie James*. Ottawa: Les Editions de la Presse.

Bourassa, R. (1985a). *Le Défi technologique*. Montréal: Québec/Amérique.

Bourassa, R. (1985b). *Power from the North*. Scarborough: Prentice-Hall.

"Brinco in Newfoundland: A Summary." (1972). Confidential memorandum by Brinco, c. 1972. Ottawa: National Archives, CFLCo. Document location: MG 28 III 73, vol. 1, file 7.

British Columbia Utilities Commission (BCUC). (1996). "Introduction." In "In the Matter of BC Hydro and Power Authority: Wholesale Transmission Service Application, Decision, 25 June." Vancouver: BCUC.

Brodie, J. (1997). "The New Political Economy of Regions." In *Understanding Canada: Building on the New Canadian Political Economy*, ed. Wallace Clement. Montreal: McGill-Queen's University Press.

Canada, Cabinet Conclusions, 16 February 1962, 9 March 1962, 24 September 1963, 22 August 1964. Ottawa: National Archives of Canada.

Canada, Electrical Energy Branch. *Electric power in Canada*, 1988. Ottawa: Energy, Mines and Resources Canada, Energy Sector, Electrical Energy Branch 1988, pp. 36, 45.

Canada, Energy, Mines, and Resources (EMR). (1988). *The Canada-U.S. Free Trade Agreement and Energy: An Assessment*, c. 1988.

Canada, National Energy Board (NEB) (1992a). *Inter-Utility Trade Review: Inter-Utility Cooperation*. Ottawa: Minister of Public Works and Government Services.

Canada, Natural Resources Canada (NRC) and the Canadian Electricity Association (CEA), 1997, *Electric Power in Canada*, 1996. Ottawa: Minister of Public Works and Government Services Canada, pp. 81, 87.

Canada, NEB. (1992b). *Inter-Utility Trade Review: Transmission Access and Wheeling.* Ottawa: Minister of Public Works and Government Services.

Canada, NEB. (1994a). *Review of Inter-Utility Trade in Electricity*, January. Ottawa: Minister of Public Works and Government Services.

Canada, NEB (1994b). *Inter-Utility Trade in Electricity: Analyses of Submissions*, April. Ottawa: Minister of Public Works and Government Services Canada.

Canada, NEB. (1984). *Reasons for Decision: In the Matter of an Application under the National Energy Board Act of Hydro-Québec*, January. Appendices: VI and VII.

Canada, NEB. (1976). *Report to the Governor in Council: In the Matter of an Application under the National Energy Board Act of Quebec Hydro-Electric Commission*, September. Appendix 5.

Cass-Beggs, D. (1960). "Economic Feasibility of Trans-Canada Electrical Interconnection." Paper presented at the Canadian Electrical Association, Western Zone Meeting, Edmonton, Alberta, 21–23 March 1960. New Westminster: BC Hydro Information Centre, Retrieval System No. AK. 138.

Canadian Electricity Association (CEA) (1999). *Connections: 1999 Electricity Industry Review.* Montreal: Canadian Electricity Association.

CEA, see Canadian Electricity Association (1999).

Chesshire, J. (1996). "UK Electricity Supply under Public Ownership." In *The British Electricity Experiment: Privatization: The Record, the Issues, the Lessons*, ed. J. Surrey. London: Earthscan.

Clement, W., and G. Williams. (1997). "Resources and Manufacturing in Canada's Political Economy." In *Understanding Canada: Building on the New Canadian Political Economy.* Montreal: McGill-Queen's University Press.

Coon Come M. (1997). Grand Chief of the Cree. "Decision on Hydro Quebec Puts Quebec Energy Supply at Risk." Press Release by *Canada News Wire*, Montreal, November 13.

Dales, J. (1957). *Hydro-Electricity and Industrial Development: Québec 1898–1940.* Cambridge: Harvard University Press.

Diefenbaker J. (1962). Notes from the opening remarks by the Rt. Honourable John G. Diefenbaker, Prime Minister, at the Federal-Provincial Conference on Long-Distance Transmission, Ottawa, 19 March 1962,

7. Cited by Canada, National Energy Board, *Inter-Utility Trade Review: Inter-Utility Cooperation*. Calgary: National Energy Board, 1992, 2–3.

Dinsdale W. (1961). Walter Dinsdale, Minister, Department of Northern Affairs and National Resources, "Memorandum to the Cabinet: Long-Distance Power Transmission," Ottawa, December 6. Confidential Cabinet Document No. 454/61. Source in Ottawa: National Archives of Canada, RG2, B2, vol. 6180, File 454–461.

Duquette, M. (1995). "Conflicting Trends in Canadian Federalism: The Case of Energy Policy." In *New Trends in Canadian Federalism*. François Rocher and Miriam Smith, eds. Peterborough: Broadview Press, 391–413.

EPIC 1996 (Electric Power in Canada, 1996), see Canada, Natural Resources Canada (1997); reports for years 1994 to 1996 are available from the same government printer.

Froschauer, K. (1999). *White Gold: Hydroelectric Power in Canada*. Vancouver: UBC Press.

Froschauer, K. (2005). "Ontario's Niagara Falls, 1887–1929: Reversing the Privatization of Hydro." *Journal of Canadian Studies* 39:3 (autumn 2005), 60–84.

Hughes, T. (1974). "Technology as a Force for Change in History: The Effort to Form a Unified Electric Power System in Weimar Germany." In *Industrielles System und Politische Entwicklung in der Weimar Republik*. Düsseldorf: Droste Verlag.

Hydro-Québec. (1969). "Power Contract between Québec Hydro-Electric Commission and Churchill Falls (Labrador) Corporation Limited, May 12, 1969."

Hydro-Québec. (1997). *Strategic Plan 1998–2002*. Montreal: Hydro-Québec, October.

Ingledow, T., and Associates. (1966). "National Power Network Stage II Assessment, Interim Report." Prepared for the Confidential Use of the Federal–Provincial Working Committee on Long Distance Transmission, Vancouver: T. Ingledow and Associates, Interim Report, March 1966. Vancouver: BC Hydro Library.

Ingledow, T., and Associates. (1967). "National Power Network Stage II Assessment." Prepared for the Confidential Use of the Federal–Provincial Working Committee on Long Distance Transmission, Vancouver: T. Ingledow and Associates, Volume I, February 1967. Ottawa: National Energy Board Library.

Macdonald, D. S. (1974). Minister of Energy Mines and Resources. "Notes for Statement of Other Elements of Energy Policy." First Ministers' Conference on Energy, January 22–23. Ottawa: Document No. FP-3133.

Macdonald, L. (1997). "Going Global: The Politics of Canada's Foreign Economic Relations." In *Understanding Canada: Building on the New Political Economy*, ed. Wallace Clement. Montreal: McGill-Queen's University Press.

Manitoba Hydro. (1997). "Changes to the Manitoba Hydro Act," Summary of Amendments (Bill 55) Winnipeg: Manitoba Hydro.

Manitoba Hydro. (1979). *Commission of Inquiry into Manitoba Hydro: Final Report, December, 1979.* G. E. Tritschler, Commissioner. Winnipeg: Government of Manitoba.

Naylor, R. T. (1975). *The History of Canadian Business, 1867–1914*, vol. 2. *Industrial Development.* Toronto: James Lorimer.

NEB, see Canada, National Energy Board.

Nelles, H.V. (1974). *The Politics of Development: Forests Mines and Hydro-Electric Power in Ontario, 1849–1941.* Toronto: Macmillan, 1974.

Offe, C. (1975). "The Theory of the Capitalist State and the Problem of Policy Formation," *Stress and Contradiction in Modern Capitalism: Public Policy and the Theory of the State*, ed. Leon Lindberg, et al. Lexington: Heath.

Premiers' Conference. (1962). "Third Provincial Premiers' Conference," Victoria, BC, August 6–7. Victoria: Legislative Library, 10 March 1983, CAN ZC, August 6, 161–168.

Priddle, R. (1989). Chairman, National Energy Board. "Regulation of Canadian Energy Exports in the Free Trade Era." Notes from a speech presented to the Twenty-first Annual Conference of the Institute of Public Utilities, Michigan State University, "Emerging Markets and Regulatory Reform: An Agenda for the 1990s." Williamsburg, Virginia, December 11. Calgary: National Energy Board, Library.

Smith B. (1998). Interview with Rick Cluff, host of *Early Edition*, CBC Radio One, Vancouver, March 25.

Smith, P. (1975). *Brinco: The Story of Churchill Falls.* Toronto: McClelland and Stewart.

Spiegel. (1999). "Mit eigenem Stil," *Der Spiegel* 30, 148–149.

Surrey, J., ed. (1996). *The British Electricity Experiment: Privatization: The Record, the Issues, the Lessons.* London: Earthscan.

Thomas, S. (1996). "Strategic Government and Corporate Issues." In *The British Electricity Experiment: Privatization: The Record, the Issues, the Lessons*, ed. J. Surrey. London: Earthscan.

United States, Department of Energy, Bonneville Power Administration. (no date, c. 1986). "Selling South: BPA Seeks Ways of Marketing Surplus Power to the Pacific Southwest," *Issue Alert*. Vancouver: BC Utilities Commission, file 14.

United States, Department of Energy, Bonneville Power Administration. (1985). "Near Term Intertie Access Policy." June 1. Vancouver: BC Utilities Commission, exhibit 21, hearing 4, entered by BC Hydro on 9 January 1986.

United States, Federal Energy Regulatory Commission (FERC). (1997). "Promoting Wholesale Competition though Open Access: Non-discriminatory Transmission Service by Public Utilities." Docket no. RM95-8-001. Washington, DC: Federal Energy Regulatory Commission, Order No. 888-A, issued March 3.

Watkins, M. (1997). "Canadian Capitalism in Transition." In *Understanding Canada: Building on the New Canadian Political Economy*, ed. Wallace Clement. Montreal: McGill-Queen's University Press.

Wenner-Gren, A. (1957). "Text of Wenner-Gren Memorandum of Intent." *Western Business and Industry* 31 (March), 71–72.

L'électricité, enjeu de guerre

Samir Saul

Source de lumière et de puissance, l'électricité a contribué à réorganiser la société. Elle a concentré en quelques lieux névralgiques les sources d'une énergie dont pratiquement aucun secteur de la société ne peut se dispenser. Du coup, l'arrêt ou la mise hors service de ces lieux peut immobiliser simultanément de nombreuses activités et avoir des conséquences sérieuses pour une collectivité. L'électricité est aussi source de faiblesse.

Le recours à l'électricité comme forme nouvelle d'énergie précède de peu l'avènement de l'avion, forme nouvelle de déplacement. Aussitôt inventé, l'engin volant attire l'attention des militaires. Le bombardement stratégique fait se rencontrer l'avion et l'électricité. Les centrales électriques constituant des ressources vitales des sociétés contemporaines, l'intérêt d'en priver l'adversaire n'échappe pas aux parties en présence. L'avion et la notion de bombardement stratégique font de l'électricité un enjeu de guerre. L'intégration de l'électricité dans la guerre passe par la formulation et la maturation du concept de bombardement stratégique à travers les méandres de la pensée et des guerres du xxᵉ siècle.

La présente étude suivra cette évolution depuis la fin de la Première Guerre mondiale. La population de non-combattants est invariablement une cible directe ou indirecte de la partie qui dispose des instruments aériens de longue portée. Depuis 1945, les guerres sont limitées et le bombardement stratégique comporte presque automatiquement celui des centrales électriques. Éclairage, conservation des aliments, assainissement des eaux et système de santé concernent au plus haut point les non-combattants. Contrairement à ce qu'avance le discours officiel, les civils sont les cibles premières de la nouvelle stratégie fondée sur la guerre aérienne de haute technologie et les centrales électriques le biais pour les atteindre. Le bombardement des installations électriques est devenu le moyen privilégié de porter les conflits aux non-combattants. L'analyse qui suit situe le ciblage des centrales électriques dans le cadre du bombardement aérien en général.

La conception de la guerre aérienne

Giulio Douhet (1869-1930), un officier de l'armée italienne, est devenu le théoricien de l'usage de l'avion à des fins militaires. Il est à l'origine de la doctrine du bombardement aérien dont découle le ciblage de l'électricité. Sa pensée est pénétrée de l'expérience de la Grande Guerre. Dans cette guerre totale, l'ensemble des populations et des ressources des belligérants ont été mises à contribution. Les civils ont été aussi touchés que les militaires. Au sortir du conflit, la recherche d'autres moyens s'imposait. L'avion arrive à point nommé autant pour soulager les armées de terre que pour faire subir la guerre plus directement aux civils.

Douhet mène une véritable croisade pour le développement de l'arme aérienne. Son ouvrage principal, *La maîtrise de l'air*, est publié en 1921. L'arrivée au pouvoir de Mussolini lui vaut un appui officiel. Sa doctrine tient à la conviction d'avoir trouvé la solution au dilemme militaire posé par la guerre de 1914. La multiplication de la puissance de feu et la mécanisation avaient donné l'avantage à la défensive, conduisant à l'impasse et à l'embourbement dans les tranchées. Des offensives aussi coûteuses qu'indécises dilapidaient les ressources humaines et matérielles de l'assaillant[1]. L'avion ouvre la perspective du succès pour l'offensive par la concentration dans le temps et le contournement de la difficulté que constitue le barrage devenu quasi infranchissable de l'armée ennemie. Briser les lignes ennemies n'est plus nécessaire. Il suffit de les survoler pour frapper le cœur du pays ennemi. L'avion permet d'atteindre directement les arrières des forces opposées. En détruisant les ressources qui les alimentent, il les prive des moyens de poursuivre le combat.

Consacré par Carl von Clausewitz, l'axiome séculaire de la guerre est que le centre de gravité de l'ennemi est constitué de ses forces militaires, et que remporter la victoire passe par leur destruction. Pour Douhet, l'avènement de l'avion aurait rendu obsolète ce raisonnement. L'*ultima ratio* de la guerre ne serait pas de battre les forces armées ennemies, mais d'imposer ses volontés à la nation adverse. Mieux vaut passer outre les combats terrestres et foncer directement vers l'objectif stratégique. De là à conclure que la société ennemie doit être la cible première, les troupes ennemies n'étant plus qu'une cible secondaire ou un obstacle à tourner en vue d'atteindre les civils, il n'y a qu'un pas. Non seulement Douhet le franchit, mais il en fait la clé de voûte de sa doctrine.

Au lieu de gaspiller des ressources par l'emploi tactique de l'avion en appui à l'armée de terre, Douhet plaide pour l'attaque stratégique contre des cibles à l'arrière du front et plus vulnérables – infrastructures nationales, industries, moyens de transport et civils. Autrefois,

> les coups étaient pris par des institutions telles l'armée et la marine, bien organisées et disciplinées, aptes à résister matériellement et moralement, et capables d'agir et de réagir. En revanche, l'arme aérienne frappera des entités moins bien organisées ou disciplinées, moins aptes à résister, et incapables d'agir ou de réagir. Il s'ensuit que l'effondrement moral et matériel surviendra plus rapidement et plus facilement[2].

Toutes les armes sont permises. « Les explosifs démoliront la cible, les bombes incendiaires y mettront le feu, et les bombes à gaz toxiques empêcheront les pompiers de maîtriser les flammes[3]. » Choquante, la proposition est proposée comme une solution de rechange à la saignée qui s'est étendue sur une période de quatre ans pendant la Première Guerre mondiale. La méthode la plus facile, la plus rapide et la plus économique de briser la résistance est de l'attaquer à son point le plus faible[4].

Par conséquent, l'aviation doit devenir l'arme de choix, celle à laquelle sont consacrées toutes les ressources possibles. L'armée de terre et la marine, réduites à la portion congrue, seraient confinées à un rôle défensif. La stratégie de Douhet se résume à l'idée de « résister à la surface afin de masser ses forces dans les airs[5]. » N'affrontant aucun obstacle naturel et, inversement, ne pouvant se mettre à l'abri en plein ciel, l'avion est une arme foncièrement offensive et stratégique, à laquelle échoit la responsabilité de remporter la victoire en provoquant le maximum de dégâts en un minimum de temps.

Le rôle de l'armée de l'air est de conquérir immédiatement la maîtrise du ciel et d'empêcher l'adversaire de voler afin de disposer de la liberté d'attaquer le territoire ennemi. La supériorité aérienne est la clé de la victoire; sa perte, la certitude de la défaite. Mieux vaut tout miser sur des bombardiers lourds, aptes à pénétrer massivement et profondément chez l'ennemi. Douhet insiste sur la concentration de toutes les ressources aéronautiques en une masse unique consacrée à l'offensive. La défensive étant futile, il faut se résigner aux attaques ennemies, impossibles à prévenir, et se concentrer sur le bombardement en territoire ennemi en vue de mettre fin à la résistance et conclure au plus vite la guerre. La seule véritable défense depuis l'avènement de l'avion est l'attaque et la victoire rapide[6]. La victoire ira à la partie qui brisera la résistance de l'autre avant que la sienne ne cède.

Le bombardement stratégique et l'émergence de l'électricité comme cible

Pour ses partisans, le but du bombardement stratégique consiste à détruire, au moyen de bombardiers lourds et par l'offensive au cœur du pays ennemi, ses moyens et/ou sa volonté de résister. Douhet est l'avocat le plus tranché de l'orientation prioritairement anti-civils et anti-cités de la guerre aérienne. Conçu comme distinct de l'emploi tactique (de « théâtre »), le bombardement stratégique est réalisé en profondeur. Il peut avoir deux aspects. Ciblant la population civile qu'il s'agit expressément d'épouvanter en vue de briser son moral, il a un caractère terroriste prononcé. Ce serait une entreprise de dévastation, avec comme objectif premier de détruire, de faire des victimes et de démoraliser. Des civils sont bombardés par la voie aérienne en Irak en 1920, au Maroc en 1925 durant La guerre du Rif, en Abyssinie en 1935-1936, en Chine en 1937-1939 (les grandes villes) et à Guernica, au Pays Basque, le 26 avril 1937. Hitler menace le président tchèque de faire raser Prague par la Luftwaffe s'il ne cède pas à ses exigences. Le bombardement stratégique peut être conçu comme sélectif et, indirectement, avoir une certaine finalité militaire, soit en détruisant la capacité industrielle et les infrastructures (*precision bombing*), soit en démoralisant les travailleurs des industries en les forçant à s'absenter ou à fuir.

Rares sont les partisans du bombardement stratégique qui mettent de l'avant franchement et sans détour sa variante anti-population[7]. Celle-ci est alors adoucie par l'expression pudique de bombardement « géographique » (*area bombing*). Soucieux d'éviter l'opprobre que peut susciter un carnage de non-combattants, les dirigeants font grand cas de leur volonté de ne pas les toucher. La plupart insistent sur le fait que seuls sont visés les objectifs militaires, ou réputés tels, les moyens de résistance et les industries de guerre ou celles pouvant servir à des fins militaires, ce qui laisse beaucoup de latitude. En réalité, quel que soit l'objectif ostensible ou l'intention, le bombardement stratégique ne peut que faire des victimes civiles, si bien que la distinction entre le bombardement « géographique » et le bombardement « de précision » tient souvent de l'auto-illusion et/ou de l'opération de relations publiques.

Durant l'entre-deux-guerres, nombre de stratèges sont sous l'influence de l'analyse voulant que la capitulation de l'Allemagne en 1918 ait été due à la démoralisation de sa population civile plutôt qu'à l'effondrement militaire. Le corollaire est l'intérêt qui s'attache à la désarticulation par le bombardement stratégique de la société civile de l'adversaire, moins ardue et plus prompte que la défaite de ses forces armées. Le bombardement stratégique apparaît comme le moyen de remporter une victoire bon marché. Encore fallait-il découvrir les points névralgiques de l'économie du pays ennemi afin d'administrer les coups qui entraîneraient une paralysie rapide, l'accablement moral et la reddition[8]. Le domaine du renseignement s'élargit de l'étude des forces armées de l'adversaire à son système économique et à la structure de sa société, devenus les véritables champs de bataille. Au cours des années 1930, l'Air Corps Tactical School (ACTS) américaine s'engage dans la recherche des mailles clés du tissu de l'économie allemande, les points nodaux dont la rupture entraînerait des arrêts critiques à la cohérence de l'ensemble.

En 1933, les installations électriques sont identifiées parmi les cibles de choix[9]. Elles ne sont pas prioritairement militaires. Les forces armées ont déjà des sources de rechange, indépendantes des réseaux nationaux. Si le tort fait à la production pourrait avoir un impact militaire ultérieurement et indirectement, l'effet immédiat et direct est ressenti par la population non combattante. Force motrice de l'industrie et des transports ferroviaires, l'électricité est indispensable à la production. Nécessaire, entre autres, à l'éclairage, au pompage et à l'assainissement de l'eau, aux hôpitaux (réfrigération des médicaments, stérilisation des instruments, appareils de dialyse et de chirurgie, etc.) ainsi qu'à la conservation et à la préparation des aliments, elle a pris une telle place que son absence peut bouleverser la vie quotidienne des civils et les soumettre à des privations. L'ACTS en est bien consciente[10]. L'arrêt de cette source d'énergie offre à l'assaillant le double intérêt de nuire à l'économie ennemie et de porter atteinte au moral de la population. Un autre attrait des installations électriques réside dans leur vulnérabilité. Les turbines et les génératrices qui constituent le cœur d'une usine électrique sont des appareils délicats et aisés à dérégler par le bombardement aérien. Quant aux transformateurs qui assurent la transmission du courant, ils sont à ciel ouvert, donc faciles à repérer et à toucher. De grande taille, ces équipements sont fabriqués sur mesure. Il n'y a pas d'appareils de rechange. La réparation ou le remplacement de ces équipements uniques sont problématiques, peut-être impossibles, vu les pressions auxquelles est soumise une économie en temps de guerre.

À la demande du président Roosevelt, l'Air War Plans Division soumet, le 11 septembre 1941, une évaluation de la production militaire nécessaire à une victoire dans une guerre éventuelle, connue sous le nom de AWPD/1. Le document constitue aussi un programme pour la désorganisation de la structure industrielle et économique de l'Allemagne par la force aérienne. L'inspiration de l'ACTS y est sensible. L'AWPD/1 contient une liste de cibles jugées vitales pour les moyens d'existence des civils et pour l'effort de guerre allemand. Il s'agit de provoquer des goulots d'étranglement à des points clés pour l'ensemble. Le bombardement prévu est conçu comme de type « précis » ; les civils ne seraient directement visés que lorsque le moral allemand aura déjà commencé à céder. La défaite de la Luftwaffe et la destruction des usines de fabrication d'avions sont jugées prioritaires en vue de la conquête de la maîtrise du ciel. Plutôt que des industries particulières, les autres cibles sont des intrants vitaux à toutes les industries. Ainsi le système d'alimentation en électricité est au deuxième rang. Il est suivi du réseau de transport, notamment les gares de triage des chemins de fer, et de l'industrie pétrolière. Viennent enfin les zones urbaines[11].

Le système électrique allemand est le deuxième en importance au monde. Construit à des fins pacifiques, sa puissance n'est pas augmentée au début de la guerre, celle-ci étant voulue de courte durée. La moitié de la capacité installée fait partie du système national intégré. Celui-ci est responsable des quatre cinquièmes de la source thermique (houille), le reste, au sud du pays surtout, étant hydraulique. Les deux tiers de la capacité du système national intégré proviennent de 45 grandes usines génératrices produisant chacune plus de 100 000 kW, dont 5 dépassent les 200 000 kW. 50 autres usines génèrent chacune entre 50 000 et 100 000 kW. La quasi-totalité de la capacité du système national intégré résulte de ces 95 usines. L'autre moitié de la capacité installée, éparpillée dans un grand nombre de petites unités, appartient aux usines des grandes entreprises, au réseau ferroviaire et à une multitude de plus petites unités. L'industrie consomme quatre cinquièmes de l'électricité produite[12].

La Seconde Guerre mondiale : bombardement massif et omission de l'électricité

Le cours de la Seconde Guerre mondiale, premier grand conflit aérien, ne se conforme pas aux prévisions de la désarticulation de l'ennemi par le bombardement stratégique « précis ». Tandis que les Britanniques adoptent une stratégie anti-cité qui ne s'embarrasse pas de la recherche de cibles identifiables, les Américains abandonnent le bombardement stratégique sélectif au profit du bombardement anti-population et du bombardement tactique de soutien à la guerre terrestre suivant le débarquement sur le continent européen. L'électricité, objectif consubstantiel du bombardement stratégique, perd de l'importance.

La campagne de bombardement britannique de l'Allemagne va en s'accentuant de 1940 à 1945. Toutefois, le postulat douhétien voulant que les bombardiers auraient le dessus sur les intercepteurs est contredit par l'efficacité de la chasse allemande. N'ayant pas la maîtrise des airs, les avions anglais subissent des pertes et sont contraints à ne voler que la nuit. Les premières cibles sont économiques, notamment les installations pétrolières et le réseau ferroviaire. L'effet sur l'économie allemande est négligeable ou nul. Quant aux centrales électriques, il est envisagé de les attaquer, mais Bomber Command doit y renoncer, compte tenu de la difficulté de repérer des cibles la nuit et de la présence d'une défense anti-aérienne renforcée.

En février 1942, une directive oriente l'offensive vers les civils en faisant des villes allemandes l'objet premier des bombardements. Sont particulièrement visés les travailleurs de la Ruhr qu'on tente d'éloigner des usines par la destruction de leurs demeures. Nommé responsable de Bomber Command en février 1942, sir Arthur « Bomber » Harris ne jure que par la destruction physique et complète d'autant de villes allemandes que possible. Il ordonne de délaisser les usines et de toucher le centre des villes. Aux explosifs s'ajoutent les bombes incendiaires. Ni le bombardement de précision de cibles économiques ni même le bombardement de démoralisation anti-population ne l'intéressent. Ces résultats découleraient de la dévastation des villes dans des attaques massives effectuées par des centaines de bombardiers lourds. Il s'agissait plus de tuer que de semer la panique. Douhet est distancé. Une partie de Cologne est aplatie la nuit du 30-31 mai 1942 par un millier d'avions. Essen, siège des usines Krupp dans la Ruhr, est attaqué les 1er-2 juin et Brême, le 25 juin. Plus de 400 bombardiers participent au raid des 5-6 mars 1943 contre Essen. Hambourg est incendié par près de 800 bombardiers les 27-28 juillet 1943. Les morts, asphyxiés ou brûlés, se comptent par dizaines de milliers durant chaque raid. Entre novembre 1943 et mars 1944, Berlin est soumis à 16 assauts aériens.

En août 1942, Bomber Command n'est plus seul ; la Eight Air Force américaine entreprend des missions en Europe occupée. Nonobstant l'AWPD/1 et la publication en 1942 par l'Office of Air Force History de la traduction de l'ouvrage de Douhet, les principaux responsables américains – en particulier le général Eisenhower, commandant allié sur le front européen –, n'adhèrent pas au concept de bombardement stratégique destiné à assurer la victoire d'une manière autonome. Dans la mesure où une invasion du continent, des batailles terrestres et l'occupation de territoires seront nécessaires, la guerre aérienne doit réaliser la suprématie aérienne, préparer les conditions pour le débarquement et soutenir les opérations au sol. L'accent est déporté du moral des civils et/ou du système de production aux industries proprement militaires, aux moyens de transport et aux forces armées. Dès le début, il y a une inflexion de l'AWPD/1. Les cibles fixées le 25 août 1942 sont les industries aéronautiques, les gares de triage et les abris et chantiers de sous-marins[13]. L'AWPD/42 du 9 septembre 1942 consacre la modification. Les priorités sont, dans l'ordre, la Luftwaffe et les industries aéronautiques, les sites de sous-marins, le réseau de transport, les installations électriques, les raffineries de pétrole, le caoutchouc et les produits synthétiques[14].

À la conférence de Casablanca, le 21 janvier 1943, Roosevelt et Churchill avalisent une directive prescrivant contre l'Allemagne des attaques dont le but serait la destruction et la dislocation du système économique et industriel, et l'ébranlement du moral au point où la capacité de la résistance armée serait irrémédiablement affaiblie. Prenant le débarquement et la guerre terrestre pour décisifs, les Américains privilégient l'affaiblissement de la machine de guerre allemande. À cette fin, ils considèrent les attaques sélectives contre des installations industrielles et militaires comme plus efficaces et moins coûteuses que le bombardement aveugle. Le moral étant, à leur avis, un objectif intangible, Britanniques et Américains optent pour des stratégies anti-cités et anti-industries.

Autorisée à Casablanca, la directive du 10 juin 1943 est à la base de la Combined Bomber Offensive. Axée sur la bataille au sol, la CBO poursuit le processus d'éloignement par rapport au concept de bombardement stratégique. Les cibles sont classées dans l'ordre suivant : Luftwaffe et industries aéronautiques (assemblage et moteurs), usines de roulement à billes, installations pétrolières, affûteuses, métaux non ferreux (cuivre, aluminium, zinc), caoutchouc synthétique, sites de sous-marins, véhicules militaires, réseau de transport, cokeries, fer et acier, industrie des machines-outils, installations électriques[15]. De la deuxième place dans l'AWPD/1, l'électricité est à la quatrième dans l'AWPD/42, puis à la treizième dans la CBO. H. Hansell, l'un des auteurs de l'AWPD/1, élève de l'ACTS et partisan de la doctrine du bombardement stratégique sélectif qu'il a contribué à formuler, regrette cette rétrogradation. Critiquant la dispersion des forces aériennes et leur diversion vers des objectifs tactiques au service des forces de surface, il persiste à croire que l'offensive stratégique pouvait entraîner la capitulation de l'Allemagne avant l'invasion alliée[16].

Diverses raisons expliquent le peu d'importance accordée au réseau électrique[17]. Les Alliés le croyaient diffus, adaptable et capable de récupérer : grâce aux interconnexions établies entre le réseau national et les importants réseaux privés, le transfert du courant d'un district à un autre était possible. Les unités privées de production électrique étaient trop petites, nombreuses et dispersées pour être visées. Aucune industrie ne dépendait d'une seule source d'électricité. Seule une attaque massive et simultanée contre tout le système pouvait entraîner son arrêt. On pensait aussi qu'il ne fonctionnait pas à pleine capacité et qu'il recelait des réserves. Enfin on estimait que l'effondrement du système n'affecterait ni les forces militaires allemandes ni leur moral à temps pour faciliter l'invasion, objectif suprême qui prime la doctrine du bombardement stratégique[18]. Celle-ci repose sur l'exactitude des renseignements ; le bilan d'après-guerre révèle que ceux des Alliés n'étaient pas adéquats. Les responsables allemands témoignent du fait que le réseau était plus vulnérable, plus tendu et moins apte à transférer le courant que les Alliés ne l'avaient pensé. Ils estiment qu'il aurait pu s'effondrer s'il avait été attaqué systématiquement, que la destruction des installations électriques auraient eu des effets catastrophiques et que le conflit aurait pu se terminer en 1943[19]. Ce ne sont que des conjectures, mais elles confortent les partisans du bombardement stratégique et renvoient implicitement à l'AWPD/1.

En 1944 la Luftwaffe continue à disputer aux Alliés la maîtrise du ciel allemand. Le coût pour les Alliés devient prohibitif, si bien que leur offensive est compromise. Des avions de combat à long rayon d'action sont alors mis en service pour escorter les bombardiers américains. Abandonnant *de facto* la théorie du bombardement sélectif, l'USAAF rejoint la RAF et se range tacitement à la stratégie du bombardement « géographique » et massif, moins anti-militaire qu'anti-civil, plus terroriste, punitif et aveugle que ciblé[20].

Fin 1944, les deux alliés disposent enfin de la maîtrise des airs ainsi que de plus de 4 000 bombardiers lourds. L'assaut aérien contre l'Allemagne s'intensifie. Une cinquantaine de villes allemandes sont détruites et incendiées, notamment Berlin par l'USAAF le 3 février 1945 et Dresde par la RAF le 13 février, faisant des dizaines de milliers de morts. Sur un total de 1 996 036 tonnes d'obus largués entre 1940 et 1945, 83 % le sont en 1944 et 1945. L'Allemagne a lâché sur le Royaume-Uni 74 172 tonnes d'obus de 1940 à 1945, soit 4 % du total des Alliés[21].

Toujours est-il que la doctrine du bombardement stratégique n'est pas validée dans le « théâtre » européen. Malgré l'épreuve, le moral des civils ne s'effondre pas. Même si l'Allemagne est ravagée par les attaques aériennes, sa production militaire augmente sous les obus et, jusqu'au bout, ses armées ne manquent ni d'armes ni de munitions. Elle est vaincue par une invasion terrestre à l'est et à l'ouest plus que par le bombardement stratégique, « géographique » ou sélectif. Loin de rendre superflue la bataille au sol, le bombardement stratégique exigeait la conquête préalable de la maîtrise du ciel et la défaite de la Luftwaffe.

L'Europe ayant la priorité, l'analyse de l'économie japonaise n'est entreprise qu'en 1943. Le 11 novembre 1943, les cibles suivantes sont identifiées sans ordre de priorité : marine marchande, aciéries, industrie de roulement à billes, zones urbaines, industrie aéronautique et industrie électronique. L'électricité est écartée, car l'effet de son interruption serait décalé de six à douze mois. Provenant de nombreux petits barrages hydroélectriques, ses sources sont dispersées et peu vulnérables. À cela s'ajoutent des unités de rechange qui peuvent générer du courant et un réseau d'interconnexions. Le bilan d'après-guerre du gouvernement américain corrobore cette évaluation[22]. Quoiqu'elles soient endommagées lors des bombardements des villes du Japon, les installations électriques ne sont pas visées. Elles ne font jamais partie des plans sur le front asiatique, à la différence de la situation en Europe.

Sporadiques, les premières attaques aériennes visent surtout les aciéries. Les îles japonaises demeurent pratiquement hors de portée des bombardiers lourds jusqu'à la conquête des îles Mariannes en juillet 1944. Entrés en service en juin 1944, les B-29 du Twenty-First Bomber Command y sont concentrés pour l'offensive qui s'engage à partir de novembre 1944. Mettant en œuvre la doctrine du bombardement sélectif, de jour et à haute altitude, ils ont pour cibles quasi uniques les usines de fabrication d'avions et de moteurs d'avions. Les résultats ne sont pas concluants. À Washington, l'insuccès fait préférer les bombes incendiaires. Hansell, adepte du bombardement dit de précision qui répugne au bombardement « géographique », est relevé de son commandement en janvier 1945.

Son successeur, le major général Curtis E. LeMay, est un fervent enthousiaste des raids incendiaires. Homologue du maréchal Harris, il donne l'impulsion à une intense campagne de bombardements anti-cités qui met le feu à des dizaines de villes du Japon. Le terrorisme douhétien se double de l'anéantissement pur et simple et de la pyromanie à grande échelle. La défense anti-aérienne et la chasse nippones sont plus faibles que celles de l'Allemagne, au point de ne pas constituer un souci pour les Américains.

Dans la nuit du 9-10 mars 1945, 334 B-29 prennent Tokyo par surprise, embrasant la ville. Avec un bilan officiel de 87 793 morts, 40 918 blessés et 1 008 005 sans logement, c'est l'attaque la plus meurtrière de l'histoire, pire que celles que subissent Hiroshima et Nagasaki[23]. À l'instar de Tokyo, les principales villes sont l'objet de raids similaires par des centaines d'avions. Du 8 mars au 15 juin, environ 40 % de la surface totale des six grands centres industriels (Tokyo, Osaka, Nagoya, Kobe, Yokohama, Kawasaki) est rasée. Entre le 17 juin et le 14 août, 60 villes plus petites sont à leur tour démolies aux deux cinquièmes[24]. La destruction massive par les bombes incendiaires prédispose à l'usage des armes atomiques. À Hiroshima et à Nagasaki, la plupart meurent des déflagrations et des incendies, comme dans les raids précédents, avant même que les radiations n'aient leur effet. Soumis à des milliers de sorties de B-29, le tissu urbain du Japon est en ruines; 330 000 à 900 000 civils sont morts et 475 000 à 1 300 000 sont blessés; 8 500 000 personnes, le quart de la population urbaine du pays, sont sans domicile[25].

Plus que la guerre en Europe, le conflit en Asie se rapproche du modèle douhétien. Quoique d'un moindre tonnage qu'en Europe, le bombardement est plus concentré dans le temps. Assailli par la voie aérienne, étranglé par le blocus maritime, le Japon envisage de se rendre avant même les attaques nucléaires des 6 et 9 août. Corollaire de la malnutrition, l'état de santé de la population japonaise est plus fragile, les maladies et épidémies plus répandues et la démoralisation plus avancée[26]. La désarticulation de l'arrière, résultant pour une bonne part du bombardement aérien, conduit à la décision de capituler alors qu'une armée de 2 000 000 d'hommes est invaincue.

Guerres limitées et retour au ciblage de l'électricité

L'expérience de la Seconde Guerre mondiale ne peut que laisser son empreinte sur les dirigeants américains. La force aérienne apparaît comme l'arme de choix et le bombardement ostensiblement de « précision » – mais en réalité « géographique » – comme la méthode privilégiée. Avec la bombe nucléaire, destinée prioritairement aux concentrations urbaines dans une guerre totale, la doctrine du bombardement stratégique atteint son apothéose. L'emploi tactique de la force aérienne est dévalorisé.

Or les conflits postérieurs à la Seconde Guerre mondiale ne correspondent pas aux modèles prévus parce qu'ils sont limités. Dans la guerre qui se déclare en Corée en 1950, le bombardement stratégique aux armes conventionnelles est de moyenne portée. Quoi qu'il en soit, 18 des 22 villes importantes de la Corée du Nord sont au moins à moitié détruites, la capitale Pyongyang aux trois quarts[27]. Début 1952, il reste peu de cibles, hormis les aménagements hydroélectriques sur le fleuve Yalou à la frontière sino-coréenne. Le barrage de Suiho est le quatrième au monde et le plus important en Asie de l'Est. Les grandes usines étant hors d'usage, la finalité de l'électricité est purement civile. En juin 1952, une série de raids démolit 11 des 13 génératrices dans les usines des 4 barrages principaux, provoquant une panne totale de 15 jours et privant la Corée du Nord de 90 % de son électricité. En mai 1953, les réservoirs d'irrigation sont attaqués afin d'inonder les champs et de submerger la récolte de riz, produit qualifié de militaire[28]. Plus de 1 000 000 de civils sont tués dans chacun des camps durant cette guerre, le nombre de victimes des 454 000 tonnes d'obus[29] largués par la voie aérienne en 3 ans de conflit étant inconnu.

Durant la guerre au Vietnam, les États-Unis peinent à établir leur supériorité dans les combats aériens, malgré les 6 162 000 tonnes d'obus qu'ils déversent en 11 ans de conflit[30]. La chasse et la défense (DCA et missiles SAM) nord-vietnamiennes sont redoutables. Les États-Unis entreprennent le bombardement aérien en mars 1965. Entre février et mai 1967, la plupart des usines génératrices d'électricité et des postes de transformation nord-vietnamiens sont touchés, privant le pays de 85 % de sa production et endommageant sérieusement le réseau de transmission[31]. Les attaques reprennent en avril 1972 au moyen d'obus guidés au laser : la plus grande centrale est bombardée le 10 juin ; six autres installations électriques le sont fin décembre. La capacité de production du nord du Vietnam est réduite de 115 000 à 29 000 kW. Génératrices portables, génératrices diesel souterraines, puissance humaine et importations suppléent en partie au manque[32].

Ni dans la guerre de Corée ni dans celle du Vietnam la puissance aérienne ne joue un rôle décisif. L'interruption de l'électricité ne modifie pas l'issue des deux conflits. La défaite en Indochine oblige les dirigeants américains à rechercher des moyens plus expéditifs et moins dévoreurs de vies américaines. Le public américain répugne à voir les forces armées engagées longtemps dans des opérations qui multiplient le nombre de cercueils ramenés du front. D'où l'intérêt de trouver des formes de combat à distance et aux moindres frais qui termineraient rapidement les conflits, tout en épargnant les soldats américains. Le retour au bombardement stratégique permettrait aux États-Unis de mettre à profit leur arsenal et de faire jouer leur supériorité sur le plan matériel. Encore faut-il actualiser la doctrine.

L'électricité au cœur de la guerre contemporaine

Une pensée, dont le tenant le plus en vue est le colonel John Warden[33], entend profiter des avancées en matière d'électronique, notamment la convergence de l'informatique, des télécommunications et de l'audiovisuel, pour mettre à jour le bombardement stratégique. La paralysie systémique de l'adversaire par la précision remplacerait l'anéantissement par le bombardement stratégique.

La cible première du bombardement stratégique révisé doit être politique, à savoir la structure de contrôle et de commandement ennemie, ce qui signifie la direction nationale et les plus hauts dirigeants eux-mêmes. Viendraient ensuite, le cas échéant et dans l'ordre de priorité, les « fonctions vitales » – communications (radio, télévision, etc.) et les sources énergétiques (électricité, pétrole) –, les infrastructures (routes, ponts, aéroports, etc.), la population civile et les forces militaires. Il est reconnu que la destruction des « fonctions vitales » et des infrastructures sera sans effet sur les troupes au front. Le but avéré est la chute du pouvoir et l'installation d'autorités amies.

Décodée, la doctrine consiste en un plaidoyer pour une politique de guerres-éclairs ou guerres-coups-de-main permettant enfin aux États-Unis de mettre sous leur coupe des pays étrangers à un coût relativement faible. Dans cette vision techniciste, les technologies et les méthodes nouvelles annonceraient une « révolution dans les affaires militaires » (« RAM »). Les civils demeurent une cible prioritaire. Si, en général, le bombardement n'est plus sans restrictions, la population n'est pas spécifiquement visée et le nombre de victimes directes des bombes diminue, les civils subissent de plein fouet les conséquences de la destruction des infrastructures. La finalité de celles-ci est non militaire, car les forces armées disposent de services autonomes : groupes électrogènes, stocks de carburant, soins médicaux. Certes les non-combattants ne sont pas systématiquement bombardés ou incendiés, mais ils meurent à retardement de la propagation de maladies infectieuses, de l'absence de soins, de la malnutrition et de la détérioration des conditions sanitaires. Létale, l'eau contaminée tue aussi bien que les obus. Le manque d'eau pure entrave la désinfection, contribue à la transmission des maladies, y compris dans les hôpitaux, et favorise les épidémies. Pour autant, le bombardement anti-cités persiste.

Sous-produit de la doctrine du bombardement stratégique, la « RAM » lie ses deux rameaux : les attaques de précision contre l'économie et le bombardement aveugle et punitif des civils. Les premières visent dorénavant l'infrastructure, semant la mort chez les civils, mais indirectement plus que directement. Les civils ne sont pas tués sur le coup ; ils meurent lentement *a posteriori*, après le départ de l'attaquant. Une intense campagne médiatique insiste sur l'humanité de bombardements qualifiés de « frappes chirurgicales » qui, infailliblement, ne touchent que des objectifs étiquetés militaires et épargnent la vie humaine[34]. Festival de bombardement aérien et médiatique, l'assaut contre l'Irak établit la norme pour les conflits contemporains.

Warden écrit le scénario pour la guerre qui débute le 17 janvier 1991, mais dont le déroulement s'écarte du plan. La « décapitation » politique, pivot de la doctrine, est tentée sans succès. Viennent ensuite les « fonctions vitales », en particulier les centrales électriques. Les 20 génératrices, intégrées dans le réseau national, et les unités de transmission sont endommagées dès les premières minutes. Bagdad perd son éclairage et son approvisionnement en eau potable. Le système de traitement des égouts est dysfonctionnel. Près de 60 % des sorties contre les installations électriques se déroulent durant les 11 premiers jours. La moitié des 9 000 à 9 500 MW produites au pays est éliminée le premier jour, les deux tiers au deuxième, les quatre cinquièmes après une semaine. Au 24ᵉ jour, près de 88 % de la capacité installée est indisponible en raison des attaques directes ou de la rupture du réseau national. Les petites unités qui ne produisent que localement ne sont pas bombardées[35]. La mortalité, notamment infantile, connaît un pic en 1991, au lendemain des bombardements. Diarrhée, gastroentérite, choléra et typhus sont favorisés par la malnutrition, la mise hors service du système d'épuration de l'eau et l'absence de traitement des égouts. En mai 1991, une équipe de spécialistes américains de la santé publique estime qu'au moins 170 000 enfants de moins de 5 ans perdront la vie au cours de l'année[36]. Durant le conflit, des dizaines de milliers de civils meurent des bombardements ou de leurs effets indirects.

La guerre de 1990-1991 passe pour être l'application de la « RAM » et le modèle pour l'avenir. Pourtant, cette guerre n'est pas une confirmation de la nouvelle doctrine. D'abord, le pouvoir irakien ne perd pas le contrôle du pays. Quant au bombardement stratégique de l'arrière, dont tout est attendu, il ne suffit pas ; il faut lui ajouter le bombardement tactique continu des troupes irakiennes. En dépit des effets d'optique, les obus « intelligents » ne comptent que pour 6 250 tonnes dans le total des 88 500 tonnes d'explosifs larguées, soit 7 %, le reste étant composé de bombes « stupides » non guidées[37]. Plutôt que paralysé, l'Irak est enseveli sous une pluie de métal et d'explosifs. La défaite se manifeste par la dislocation de troupes soumises au bombardement aérien sans riposte efficace, non par l'effondrement du moral de la population civile, nonobstant les souffrances endurées.

Le 24 mars 1999, l'OTAN oppose à la Serbie la méthode mise au point contre l'Irak en 1990-1991 : disproportion énorme entre la coalition de 19 pays et une des Républiques de l'ex-Yougoslavie, bombardements aériens ininterrompus, professions de sollicitude pour les civils, fétichisme technologique, etc. Néanmoins, la guerre contre la Serbie n'est pas tout à fait conforme à la « RAM ». L'offensive est graduée, non massive. Sauf au Kosovo où l'électricité est coupée dès les premiers raids, la plupart des cibles sont d'abord authentiquement militaires. Les infrastructures en Serbie, tels les ponts, ne commencent à être touchées que fin mars ; l'électricité n'en fait pas partie et Belgrade est épargné. L'escalade débute à la quatrième semaine. À partir du 21 avril, sont visés à Belgrade les dirigeants serbes, la radio, la télévision et les télécommunications. Le 3 mai, cinq unités de transformation sont touchées ; la Serbie perd 70 % de son courant. Les civils sont désormais les premiers ciblés.

Les 24, 25 et 26 mai, le réseau électrique national ainsi que le système de pompage de l'eau sont détruits par des bombes guidées au laser. À 80 %, la Serbie est sans électricité et sans eau. Son courant perdu à 94 %, Belgrade survit à la chandelle. La cuisine, la boulangerie et la préservation des aliments deviennent difficiles ; les pénuries se multiplient et le chômage s'étend. Les bombardements d'infrastructures s'intensifient, tandis que se précise l'objectif du changement de régime. Du 22 mai au 2 juin, l'OTAN attaque 15 transformateurs, 20 ponts et tunnels, 55 unités de transmission de télévision et de radio, 20 sites pétroliers et 12 centres de commandement[38].

Comprenant que la Russie ne la soutiendrait pas, confrontée à la perspective de la destruction systématique et d'une invasion terrestre, la Serbie accepte le 2 juin un plan qui confie à l'ONU la mission d'observation au Kosovo. On comprend que la guerre a été remportée à Belgrade contre les civils, privés d'électricité, plutôt que contre les militaires[39], lorsque l'on voit la quantité de pièces lourdes que l'armée serbe retire du Kosovo après le cessez-le-feu. Ses pertes ont été dérisoires pendant les 78 jours du conflit. La dispersion, le camouflage et les leurres permettent aux troupes et à leur équipement d'échapper aux attaques aériennes.

La « RAM » est encore plus à l'honneur qu'en 1991 ; 35 % des munitions en 1999 sont guidées[40]. Les deux guerres confirment la primauté des attaques indirectes, par l'intermédiaire des infrastructures comme l'électricité, contre les civils. Sur le plan politique, la « RAM » est un échec : les dirigeants irakien et serbe ne sont pas « décapités », objectif premier de la guerre nouveau style. Des moyens traditionnels sont employés ultérieurement pour les renverser. En ce qui concerne l'issue des deux conflits, le bilan de la « RAM » est mixte : l'Irak cède, non parce que son moral a fléchi à la suite de la dévastation du pays, mais parce que son armée ne pouvait tenir sous un déluge d'obus largués des airs, n'ayant toutefois, pour la plus grande part, rien d'« intelligent ». Quant à la Serbie, sa défaite est effectivement due à la destruction des bases matérielles de sa société civile par des munitions aériennes de pointe et par l'absence de perspective d'y mettre fin, ce qui est conforme à la « RAM », mais elle demeure fonctionnelle sur le plan militaire.

L'invasion de l'Irak en 2003 est moins une guerre en soi que la conclusion de guerre qui a débuté en 1990 et qui ne s'est jamais arrêtée. Durant les années 1990 et jusqu'en 2003, la guerre contre l'Irak prend la forme d'un embargo et de bombardements quasi quotidiens. Le pays est déjà dévasté avant la pénétration des troupes américaines. Cela dit, le fait qu'une invasion terrestre ait été nécessaire, malgré l'énorme disproportion des forces, pour renverser le pouvoir politique démontre que l'arme aérienne n'a pas suffi pour atteindre les objectifs fixés.

L'attaque israélienne contre Gaza et le Liban à l'été 2006 vient illustrer la thèse du présent texte au moment même de sa rédaction. Le « modèle » actuel du ciblage des civils au moyen de la destruction de leurs conditions de vie est démontré clairement. Il n'y a pas de guerre au sens classique, les Palestiniens et le Hezbollah n'ayant ni avions, ni chars, ni artillerie, ni marine, ni formations de troupes. Le châtiment collectif par la voie aérienne ne fait pas qu'accompagner les combats entre adversaires armés ; il les prime.

À Gaza, l'unique centrale électrique, le système d'alimentation en eau, les ponts et les routes sont détruits par la voie aérienne. Deux tiers des 1 300 000 d'habitants sont privés d'électricité. Qu'à cela ne tienne, le consulat d'Israël à Montréal publie un communiqué qui fournit l'archétype du discours officiel d'usage : « Dans le cadre de cette opération, tous les efforts seront réalisés pour éviter de porter atteinte à des civils innocents. L'objectif de cette opération n'est pas de punir la population palestinienne, mais atteindre un objectif militaire précis. »

Deux semaines plus tard, l'aviation israélienne met le Liban à feu et à sang. Pilonné quotidiennement, le pays est saccagé : centrales électriques détruites, infrastructures démolies, lieux d'habitation aplatis. La population de 4 000 000, dont le quart est transformé en personnes déplacées et en réfugiés, est soumise au blocus aérien, naval et terrestre. Les civils paient tout le tribut de ces opérations de destruction massive par la voie aérienne. Bafouer les conventions internationales (Genève 1949, Rome 1998) relève de la routine.

L'électricité devient un enjeu de guerre, car la transformation de l'avion en arme de combat rend accessible l'intérieur du pays de l'adversaire. Son importance croît avec l'électrification des sociétés et leur dépendance grandissante envers cette source d'énergie. Elle n'est pas au départ au premier rang des objectifs du bombardement aérien ; elle tend à occuper cette place au fur et à mesure que se décante la réflexion sur la guerre. À côté du bombardement anti-population visant à provoquer son effondrement moral apparaît la notion du bombardement sélectif ou « précis » des points clés (ou centres de gravité) d'une société de manière à entraîner la capitulation. L'assaut direct contre les non-combattants fait place à la volonté de sélectionner les industries et installations de nature militaire (*war-making capacity*). C'est dans ce contexte que l'électricité entre dans la pensée stratégique et devient objet de guerre.

Les conflits du xxᵉ siècle soumettent la notion de bombardement stratégique à une évolution complexe d'où émerge toutefois une tendance lourde qui confère à l'électricité une importance de tout premier plan. Lors de la Seconde Guerre mondiale, le bombardement aveugle pour décimer devient rapidement la norme. Dans ce contexte, l'électricité ne reçoit aucun traitement spécial. Lorsque l'on détruit tout, humains et objets, il n'est guère nécessaire de choisir des cibles par lesquelles atteindre les civils. Les guerres postérieures à 1945 sont des conflits limités qui contraignent à éviter les tueries à grande échelle. Toucher l'ensemble des civils passe par l'intermédiation de la mise hors service des infrastructures, notamment l'électricité. En règle générale, les centrales électriques se trouvent sur les listes de cibles depuis la guerre de Corée. Les attaques contre les civils doivent passer pour économes en vies humaines afin de rallier l'opinion publique. Rééditer Dresde ou Tokyo ne saurait se concevoir. Désormais, le levier pour atteindre les civils est la destruction des infrastructures, l'électricité au premier chef. Aux attaques massives et directes contre la population succèdent les attaques massives et indirectes par l'intermédiaire des infrastructures.

Les non-combattants et l'« arrière » sont immanquablement des cibles de guerre. Que le but soit de les anéantir, comme dans la Seconde Guerre mondiale, ou de les faire plier, comme dans les offensives contre l'Irak et la Serbie, ils se retrouvent dans toutes les stratégies contemporaines de guerre. La « RAM » est d'essence anti-population. Plus les civils en font les frais, plus sont insistantes les assurances sur la sécurité des opérations et sur la retenue exercée durant leur exécution. Les vertus réputées humaines de la haute technologie sont louangées, tandis que les non-combattants sont touchés principalement par la destruction des infrastructures. À l'ère des guerres médiatisées et des procès pour crimes de guerre et de crimes contre l'humanité, il est malvenu de tuer beaucoup de civils en présence de témoins ; les priver des conditions de la vie permet de reporter la mort à plus tard, loin des regards inquisiteurs et peut-être accusateurs. Si le nombre de personnes tuées diminue, le nombre de ceux qui subissent une mort différée augmente. Dans cette configuration, l'électricité se situe au premier rang des trophées de guerre. Sa suppression devient l'acte emblématique de l'action guerrière contemporaine et le synonyme du bombardement aérien.

L'arme aérienne n'est pas garante de résultats pour ceux qui la possèdent. En 2006, au Liban, comme à Gaza, est émoussé son pouvoir de coercition contre les civils, même lorsque ceux-ci sont privés de moyens de défense, d'électricité et d'infrastructures. Résolus, endurcis ou résignés, ils ne bronchent pas, retirant à l'arme aérienne sa faculté de contraindre. Les bombardements anti-civils ont-ils atteint leur limite ?

Notes

1.   Giulio Douhet, *The Command of the Air*, translated by Dino Ferrari, London, Faber & Faber, 1943, p. 15,17.

2.   *Ibid.*, p. 153.

3.   *Ibid.*, p. 22.

4.   *Ibid.*, p. 55, 159.

5.   Colonel P. Vauthier, *La Doctrine de guerre du général Douhet*, Paris, Berger-Levrault, 1935, p. 224.

6.   Giulio Douhet, *The Command of the Air*, *op. cit.* p. 93-95, 107.

7.   Parmi eux, J. M. Spaight, *Air Power and the Cities*, London, Longmans, Green, 1930 ; et *Bombing Vindicated*, Londres, Geoffrey Bles, 1944.

8.   Alan Stephens, *In Search of the Knock-Out Blow: The Development of Air Power Doctrine 1911-1945*, Paper # P61, Fairbairn (Australie), Air Power Studies Centre, 1998.

9.   Major Thomas E. Griffith Jr., *Strategic Attack of National Electrical Systems*, Tthese de doctorat, Maxwell Air Force Base, Alabama, Air University Press, 1994, p. 16.

10.   Robert Anthony Pape, *Bombing to Win: Air Power and Coercion in War*, Ithaca, New York, Cornell University Press, 1996, p. 64.

11.   *Ibid.*, p. 17-18 ; Wesley Frank Craven and James Lea Cate (eds.), *The Army Air Forces in World War II*, vol. 1, Washington, Office of Air Force History, 1983[1948], p. 131, 148, 599 ; Major General Haywood S. Hansell Jr., *The Air Plan that Defeated Hitler*, New York, Arno Press, 1980[1972], p. 85, 105.

12.   Major General Haywood S. Hansell Jr., *The Air Plan*, *op. cit.*, p. 286-287, 300-301.

13. Wesley Frank Craven and James Lea Cate (eds.), *The Army Air Forces in World War II*, vol. 2, Washington, Office of Air Force History, 1983 [University of Chicago Press, 1949], p. 215-216.

14. Major General Haywood S. Hansell Jr., *The Air Plan*, p. 163; Gian P. Gentile, *How Effective is Strategic Bombing? Lessons Learned from World War II to Kosovo*, New York et Londres, New York University Press, 2001, p. 18-20.

15. Wesley Frank Craven et James Lea Cate (dir.), *The Army Air Forces*, vol. 2, p. 357-362.

16. Major General Haywood S. Hansell Jr., *The Air Plan, op. cit.*, p. 161-164, 252, 259-264, 270-275.

17. Rarement ciblé, touché de manière incidente au cours des bombardements « géographiques », il reçoit 848 tonnes de bombes, soit 0,04 % du total. United States Strategic Bombing Survey, *German Electric Utilities Industry Report*, Washington, Government Printing Office, 1945-1947, annexe M-1.

18. Major Thomas E. Griffith Jr., *Strategic Attack, op. cit.*, p. 19-21; Wesley Frank Craven and James Lea Cate (eds.), *The Army Air Forces*, vol. 2, *op. cit.*, p. 362; Major General Haywood S. Hansell Jr., *The Air Plan, op. cit.*, p. 161.

19. United States Strategic Bombing Survey, *German Electric Utilities, op. cit.*, p. 46-51.

20. Ronald Schaffer, *Wings of Judgment. American Bombing in World War II*, New York, Oxford, Oxford University Press, 1985, p. 99-106.

21. Lord (Arthur William) Tedder, *Air Power in War*, London, Hodder & Stoughton, 1948, p. 106-107.

22. Wesley Frank Craven and James Lea Cate (eds.), *The Army Air Forces in World War II*, vol. 5, Washington, Office of Air Force History, 1983[1953], p. 551; Major Thomas E. Griffith Jr., *Strategic Attack, op. cit.*, p. 22-23, 27.

23. *Ibid.*, p. 614-617, 722, 725. Voir aussi Conrad C. Crane, *Bombs, Cities and Civilians. American Airpower Strategy in World War II*, Lawrence, Kansas, University Press of Kansas, 1993.

24. Wesley Frank Craven and James Lea Cate (eds.), *The Army Air Forces*, vol. 5, *op. cit.*, p. 643, 750, 751.

25. Ronald Schaffer, *Wings of Judgment, op. cit.*, p. 148.

26. Major Thomas E. Griffith Jr., *Strategic Attack, op. cit.*, p. 27-28; Wesley Frank Craven and James Lea Cate (eds.), *The Army Air Forces*, vol. 5, *op. cit.*, p. 726-731, 755-756.

27. Conrad C. Crane, *American Airpower Strategy in Korea, 1950-1953*, Lawrence, Kansas, University Press of Kansas, 2000, p. 168. Des

munitions incendiaires sont employées contre Pyongyang les 3 et 5 janvier 1951.

28. *Ibid.*, p. 118-120, 160-163; Robert F. Futrell, *The United States Air Force in Korea 1950-1953*, Washington, United States Air Force, 1983, p. 482-489, 666-670.

29. Richard P. Hallion, *Storm over Iraq. Air Power and the Gulf War*, Washington/Londres, Smithsonian Institution Press, 1992, p. 190.

30. *Idem.*

31. Major Thomas E. Griffith Jr., *Strategic Attack, op. cit.*, p. 37-38.

32. *Ibid.*, p. 39-40.

33. John A. Warden III, *The Air Campaign : Planning for Combat*, Washington, National Defense University Press, 1988.

34. Le voile est levé postérieurement et discrètement sur les cibles civiles et les objectifs politiques. Barton Gellman, "Allied Air War Struck Broadly in Iraq. Officials Acknowledge Strategy Went Beyond Purely Military Targets", *The Washington Post*, June 23, 1991, p. A1.

35. Thomas A. Keaney and Eliot A. Cohen, *Gulf War Air Power Survey Summary Report*, Washington, 1993, p. 73-74.

36. Barton Gellman, "Allied Air War Struck Broadly in Iraq", *op. cit.*

37. Lawrence Freedman and Efraim Karsh, *The Gulf Conflict 1990-1991. Diplomacy and War in the New World Order*, Princeton, Princeton University Press, 1993, p. 313.

38. Stephen T. Hosmer, *Why Milosevic Decided to Settle When He Did*, Santa Monica, Rand, 2001, p. 98.

39. James Carroll, "The Truth about NATO's Air War", *Boston Globe*, June 20, 2000, p. A15; Barry R. Posen, "The War for Kosovo. Serbia's Political-Military Strategy", *International Security*, 24, 4, Spring 2000, p. 39.

40. Anthony H. Cordesman, "The Lessons and Non-Lessons of the Air and Missile War in Kosovo", Washington, Center for Strategic and International Studies, July 8, 1999, p. 9.

Bibliographie

Carroll, James, "The Truth about NATO's Air War", *Boston Globe*, June 20, 2000, p. A 15.

Cordesman, Anthony H., "The Lessons and Non-Lessons of the Air and Missile War in Kosovo", Washington, Center for Strategic and International Studies, July 8, 1999.

Crane, Conrad C., *Bombs, Cities and Civilians. American Airpower Strategy in World War II*, Lawrence, Kansas, University Press of Kansas, 1993.

Crane, Conrad C., *American Airpower Strategy in Korea, 1950-1953*, Lawrence, Kansas, University Press of Kansas, 2000.

Craven, Wesley Frank and James Lea Cate (eds.), *The Army Air Forces in World War II*, vol. 1,2,5, Washington, Office of Air Force History, 1983[1948, 1949, 1953].

Douhet, Giulio, *The Command of the Air*, traducted by Dino Ferrari, London, Faber & Faber, 1943.

Freedman, Lawrence and Efraim Karsh, *The Gulf Conflict 1990-1991. Diplomacy and War in the New World Order*, Princeton, Princeton University Press, 1993.

Futrell, Robert F., *The United States Air Force in Korea 1950-1953*, Washington, United States Air Force, 1983.

Gellman, Barton, "Allied Air War Struck Broadly in Iraq. Officials Acknowledge Strategy Went Beyond Purely Military Targets", *The Washington Post*, June 23, 1991, p. A1.

Gentile, Gian P., *How Effective is Strategic Bombing? Lessons Learned from World War II to Kosovo*, New York/London, New York University Press, 2001.

Griffith Jr., Major Thomas E., *Strategic Attack of National Electrical Systems*, Thèse de doctorat, Maxwell Air Force Base, Alabama, Air University Press, 1994.

Hallion, Richard P., *Storm over Iraq. Air Power and the Gulf War*, Washington/London, Smithsonian Institution Press, 1992.

Hansell Jr., Major General Haywood S., *The Air Plan that Defeated Hitler*, New York, Arno Press, 1980[1972].

Hosmer, Stephen T., *Why Milosevic Decided to Settle When He Did*, Santa Monica, Rand, 2001.

Keaney, Thomas A. and Eliot A. Cohen, *Gulf War Air Power Survey Summary Report*, Washington, 1993.

Pape, Robert Anthony, *Bombing to Win: Air Power and Coercion in War*, Ithaca, New York, Cornell University Press, 1996.

Posen, Barry R., "The War for Kosovo. Serbia's Political-Military Strategy", *International Security*, 24, 4, Spring 2000.

Schaffer, Ronald, *Wings of Judgment. American Bombing in World War II*, New York, Oxford, Oxford University Press, 1985.

Spaight, James M., *Air Power and the Cities*, London, Longmans, Green, 1930.

Spaight, James M., *Bombing Vindicated*, London, Geoffrey Bles, 1944.

Stephens, Alan, *In Search of the Knock-Out Blow: The Development of Air Power Doctrine 1911-1945*, Paper # P61, Fairbairn (Australia), Air Power Studies Centre, 1998.

Tedder, Lord (Arthur William), *Air Power in War*, London, Hodder & Stoughton, 1948.

United States Strategic Bombing Survey, *German Electric Utilities Industry Report*, Washington, Government Printing Office, 1945-1947, annexe M-1.

Vauthier, Colonel P., *La doctrine de guerre du général Douhet*, Paris, Berger-Levrault, 1935.

Warden III, John A., *The Air Campaign: Planning for Combat*, Washington, National Defense University Press, 1988.

L'altérité à l'ère de l'électricité

—✺—

Martha Khoury et Silvestra Mariniello

Martha Khoury a présenté une version de ce texte au colloque international du CRI « L'électricité : déploiement d'un paradigme », qui a servi de base à cette publication. Le comité de direction du volume lui avait demandé d'apporter des changements et surtout de développer ses arguments pour la forme écrite. Malheureusement, Martha est tombée gravement malade avant de pouvoir s'y mettre. Je lui avais proposé de retravailler le texte avec elle, elle avait accepté avec plaisir, cela aurait pu être notre premier texte à quatre mains, mais la force lui a manqué. Elle est décédée quelques mois après. J'ai voulu retravailler son texte pour/avec elle en restant fidèle à sa pensée que je connaissais pour avoir codirigé sa thèse de doctorat dont cette étude fait partie. Martha était une personne d'une grande finesse, son savoir concernant l'histoire de la littérature et de la culture arabes était impressionnant. Trop modeste et trop perfectionniste et, peut-être, comme elle me l'avait dit un jour, trop concernée par ce sujet qui lui tenait à cœur, elle n'a malheureusement jamais pu terminer sa recherche. Ce fut un plaisir de la retrouver dans ces pages, et de restituer ses pensées cachées derrière une phrase trop rapide, en recourant aux autres textes qu'elle avait rédigés et qui complétaient celui-ci.
Silvestra Mariniello

à Wlad G. avec immense gratitude

Notre article traite de l'électrification à la limite de deux mondes et de deux cultures : le monde occidental industrialisé et le monde « préhistorique[1] » des bédouins du désert arabique. Nous nous intéressons à la façon dont la littérature médiatise les changements profonds associés à la technologie électrique dans le contexte de la rencontre/affrontement entre cultures à l'aide d'un cycle romanesque arabe moderne, *Cités de sel* de Abdul Rahman Mounif, qui a fait date dans l'histoire littéraire arabe et mondiale. Plus particulièrement, nous voudrions aborder la production du concept d'altérité dans le contexte de l'expérience déroutante du même qu'offre la technologie électrique dont il est question, entre autres, dans la première partie du roman intitulée *L'égarement*. La nature de l'électricité, ses manifestations inexplicables à des moments et dans des endroits inattendus permettent, mieux que n'importe quelle autre technique ou technologie (à l'exception du langage, peut-être), de rendre compte du rapport à l'autre et du devenir du sujet.

Cités de sel est une œuvre en cinq volumes, dont seuls les trois premiers ont été traduits en anglais (aucun ne l'a été en français jusqu'à présent). Écrit entre 1983 et 1989, ce roman raconte la transformation des sociétés tribales de l'Arabie sur une longue période débutant avant l'âge du pétrole et finissant de nos jours. Et une fois n'est pas coutume, le protagoniste du roman est un peuple, une collectivité : les bédouins du désert arabique. Écrit en arabe classique, *Cités de sel* fait parler chaque personnage dans le dialecte de sa tribu, recréant ainsi la pluralité linguistique propre à la tradition orale. Il se rattache aussi à cette même tradition par la reprise des techniques de narration typiques des *Mille et une nuits*, par exemple les longues digressions, la multiplication des versions d'un événement particulier, et par l'anachronisme. Avec *Cités de sel*, Mounif récrit l'histoire d'un peuple et réinscrit le roman dans les traditions orale et classique, seules capables d'exprimer la pluralité et la complexité de ce monde.

L'intrigue débute dans les années trente.

If ever a writer was summoned to his subject by the stars, it was Munif born on the very day in 1933 when the Saudis signed the Gulf's first concession agreement with an American corporation, the California Arabian Standard Oil Company. His great subject is the rise of the Gulf State petrodespots; his subsidiary theme, the role that American oil gluttony has played in sustaining them. The novels include, within their sweep, a sense of growing disillusionement among ordinary Muslims, whose lands and lives have been trampled by the petroleum behemoth[2].

Les bédouins de Wady Al-Uyoun (Vallée des sources) vivaient dans le milieu naturel de leur oasis et du désert environnant, où le temps et l'espace étaient d'une même nature. Le temps y était d'autant plus éternel que l'espace y était infiniment étendu. Cette continuité spatio-temporelle fut brusquement interrompue par l'Autre : par l'arrivée des Américains à la recherche du pétrole. Des étrangers, comme l'annonce le petit bédouin à son père, qui parlent l'arabe. « They speak differently than we do – it's comical. But you can understand what they say[3]. » On trouve déjà ici cette idée du même en l'autre et vice-versa, du familier dans l'étrange, idée sur laquelle on reviendra plus tard : la langue arabe, média de la culture et de la religion musulmanes, est parlée avec un fort accent par les Américains qui la contaminent avec d'autres rythmes et modalités.

L'arrivée des Américains dans le désert arabique a provoqué de profonds changements qui ont transformé l'environnement socio-politique, économique et géographique du pays. L'effroi causé par leurs actions inexplicables aux yeux des habitants du désert est rendu par exemple dans ce passage :

Then they opened up their crates and unloaded large pieces of black iron, and before long a sound like rolling thunder surged out of this machine, frightening men, animals and birds. [...] When the sun began to sink in the west, it seemed that Wady al-Uyoun was about to experience a night such as it had never known before. As soon as the animals began to bark and bray at sunset, the machine started to roar again, frightening everyone only this time the sound was accompanied by a blinding light. Within moments scores of small but brilliant suns began to blaze, filling the whole area with a light that no one could believe or stand. The men and the boys looked at the lights again to make sure they still saw them, and they looked at each other in terror. The animals who drew near retreated in fright; the camels fled, and the sheep stirred uneasily[4].

Les animaux et les hommes constituent un tout face à cet autre système – d'actions, de phénomènes acoustiques et visuels et d'objets – dont les bédouins font l'expérience sans pouvoir le comprendre et l'analyser. Le spectacle est si terrible que Miteb al-Hatal, personnage tragique incarnant l'âme même de l'oasis, incite les gens du Wâdi à rentrer chez eux de peur qu'ils ne soient brûlés par le feu : « Go back, people of Wadi al-Uyoun! If you don't go back you'll get burned and there'll be nothing left of you[5] ». Ibn Rashed, autre personnage central, représentant plutôt l'élite prête à s'allier aux Américains dans l'exploitation des ressources humaines et naturelles, prend quant à lui son courage à deux mains et s'avance pour demander le secret de cette production de son et de lumière. Mais malgré une longue explication détaillée, personne n'arrive à comprendre.

> The people expected strange occurrences that first night, as one expects thunder to follow lightening, but nothing happened. That night and others passed, but their hearts were full of fear. The mysterious activity that went on everywhere left no chance to ask a real question, because every moment was followed by something else. These foreigners who strode around and shouted, raising their arms and behaving with unheard-of peculiarity, took no notice of the people around them or their astonishment[6].

La position que le roman assigne au lecteur est assez complexe : à travers le style indirect libre, il partage le sentiment d'égarement des bédouins, puisqu'il ne reçoit pas d'explication non plus au sujet, par exemple, de la lumière aveuglante et du bruit assourdissant des pompes de pétrole. Cependant, il occupe aussi une position médiane d'observateur des autochtones et des étrangers, dont il appréhende la distance incommensurable. Le roman devient, pour le lecteur, arabe et occidental, le lieu possible d'une prise de conscience, le lieu de ce « réveil de l'esprit[7] » dont le philosophe Remo Bodei parle à propos de Proust. L'esprit qui après le sommeil doit, pour se situer, passer en quelques instants « par-dessus des siècles de civilisation », afin de s'orienter de nouveau, de recomposer le réseau des coordonnées du monde et « les traits originaux[8] » de son moi[9]. Le sommeil dans lequel il était plongé figure ici la culture mythique, l'orientalisme ou simplement le silence de la sidération.

Les gens de Wady Al-Uyoun se trouveront forcés par les autorités et par les Américains de prendre le chemin de l'exode, de l'oasis au fond du désert vers la ville de Harrân située au bord de la mer. Quant à la société harrânienne, elle assiste à tout un processus de modernisation qui va métamorphoser l'espace en le quadrillant, en le segmentant ou, en d'autres termes, en l'urbanisant à une vitesse qui est plus celle de la destruction que celle de la construction. L'auteur décrit minutieusement comment en moins d'un mois apparaît le noyau d'une ville organisée où de grandes routes s'entrecroisent, toutes bien droites et bien nivelées à l'aide de lourdes machines. Du jour au lendemain, une société qui vivait jusqu'alors à son propre rythme naturel, selon une temporalité cyclique proche du mythe et respectueuse du destin, se voit imposer d'autres rythmes, d'autres valeurs. C'était une société encore ancrée dans la tradition, où la nuit est nuit obscure et le jour, jour lumineux. Comment ce traumatisme, ce passage du naturel à l'artificiel, ou de l'imaginaire mythique à l'imaginaire technologique, se traduit-il ? Comment l'altérité incarnée dans l'artificiel et la technologie est-elle perçue ? Avec quelles conséquences ? Afin d'esquisser des réponses à ces questions, nous nous appuierons sur trois cas de figure qui mettent en scène directement l'expérience de l'électrification dans une société « préhistorique » où la modernité arrive d'un seul coup.

1) Les lumières

La partie américaine de Harrân était déjà considérablement développée quand le grand bateau qui devait marquer pour toujours la mémoire des habitants de la région arriva dans la rade. L'apparition du bateau américain fut en effet vécue par les gens de Harrân comme un phénomène extraordinaire :

> That afternoon there was an uncanny feeling in American Harran, as if something were about to happen [...] it was a huge ship appearing on the horizon that changed everything in both Arab Harran and American Harran, and great deal more besides. When the huge ship dropped anchor at sundown, it astonished everyone. It was nothing like the other ships they had seen : *it glittered with colored lights that set the sea ablaze*. Its immensity as it loomed over the shore was terrifying[10].

Cet immense bateau qui semblait mettre à feu la mer amenait tout un monde d'apparences, de comportements et de valeurs profondément déroutants pour les habitants arabes de la ville. La seule médiation possible de cette expérience fut pour eux celle du discours mythico-religieux qui leur faisait assimiler le bateau à la cour du roi Salomon avec des milliers de reines de Sheba ou même au bateau de Satan. Mounif présente dans ce chapitre la vision des gens qui n'ont pas les moyens de comprendre ce nouveau monde ni le bouleversement que cette vision provoque, et qui se sentent profondément menacés par son étrangeté. « It was nothing like other ships they had seen : it glittered with colored lights that set the sea ablaze » : il s'agissait d'un bateau, d'un objet pourtant connu et reconnaissable, mais qui était complètement transformé par la lumière électrique : toutes sortes de sons et de mouvements semblaient venir de cette lumière, des gens presque nus, hommes et femmes, y dansaient et s'y embrassaient sous les yeux incrédules des autochtones.

> The astonished people of Harran approached imperceptibly, step by step like sleepwalkers. They could not believe their eyes and ears. Had there ever been anything like this ship, this huge and magnificent? Where else in the world were there women like these, who resembled both milk and figs in their tanned whitness[11]?

Cette expérience évoque celle du premier spectacle cinématographique, ainsi que l'étonnement des premiers spectateurs. Sons et lumières électriques, foules, beautés inatteignables et proches, modalités affectives et comportementales désirables… L'apparition du bateau sur la fin du jour, baigné de lumière électrique se constitue comme l'image fondatrice de la nouvelle Harrân.

> This day gave Harran a birth date, recording when and how it was built, for most people have no memory of Harran before that day. Even its own natives, who had lived there since the arrival of the first frightening group of Americans and watched with terror the realignment of the town's shoreline and hills – the Harranis, born and bred there, saddened by the destruction of their houses, recalling the old sorrows of lost travelers and the dead – remembered the day the ship came better than any other day, with fear, awe and surprise. It was practically the only date they remembered[12].

Ce passage très intense parle de la fin d'une époque et du début d'une autre sous le signe de l'artificiel, de la transformation du paysage, de la destruction de l'ancien. À la fin du chapitre, le narrateur revient sur l'énormité du changement signalé par l'arrivée du bateau électrique : il évoque un rapport au monde que le langage n'est plus capable de dire, que les conteurs ne peuvent pas raconter.

> Sorrows, desires, fears and phantoms reigned that night. Every man's head was a hurricane of images, for each knew that a new era had begun. [...] No one in Harran had the powers to describe to others what he had seen[13].

On passe brutalement de la préhistoire à la modernité (ou même à la postmodernité ?) qui va à la vitesse des images et met en question le pouvoir du langage.

2) L'air climatisé
Mounif décrit l'émergence de la ville de Harrân ainsi :

> Within less than a month two cities began to rise: Arab Harran and American Harran. The bewildered and frightened workers, who had in the beginning inspired American contempt and laughter, built the two cities. [...] Every finished building pushed the Arabs one step backward, for after the walls were completed the roof was put up, and after the windows and shutters were installed the Americans started to do strange jobs, hanging strong blak ropes inside the walls. They filled the windows with iron bloks that emitted a cold breeze[14].

Ce passage, qui ouvre le 30e chapitre, relate l'histoire de la croissance fulgurante de la ville de Harrân et met en évidence l'inégalité entre les Arabes et les Américains. Il est écrit dans un style qui, comme on l'a dit plus haut, assigne au lecteur une position complexe, lui faisant partager, grâce au discours indirect libre, le sentiment de frustration, de colère et d'injustice des bédouins. Mais ce style lui fait aussi occuper une position médiane d'observateur des étrangers et des autochtones, qui lui permet d'appréhender la distance incommensurable qui les sépare, comme le regard que chacun porte sur l'autre. Mounif accède à un style duel et dialogique. Dans la deuxième partie du passage cité, le caractère énigmatique des actions des colonisateurs aux yeux des colonisés acquiert une dimension presque tragique : le travail des colonisés pour les colonisateurs demande une loyauté aveugle qui agrandit le désarroi. Ne pas pouvoir comprendre ce qu'on participe à construire est une forme d'aliénation profonde doublée ici par l'expérience d'un phénomène bizarre : une brise artificielle d'air froid, dont on ne saisit ni l'origine ni la nature. Dans un autre passage, évoquant le processus de recrutement des ouvriers bédouins par la compagnie pétrolière, l'auteur montre comment les ouvriers perçoivent l'effet de l'air climatisé alors qu'ils attendent leur tour, dans un couloir, pour rencontrer le responsable :

> A sudden cold breeze in the long, dim corridor chilled the five workers and gave them gooseflesh. It was like a blast of winter wind or late-night air. They turned every which way to see where the wind was coming from but saw nothing. The rooms on either side of the corridor were locked and quiet; they could hear only their footfalls as they walked nervously behind Naim[15].

Ils sont saisis de stupeur, la gorge sèche, le cœur battant ignorant l'origine de ce froid. Bien que le courant électrique passe dans les câbles, le courant communicatif est interrompu chez ces ouvriers, ils n'osent même pas poser de questions. Ils ressentent le froid sans savoir d'où il provient.

Cette brise artificielle ressemble à la brise froide que les bédouins connaissent bien et ressentent naturellement, mais en hiver et non en été, dehors et non dedans, pendant la nuit et non pendant le jour. De telles ressemblances les déroutent et les effraient. D'une part, cet *autre* (l'air climatisé), qui n'est pas totalement inconnu, est dérangeant, car il déstabilise le cycle des saisons ainsi que les systèmes diurne et nocturne, et bouscule les notions du dehors et du dedans. D'autre part, cet *autre* (l'innovation technologique, l'artifice, le pouvoir) pousse les autochtones à remettre en question leurs certitudes, leurs repères, leur identité, puisque le familier est pourtant différent et même étrange.

3) La radio

Avec la modernisation, la ville de Harrân change et attire, comme un aimant, aussi bien des commerçants que des entrepreneurs et des marchandises. Elle devient à la fois un chantier de construction et un marché de consommation. Les premiers commerçants arrivent de Basra. L'un est célèbre pour ses relations avec les Indes et l'Angleterre. Un autre, arrivé à bord d'un bateau luxueux, offre à l'Émir une série de cadeaux dont une radio. Grâce à la radio, Harrân prend conscience du phénomène de l'instantanéité de la communication et fait l'expérience de la synchronie. La radio, à l'instar de l'air climatisé, mais à un niveau encore plus complexe, affecte le rapport de l'autochtone au temps et à l'espace en créant des conditions nouvelles qui redéfinissent son expérience et affectent son sentiment de soi. La réflexion autour de la radio et des réactions qu'elle suscite chez les gens de Harrân occupe quatre chapitres du roman (environ trente-cinq pages). Média de communication, capable d'ubiquité et de synchronie, milieu où les points de vue sur le monde et du monde se croisent et affectent les événements, animée par une énergie invisible (l'électricité), la radio devient symbole du pouvoir. En la présentant à son public, Abu Misfer déclare : « It roams the whole world in the twinkling of an eye, and tells you everything[16]. » La radio est plus puissante que la voiture, dont l'Émir fait aussi l'expérience pour la première fois en éprouvant admiration et terreur. Pourtant, deux pages à peine sont dédiées à la voiture dans ce dernier chapitre consacré à la radio : « Why should a man race all around from place to place? demande-t-il. It's much better to let the world come to him[17]! », et en quittant l'auto : « he headed straight for the radio. »

Toute la scène de la présentation de la radio à l'Émir, où l'objet mystérieux est perçu par des yeux qui le voient dans toute son étrangeté, mérite d'être lue.

and Rezaie looked at the emir as he placed the gleaming box with one cloth side – it looked like wool – in front of him, but he remained silent. The emir had never seen anything like it before, and could not guess its purpose. When the ropes, or what looked like ropes, growing from the rear side of the box were connected to the black cube beside it, and Hassan Rezaie announced that everything was in place, he rubbed his hands, smiled broadly and sat beside the box, and looked at the emir and the others before proceeding to the next step. They were utterly silent and seemed a little afraid and curious. Rezaie cleared his throat. « This is a gift I brought you from far away, Your Highness, and it will bring the whole world to you and bring you to the farthest point of the world, as

you sit there. » [...] He moved his hand to one side of the box and waited
a moment [...] A green light went on in the machine's middle, and the
emir looked at the others, and though he tried to be calm his looks were
looks of fear and alarm. Rezaie turned some of the knobs on the box, and
suddenly sharp voices burst from no one knew were. Everyone present
started violently, and a number of men retracted a few steps, and one man
hid behind some others. The emir shifted in his seated position and looked
at the others as if to ask them to be strong and prepared for anything.
Rezaie [...] touched a knob again and there was a burst of music. The
sound of music was clear, as if it came from within the tent. [...] Rezaie
adjusted the sound and turned it up until it filled the tent[18].

La longueur et la méticulosité de la description de l'objet radio,
description qui s'attache aux parties perçues dans le détail alors que le
tout échappe à la compréhension, reproduisent, dans le style indirect libre,
le point de vue de l'Émir et de son entourage. La littéracie des bédouins
ne leur permet pas de comprendre et d'analyser l'expérience qu'ils sont
en train de vivre. Leur langage figuré saisit la technologie électrique
d'après un autre cadre de références et une autre configuration du savoir
que ceux qui commencent à se mettre en place au moyen d'une brutale
et massive modernisation. Il est intéressant de noter combien de fois le
narrateur revient, dans ces quatre chapitres, sur l'impossibilité pour les
bédouins de formuler l'expérience de la radio :

No one could describe it or say anything specific about it [...] but no
matter how the emir's men tried to describe it or give them some kind
of idea of what it was, they failed. Those who asked about it in the
coffeehouse and market did not really know what to ask, and the answers
they got only deepened the mystery[19]. [....] When they asked him to
describe the radio, he waved his hand to indicate that he could not,
because what he had seen could not be explained or described[20]. [...] they
all talked about the radio but none of them could describe or explaine it[21].

La répétition, presque martelée à travers ces quelques pages, rend avec
beaucoup de force le choc produit par la technologie sur une communauté
liée à la nature et à la tradition. Le moment central du long passage
cité plus haut est représenté par la phrase de Hassan Rezaie « it will

bring the whole world to you and bring you to the farthest point of the world, as you sit there » concernant l'abolition des distances spatiales et temporelles et le contact, la proximité avec le monde qui devient accessible sans déplacement.

La présence du monde à domicile et le franchissement des limites du corps, de la langue, des barrières politiques et géographiques, sont les effets les plus évidents de la nouvelle technologie. La peur fait aussi partie de cette expérience. En présence d'un phénomène incompréhensible et puissant, les gens se sentent menacés. L'Émir, lui-même, n'est pas à l'abri de la peur. « Some of the more malicious townspeople said that the emir spent several sleepless days by the radio with his loaded rifle, ready for any surprise that might come from the thing[22]. » Hassan Rezaie, personnage médiateur entre les littéracies et les expériences vécues des deux univers, anticipe, avec le plaisir d'un magicien sur scène, les réactions de ses spectateurs et sait, par exemple, doser les émotions, en se syntonisant sur les différentes stations. La musique semble plus facile à apprivoiser que les voix – « the sound of music was clear, as it it came from within the tent » – et la délectation qu'elle produit devient sa complice dans cette opération de « modernisation ». Le personnage de Hassan Rezaie est d'autant plus intéressant dans son rôle de médiateur que, comme on le verra, il a lui-même appris l'existence de Harrân par Radio Londres. Arabe, grand voyageur, sa connaissance de cette partie du monde arabe est médiatisée par la radio occidentale qui l'amène à s'y rendre. Le jeu des médiations est complexe, Hassan Rezaie est entre les deux mondes, appartenant aux deux, mais sa connaissance de Harrân et de ses communautés bédouine et américaine est déjà médiatisée par l'Occident. Finalement, un autre élément qui émerge de la discussion de la radio est, comme on l'a déjà suggéré, son association avec le pouvoir. D'un côté, l'Émir sait qu'une fois qu'Hassan Rezaie lui aura appris à faire fonctionner ce gadget, il sera au-dessus de tous et que son autorité sera incontestable. D'un autre côté, il apprend d'Hassan Rezaie que la radio a un grand poids dans la politique des États et que, « like a mirror, it reflected the power and standing of a country. It was found in the houses of the rich, who used it to discover what was happening in the world, to learn all the news and the events[23]. »

Ayant assisté à la démonstration du fonctionnement du « nouveau merveilleux gadget[24] » et entendu la musique et les chansons suivies de l'identification de la radio : « Ici la station du Proche-Orient », l'Émir s'approche de son hôte et lui demande avec l'insistance d'un enfant de lui apprendre comment mettre en marche l'appareil. Sa réaction est celle d'un étonnement mêlé de joie et de crainte. De façon subtile, le roman montre la métamorphose de ce personnage dont l'autorité bascule devant l'appareil mystérieux dont il ne peut pas comprendre le fonctionnement. Les hiérarchies et les équilibres traditionnels sont menacés. Visiblement impressionné, Abu Misfer essaye de récupérer son pouvoir et prononce d'un ton solennel ces phrases qui semblent « obscures et insensées[25] » :

> The world around us is a strange one, full of secrets. [...] Almighty God « teacheth man that which he knew not. » The important thing is to keep his intention holy and open his heart so that Almighty God may inspire and teach him[26].

Quel autre choix s'offre à lui que celui d'expliquer l'inconnu par le « connu » ? Un pouvoir invisible et absolu, comme semble l'être celui de cet objet mystérieux, doué d'un œil vert qui s'allume et s'éteint, ne peut qu'être l'œuvre de Dieu ; il ne faut donc pas le détourner de son but sacré : celui « d'apprendre à l'homme ce qu'il ne savait pas. » Cette phrase concernant la nature sacrée de la connaissance revient à plusieurs reprises dans ces pages, c'est l'Émir qui la répète, avec condescendance, pour dominer sa peur du nouveau, récupérer son rôle autoritaire et donner du courage à ses sujets.

Le grand jour arrive quand l'Émir, encadré par Hassan Rezaie, peut mettre la radio en marche devant ses invités et réussit à la contrôler tout seul. Il la présente alors au public par ces mots : « What you see talks, then it weeps, then it prays[27]! » et le spectacle commence. Il allume l'appareil et le syntonise sur une station, des voix en sortent : on parle du Calife Omar Ibn al-Khattâb (2ᵉ Calife des musulmans, 7ᵉ sc.) ; il tourne de nouveau le bouton et une musique surgit qui remplit l'air. L'Émir, content de l'effet que tout cela produit sur les auditeurs, augmente le volume, les gens terrorisés n'osent même pas se regarder en songeant que des hommes pourraient sortir de la boîte et les tuer tous. Au comble de la tension, l'Émir cherche une autre émission, et c'est la fable des deux canards et de la tortue qui passe, tirée du grand classique de la littérature arabe *kalila wa dimna* d'Ibn al-Muqaffa du viiiᵉ siècle. Ceux qui se trouvent là ne peuvent croire ce qu'ils entendent. Intrigués, ils se demandent comment la musique et la parole peuvent émaner de cette petite caisse. Ne voyant pas les personnes qui émettent les voix, les autochtones croient que des esprits maléfiques vivent à l'intérieur de la boîte. La façon dont l'écriture se charge ici de reproduire le travail de la radio est très originale. Le lecteur plonge dans l'émission comme les auditeurs que le roman décrit. On est toujours au milieu de quelque chose, sans explications, sans introduction. À nouveau cet hybride de familier et d'étrange. La radio, dont personne n'arrive à parler, que personne n'arrive à décrire, est l'étrangeté absolue, mais ce qu'elle transmet est familier de par le sujet et la langue. Pendant presque deux pages, emboîtée dans une autre fable, la fable des deux canards et de la tortue se déroule sous les yeux du lecteur et les oreilles des auditeurs fictifs. Le roman ne se limite pas à dire qu'à la radio on entend des histoires provenant de la tradition littéraire arabe, il en reproduit le récit et l'écoute. La répétition du même rend perceptible la différence : la radio désormais se charge du récit, remplace le conteur mais le milieu a profondément changé. Plutôt que d'expliquer l'expérience vécue par les auditeurs (de la fable par exemple), le roman, par l'extension et la durée du récit, vise à en reproduire l'expérience où le familier de la tradition se mélange à l'étrangeté du média et crée un autre milieu.

La radio marque une nouvelle étape dans la vie de l'Émir. Ayant appris l'existence de la voix de Londres, il s'en informe auprès de son hôte. Celui-ci lui propose d'écouter la voix de Londres tous les soirs, ajoutant que c'est grâce à Radio Londres qu'il a appris l'existence de la cité de Harrân, de son port pétrolier et de ses raffineries. Étonné, l'Émir s'exclame « all that is going to happen in our Harran[28]? » Il y a quelque chose d'ironique dans le fait que, de Londres, l'Occident est mieux informé sur ce qui se passe à Harrân que le représentant local de l'autorité civile. Cela révèle la nature du rapport entre les deux mondes. Autrement dit, puisque les décisions sont prises à Londres, cela engendre une asymétrie de l'information.

L'émir avait reçu un autre cadeau, une longue vue, qui avait aussi bouleversé son existence en le réduisant à un œil qui regarde de façon obsessionnelle, jusqu'à en devenir malade. Avec cette longue vue, il pouvait voir, mais il ne pouvait ni entendre ni communiquer. Avec la radio, il entend mais ne peut ni voir ni parler. La radio, condensation de la parole de l'Autre, permet à l'Émir d'entendre le discours de l'Occident sur

Harrân, un discours qui se dit en arabe, dans sa propre langue maternelle et dans celle des bédouins, mais qui véhicule les modalités et les rythmes d'autres langues et cultures.

Le générateur électrique, l'air climatisé et d'autres innovations technologiques ont provoqué un discours local d'admiration et de critique sur l'Occidental et les nouveautés techniques qu'il apporte, mais la distance reste incommensurable. La radio permet au bédouin de découvrir qu'on parle de lui. Le roman de Mounif lui permet de prendre la parole. C'est le discours arabe sur l'Occident qui se trouve en germe là où le roman occidental moderne rencontre la tradition arabe orale et écrite.

L'altérité

À partir de ce discours radiophonique, se constitue un nouveau champ de contact à la fois attirant et effrayant qui nous permet de parler du rapport à l'*autre* et de la notion d'altérité[29]. Dans le cas présent, peut-on parler d'une mise en contact entre deux identités dans une relation d'échange et de mélange ? Peut-on appliquer les notions de *métissage* et d'*interculturalité*, notions qui présupposent un contact souvent brutal entre deux identités culturelles déjà constituées, où chaque culture est considérée comme totalement autre et souvent « pure », c'est-à-dire sans le moindre rapport à l'autre comme lors de la découverte du nouveau monde ? Dans le cas de contact entre deux cultures radicalement différentes, il faut une forme de symétrie, entre des espaces où se produira la contamination. Chez Mounif, l'*autre*, qui se présente à travers la radio – voix invisible disponible par le fait de presser un bouton –, s'exprime en langue arabe et dit la culture arabe. Cet autre n'est donc pas totalement *autre* car il possède une part du *même*. En tant que machine, la radio peut devenir un produit aliénant, c'est-à-dire qu'elle peut créer une perte ou un besoin, qui sera comblé par une dépendance à l'objet. Il en est de même de l'air climatisé.

Une approche étymologique nous aidera à fixer les enjeux de ce rapport entre le même et l'autre. En arabe, altérité se dit de deux façons : *al-ghayriyyah*, où la racine **ghayr** signifie « ce qui n'est pas tout à fait le même ». Cela correspond en bas latin au terme **alter** comme l'alter ego. Par ailleurs, le tout à fait autre s'appelle en arabe **Âkhar** qui correspond en bas latin à **alius**. Le terme français *altérité*, formé sur *alter*, ne connaît pas cette dualité, cette double façon pour dire l'autre. En latin, *alter* s'oppose à *alter* au sein d'une paire englobée par le pronom *uterque* qui veut dire « chacun des deux ou tous les deux ». En arabe ainsi qu'en grec, c'est à partir de trois que commence le pluriel. C'est bien le cas du *mouthanna* ou duel en langue arabe marqué par le suffixe *ân* ; en grec, c'est bien *á-teros* (l'un des deux) où l'un englobe l'autre, mais ce dernier s'en distingue. Or c'est sur *alter* et non sur *alius* que le terme français *altérité* est formé. L'autre, désigné par l'altérité, est donc défini par une différence, un contraste qui présuppose d'abord une ressemblance. Les notions d'identité et d'altérité fonctionnent ici tel un langage binaire de classification et non comme une réalité ontologique. Il n'y a de l'autre que s'il y a de l'un et de l'autre. Il est à remarquer que le duel n'est utilisé que pour désigner des couples culturels ; à titre d'exemple : deux garçons, deux enseignants, deux adversaires, deux animaux attelés. Par conséquent, parler d'altérité ne sera valable que si nous pouvons l'appliquer à deux objets déjà liés par un point de ressemblance. La lumière (celle du feu et la lumière électrique), l'air (l'air climatisé et l'air naturel), la voix humaine parlant de la culture arabe en langue arabe (celle qui dit la réalité de la culture arabe et celle qui fait le récit radiophonique de cette culture) s'avèrent être chacun l'élément commun et premier de comparaison dans le roman de Mounif. Ce qui nous permet de dire qu'il n'y a d'alter que s'il y a l'autre ou l'un ou l'autre, par conséquent, l'identité ne peut être séparée de l'altérité, car elle n'est pas le propre d'une culture qui se définit de l'intérieur. Nous voyons ainsi, dans le texte de Mounif, que la ville de Harrân n'est devenue ce qu'elle est que parce qu'elle est à la fois arabe et liée à l'Occident par l'intermédiaire de la technique et du média. Ainsi, par exemple, Harrân et Londres vont former une catégorie englobante que nous appelons « culture médiatique et technique » à l'intérieur de laquelle elles vont s'opposer. Londres est le centre transmetteur qui diffuse et qui dit l'autre ; Harrân, de son côté, est le récepteur englobé qui subit, qui doit inclure cet *autre* imaginaire source d'un mélange de crainte et d'intérêt. Cette dynamique permanente de confusion et de différenciation sans jamais se fondre ni se séparer définitivement sera le mouvement d'absorption et de rejet que nécessite l'altérité.

Il y a une différence que le roman met en scène de façon plus ou moins implicite, entre la dynamique des relations chez les gens de l'oasis et chez le gens de la ville (Harrân), où la technologie devient le milieu de gestation d'une société hybride. Quand les habitants de Wady Al-Uyoun voient pour la première fois les Américains, ils n'ont aucun champ de référence pour les comprendre, ils les perçoivent comme l'absolument autre (*alium*). En d'autres mots, ils n'ont pas la littéracie qui leur permettrait de se constituer en sujet historique pour dialoguer et interagir avec l'autre. Ils interprètent ce qu'ils voient à partir d'un savoir et d'une expérience qui n'ont presque aucun point de contact avec ceux des étrangers. Les habitants de Harrân évoluent et se transforment dans un milieu duel où l'un englobe l'autre et s'en distingue, la technique (mécanique et électrique) et la société se coconstruisent. Le travail de *Cités de sel* présente un intérêt particulier. Non seulement le roman écrit l'histoire de la modernisation violente d'un peuple et d'une région (aussi au moyen de l'électrification,) et le devenir d'un sujet dont la culture mythico-religieuse doit laisser la place à un savoir mixte lui permettant de s'orienter dans la société technologique, mais par son écriture plurielle, à la limite entre tradition et modernité, le roman fait du lecteur arabe un sujet de connaissance virtuellement capable d'intervenir sur sa propre Histoire. Comment y parvient-il ? En enracinant le roman, genre occidental, dans la tradition orale, en donnant la parole au subalterne et en reproduisant sa parole dans une œuvre chorale. Le texte romanesque devient un espace de médiation où le lecteur se constitue en sujet de l'Histoire.

Notes

1. Pier Paolo Pasolini, *Poesia in forma di rosa*, Milano, Garzanti, 1964. « Pietro II, martedì 5 marzo (sera) » p. 74.
2. Rob Nixon, "The Hidden Lives of Oil", *The Chronicle Review*, April 5, 2002, http://chronicle.com/weekly/v48/i30/30b00701.htm.
3. Abdul Rahman Mounif, *Cities of Salt*, New York, Vintage International, 1987, p. 26.
4. *Ibid.*, p. 68-69.
5. *Idem.*
6. *Idem.*
7. Remo Bodei, *La philosophie au XXᵉ siècle*, Paris : Flammarion, 1999, p. 9-13.
8. *Idem.*

9. *Idem.*
10. Abdul Rahman Mounif, *Cities of Salt*, *op. cit.*, p. 213-214.
11. *Idem.*
12. *Ibid.*, p. 215.
13. *Ibid.*, p. 221.
14. *Ibid.*, p. 206-208.
15. *Ibid.*, p. 320.
16. *Ibid.*, p. 443.
17. *Ibid.*, p. 457.
18. *Ibid.*, p. 432-433.
19. *Ibid.*, p. 436-437.
20. *Ibid.*, p. 451.
21. *Ibid.*, p. 453.
22. *Ibid.*, p. 453.
23. *Ibid.*, p. 438-439.
24. *Ibid.*, p. 437.
25. *Ibid.*, p. 435.
26. *Idem.*
27. *Ibid.*, p. 443.
28. *Ibid.*, p. 459.
29. Nous nous sommes inspirés des travaux du Centre Louis Gernet (EHESS, CNRS) présentés par : Florence Dupont, « Rome ou l'altérité incluse », *Descartes*, n° 37, Presses universitaires de France, septembre 2002.

Bibliographie

Bodei, Remo, *La Philosophie au XXᵉ siècle*, Paris, Champs Flammarion, 1999.

Dupont, Florence, « Rome ou l'altérité incluse », *Descartes*, n° 37, Presses universitaires de France, septembre 2002.

Godzich, Wlad, *The Culture of Literacy*, Cambridge, Harvard University Press, 1994.

Mounif, Abdul Rahman, *Cities of Salt*, (*Cities of Salt* Trilogy, vol. 1), New York, Vintage, 1987.

Mounif, Abdul Rahman, *The Trench*, (*Cities of Salt* Trilogy, vol. 2), New York, Vintage, 1991.

Mounif, Abdul Rahman, *Variations on Night and Day*, (*Cities of Salt* Trilogy, vol. 3), Vintage, New York, 1993.

Nixon, Rob, "The Hidden Lives of Oil", *The Chronicle Review*, April 5, 2002, http://chronicle.com/weekly/v48/i30/30b00701.htm.

Pasolini, Pier Paolo, *Poesia in forma di rosa*, Milano, Garzanti, 1964.

Pasolini, Pier Paolo, *Bestemmia. Tutte le poesie*, dirigé par Graziella Chiarcossi e Walter Siti, Milano, Garzanti, 1993.

Index